U0663497

马克思主义生态观
与当代中国实践

李宏伟　著

人民出版社

前　言

新世纪新阶段以来，随着资源环境问题对当代中国发展约束力的增强，生态文明建设已成为人们关注的重大课题。十八大以来，党中央将生态文明建设摆在突出位置，将其与经济建设、政治建设、文化建设、社会建设一起置于我国社会主义现代化建设总体布局中统筹安排。推进生态文明建设，建设美丽中国，已成为举国上下的共识。

十八大报告首次将生态文明建设纳入中国特色社会主义"五位一体"的战略布局，对我国生态文明建设进行了顶层设计，提出了推进生态文明建设的四项措施。十八届三中全会通过的《中共中央关于全面深化改革若干重大问题的决定》在第十四部分"加快生态文明制度建设"中提出："建设生态文明，必须建立系统完整的生态文明制度体系，实行最严格的源头保护制度、损害赔偿制度、责任追究制度，完善环境治理和生态修复制度，用制度保护生态环境。"把"人与自然和谐发展"提高到国家战略层次。十八届四中全会提出要全面依法治国，2014 年修订的《环境保护法》在全国人大顺利通过，2015 年 1 月 1 日开始实施。由此，生态文明建设更具法律支撑，生态化文明建设的法制化也提上了日程。2015 年更是生态文明制度建设走向规范的一年，本书成稿前夕，中共中央政治局于 9 月 11 日审议通过了《生态文明体制改革总体方案》，与此前已经发布的《加快推进生态文明建设的意见》、《党政领导干部生态环境损害责任追究办法（试行）》等制度一起，初步完成了我国生态文明建设的顶层设计，一幅完整清晰的生态文明建设蓝图已经在我们面前展现出来。

我们需要清醒地看到当下我们在环境领域存在的突出问题和面临的严

峻挑战。这最为突出的表现为:第一,大气污染严重。2014 年,按新质量标准监测的 161 个城市空气质量达标的仅为 9.9%,未达标的占 90.1%。74 个重点城市仅 8 个达标,超标城市占 89.2%。一些城市空气质量呈恶化趋势,部分省份 PM10 平均浓度不降反升,京津冀区域 13 个城市平均达标天数仅为 156 天,PM2.5 年均浓度达到 93 微克/立方米。第二,水体污染严重。2014 年,全国地表水流断面有近十分之一丧失环境功能,众多支流污染依然严重,一些城市内河发黑发臭,27.8% 的重点湖库处于富营养状态。地表水、地下水饮用水源地分别有 10.8%、13% 不达标。全国地下水年均超采 215 亿立方米,超采区面积达 19 万平方公里。第三,土壤污染严重。土壤环境质量总体下降,受污染耕地对农产品安全构成严重威胁。全国土壤总的超标率为 16.1%,其中中度和重度污染点位比例分别为 1.5% 和 1.1%。耕地土壤点位超标率为 19.4%,其中中度和重度污染点位比例分别为 1.8% 和 1.1%。长期粗放型发展模式在推动经济快速增长的同时,也过度消耗了宝贵的自然资源和环境容量。如果继续沿袭传统的粗放型发展模式,实现到 2020 年国内生产总值和城乡居民人均收入比 2010 年翻一番的目标,资源环境将难以承载。当前我国工业化进程还在推进,环境风险依然较高。2005 年至 2013 年,环保部直接参与处理 970 起突发环境事件。2014 年,全国共发生突发环境事件 471 起。全国排查的 4.46 万家化学品企业中,72% 分布在长江、黄河、珠江、太湖等沿岸,12.2% 距离饮用水水源保护区、重要生态功能区等环境敏感区不足 1 公里,10.1% 距离人口集中居住区不足 1 公里。

上述情况表明,采取强有力的措施,保护我国异常脆弱的生态环境,已成为当前生态文明建设的燃眉之急!我们要在思想理念层面形成一套科学的认知方法,更要在实践行动层面提出一套完整的思路。着眼于找到解决问题的有效办法,我们必须以马克思主义的生态理论为指导,按照党的十八大以来中央确立的关于生态文明建设一整套新的理念和思路来进行。其中,马克思主义生态理论是我们确立正确的思维方式认知当代中国的生态文明问题的源头活水,是中国特色社会主义生态文明建设的理论基础;十八大以来中国各地的生态文明实践推动了该理论的完善和发展。

本书以马克思主义唯物史观及辩证法的原则为指导,把握生态文明建设的规律，结合中国的实践，探索符合中国发展阶段的生态文明建设之路。沿着从历史到现实，从宏观到微观，从一般到个别的思路，形成了本书的写作框架。第一章从源头上探析马克思和恩格斯的生态思想；第二章关注生态马克思主义者对生态危机的研究及他们为生态文明建设提供的启示；第三章聚焦中国当代的生态文明建设，评析中国特色社会主义生态文明建设思想对马克思主义生态观的继承与创新；第四章至第七章沿着十八大报告提出的生态文明建设的构想，从十八大提出的四项措施的落实上研究当代中国生态文明建设的实践；第八章从试点与示范的角度追踪近年来我国各部委开展的生态文明建设及专项建设试点的进展，总结生态文明建设的经验，为今后生态文明建设政策的出台和各地推进生态文明建设的实践提供借鉴。

生态文明建设是中国共产党人在继承马克思主义生态观基础上做出的重大理论创新，表明我们党对中国特色社会主义建设规律的认识和实践都达到了一个新的水平。在我国推进社会主义现代化的进程中，如何将生态文明建设融入经济建设、政治建设、文化建设和社会建设之中，尚需我们在实践中不断探索，一方面我们要把握人类历史发展的规律，走向生态文明新时代，另一方面又要脚踏实地，依据中国的国情和发展阶段，书写出具有中国特色和世界意义的生态文明篇章。

谨以此书献给为我国生态文明建设事业而奋斗的人们！

李宏伟

2015 年 9 月 28 日

目　录

第一章 理路与源头

——经典马克思主义生态理论

工业革命以来,人类在享受现代化带来的诸多便利的同时,也面临着日益严重的生态危机。这就迫使人们不得不重新审视人与自然的关系,从理论层面探寻破解生态危机的良策。在马克思、恩格斯所生活的年代,生态问题还没有现在这样严重,也不曾引起现在这般的重视。但是,马克思、恩格斯却很早注意到了人和自然之间矛盾的加剧,并对资本主义生产方式对自然环境造成的严重破坏进行了深刻批判。在马克思、恩格斯的经典理论体系中包含着丰富的生态思想,为我们正确处理人与自然关系,解决生态危机,实现可持续发展提供了重要指引。

一、马克思关于人与自然关系的理论

以往在许多人的研究中,常把马克思看做是一位反生态的思想家。有的学者认为马克思采取的是一种"普罗米修斯主义"(即支持技术的、反生态的)观点;还有学者认为虽然马克思的早期著作中蕴含着生态思想,但这些生态观点与其著作的主体内容没有形成系统的联系;甚至有些学者认为马克思是"'物种主义者',即把人类与动物彻底分开,并认为前者优于后者。"①

---

① [美]福斯特:《马克思的生态学——唯物主义与自然》,刘仁胜等译,高等教育出版社 2006 年版,第 12 页。

针对这些误解，美国俄勒冈州大学社会学教授约翰·贝拉米·福斯特在《马克思的生态学——唯物主义与自然》和《生态革命——与地球和平相处》等著作中进行了驳斥，他最终得出了这样的结论："马克思的世界观是一种深刻的、真正系统的生态(指今天所使用的这个词中所有的积极含义)世界观，而且这种世界观是来源于他的唯物主义的。"①虽然马克思、恩格斯在《共产党宣言》(以下简称《宣言》)中赞扬过对"自然力的征服"以及对"整个大陆的开垦"，但他们不是一种"普罗米修斯主义"，并没有推崇牺牲农业和生态以推进工业化的观点。

自然观就是对自然界的总体认识，主要也是指人类和自然界的关系。它包含了自然界的性质、存在状态、人与自然的关系等诸多方面。早在远古时期，人类的祖先就对大自然充满了敬畏和崇拜。随着人类社会的进步与发展，人与自然的关系也越来越微妙。对人与自然关系的思想探索与实践研究，也是近代以来社会科学和自然科学的核心话题之一。马克思揭示了人与自然关系的本质所在，从哲学上科学解答了这一问题。马克思的自然观以人化自然为基点，将自然视为人类劳动实践的产物，进而批判了劳动异化所导致的自然异化，提出只有推翻资本主义的全面统治，实现共产主义，才是自然的真正的复归。

(一)自然界是人的无机的身体

马克思的自然概念分为两部分，即自在自然和人化自然。"自在自然包括人类历史之前的自然，也包括存在于人类认识或者实践之外的自然。人化自然则是指与人类认识和实践活动紧密相连的自然，也就是作为人类认识和实践对象的自然。"②马克思承认在人类历史之前和在人类认识以及实践之外存在着自在自然："先于人类历史而存在的那个自然界，不是费尔巴

---

① [美]福斯特：《马克思的生态学——唯物主义与自然》，刘仁胜等译，高等教育出版社2006年版，前言Ⅲ。

② 刘仁胜：《马克思关于人与自然和谐发展的生态学论述》，《教学与研究》2006年第6期。

哈生活于其中的自然界；这是除去在澳洲新出现的一些珊瑚岛以外今天在任何地方都不再存在的、因而对于费尔巴哈来说也是不存在的自然界"①，并且马克思在强调人化自然的过程中始终强调自在自然的优先性。"不仅在自然界将发生巨大的变化，而且整个人类世界以及他自己的直观能力，甚至他本身的存在也会很快就没有了。当然，在这种情况下，外部自然界的优先地位仍然会保持着。"②

马克思的人化自然观克服了人类早期对自然的神话和崇拜思想，恢复了人类在自然中的主体地位，但马克思并不支持资本对自然的征服和掠夺，相反马克思明确批判了资本主义生产方式对自然造成的破坏。"马克思虽然强调人类对自然的主体性和自然对人类的有用性，但是，他的人化自然观既不支持对自然的征服也不赞同对自然的破坏，而是追求人类与自然的和谐统一。"③

马克思在《1844 年经济学哲学手稿》（以下简称《手稿》）中认为自然相对于人类具有先在性，并且人与自然皆具有客观实在性。这就是说，在人类还未从猿进化过来之前，人类还未具有自己的意识之前，还未开始认识自然、改造自然之前，自然就已经自在地存在着。这种先在、自在、存在的自然，就是未经人类改造过的地球第一自然。《手稿》中明确提出："人直接地是自然存在物。人作为自然存在物，而且作为有生命的自然存在物，一方面具有自然力、生命力，是能动的自然存在物；这些力量作为天赋和才能、作为欲望存在于人身上；另一方面，人作为自然的、肉体的、感性的、对象性的存在物，同动植物一样，是受动的、受制约的和受限制的存在物，就是说，他的欲望的对象是作为不依赖于他的对象而存在于他之外的；但是，这些对象是他的需要的对象；是表现和确证他的本质力量所不可缺少的、重要的对象。说人是肉体的、有自然力的、有生命的、现实的、感性的、对象性的存在物，这

① 《马克思恩格斯文集》第 1 卷，人民出版社 2009 年版，第 530 页。

② 《马克思恩格斯文集》第 1 卷，人民出版社 2009 年版，第 529 页。

③ 刘仁胜：《马克思关于人与自然和谐发展的生态学论述》，《教学与研究》2006 年第 6 期。

就等于说,人有现实的、感性的对象作为自己本质的即自己生命表现的对象;或者说,人只有凭借现实的、感性的对象才能表现自己的生命。说一个东西是对象性的、自然的、感性的,又说,在这个东西自身之外有对象、自然界、感觉,或者说,它自身对于第三者来说是对象、自然界、感觉,这都是同一个意思。饥饿是自然的需要;因此,为了使自身得到满足,使自身解除饥饿,它需要自身之外的自然界、自身之外的对象。……是使我的身体得以充实并使本质得以表现所不可缺少的。太阳是植物的对象,是植物所不可缺少的、确证它的生命的对象,正像植物是太阳的对象,是太阳的唤醒生命的力量的表现,是太阳的对象性的本质力量的表现一样。"①

马克思所说的"人直接地是自然存在物"至少包含两层含义:一是人类起源于未经人类改造的第一自然界,是原本的自然界中的存在物;二是人类存在于经人类改造后的第二自然界中,是现实的第二自然界存在物。因而,无论是从人类起源,还是从现实存在的角度看,虽说人类是大自然的智慧组成部分,但确实也是大自然发展到一定阶段的产物。自然界是人得以生存和发展的基础,因为它给我们提供了双重的生活资料,一方面是劳动加工的对象性资料,另一方面又给予工人维持其肉体生存的资料。不仅如此,马克思还进一步表明:"自然界,就它自身不是人的身体而言,是人的无机的身体。人靠自然界生活。这就是说,自然界是人为了不致死亡而必须与之处于持续不断的交互作用过程的、人的身体。所谓人的肉体生活和精神生活同自然界相联系,不外是说自然界同自身相联系,因为人是自然界的一部分。"②

(二)人与自然的辩证统一关系

人与自然的辩证统一是马克思生态思想的基本出发点。在马克思那里,人与自然的辩证统一具体化为一种对象性的关系,这种对象性关系包括了人的自然存在和自然的人化,而实践则是将两者相统一的中介。

---

① 《马克思恩格斯文集》第1卷,人民出版社2009年版,第209—210页。

② 《马克思恩格斯文集》第1卷,人民出版社2009年版,第161页。

马克思继承了费尔巴哈的唯物主义哲学思想，认为人是受自然条件制约且具有能动性的自然存在物。“人直接地是自然存在物。人作为自然存在物，而且作为有生命的自然存在物，一方面具有自然力、生命力，是能动的自然存在物；这些力量作为天赋和才能、作为欲望存在于人身上；另一方面，人作为自然的、肉体的、感性的、对象性的存在物，同动植物一样，是受动的、受制约的和受限制的存在物，就是说，他的欲望的对象是作为不依赖于他的对象而存在于他之外的；但是，这些对象是他的需要的对象；是表现和确证他的本质力量所不可缺少的、重要的对象。”①人作为自然存在物，一方面与动植物一样具有自然属性，另一方面也是生态系统中的一员。“说人是肉体的、有自然力的、有生命的、现实的、感性的、对象性的存在物，这就等于说，人有现实的、感性的对象作为自己本质的即自己生命表现的对象；或者说，人只有凭借现实的、感性的对象才能表现自己的生命。说一个东西是对象性的、自然的、感性的，又说，在这个东西自身之外有对象、自然界、感觉，或者说，它自身对于第三者来说是对象、自然界、感觉，这都是同一个意思。”②“作为自然存在物的人是在自己的生存实践中把自然对象作为自己的生命本质，人不是自然直观的对象性存在，而是生存能动性和自然受动性的统一，是人的对象性存在的辩证法。”③

在人与自然的关系问题上，马克思首先认为：“没有自然界，没有感性的外部世界，工人什么也不能创造。自然界是工人的劳动得以实现、工人的劳动在其中活动、工人的劳动从中生产出和借以生产出自己的产品的材料。”④“但是，自然界一方面在这样的意义上给劳动提供生活资料，即没有劳动加工的对象，劳动就不能存在，另一方面，也在更狭隘的意义上提供生活资料，即维持工人本身的肉体生存的手段。”⑤在《手稿》中，马克思把人类的实践

---

① 《马克思恩格斯文集》第1卷，人民出版社2009年版，第209页。

② 《马克思恩格斯文集》第1卷，人民出版社2009年版，第210页。

③ 陶火生：《马克思生态思想研究》，学习出版社2013年版，第25页。

④ 《马克思恩格斯文集》第1卷，人民出版社2009年版，第158页。

⑤ 《马克思恩格斯文集》第1卷，人民出版社2009年版，第158页。

活动作为人与自然关系的中介，提出了人与自然之间辩证统一的关系。他认为："一个存在物如果在自身之外没有自己的自然界，就不是自然存在物，就不能参加自然界的生活。"①

但是，"人不仅仅是自然存在物，而且是人的自然存在物，就是说，是自为地存在着的存在物，因而是类存在物。他必须既在自己的存在中也在自己的知识中确证并表现自身。因此，正像人的对象不是直接呈现出来的自然对象一样，直接地存在着的、客观地存在着的人的感觉，也不是人的感性、人的对象性。自然界，无论是客观的还是主观的，都不是直接同人的存在物相适合地存在着"②。

马克思认为，如果我们认为"只是自然界作用于人，只是自然条件到处决定人的历史发展……"那一定是片面的。因为我们"忘记了人也反作用于自然界，改变自然界，为自己创造新的生存条件"③。在《手稿》中所表现出来的马克思的生态世界观的一个重要方面是揭示了"私有财产制度与自然的对立"的普遍性。"按照马克思的描述，大城市中环境的退化已使工人的异化达到了这样一种程度：在那里，光、空气、清洁都不再是他们生活的一部分，而黑暗、污浊的空气和未经处理的污水构成了他们的物质环境。从马克思的描述中我们可以知道，自然的异化给工人所带来的严重后果就是不仅使他们丧失创造性工作，而且丧失了生活基本要素。"④

对于这种自然与劳动的异化，马克思在《手稿》中提出通过"联合"来实现共产主义社会进而对其进行消除。依据《手稿》中的相关论述，这种可能性是存在于共产主义之中的，即自然、人和社会三者在人化自然和自然人化的双向运动过程之中能够进入和谐状态，而这一和谐状态最终是在共产主义中体现出来的。"在马克思看来，共产主义就是彻彻底底的自然主义和人

---

① 《马克思恩格斯文集》第1卷，人民出版社2009年版，第210页。

② 《马克思恩格斯文集》第1卷，人民出版社2009年版，第211页。

③ 《马克思恩格斯文集》第9卷，人民出版社2009年版，第483页。

④ 陈学明：《谁是罪魁祸首——追寻生态危机的根源》，人民出版社2012年版，第473页。

道主义相统一的社会。”①

马克思在论述资本主义必将被共产主义所取代的历史趋势时揭示出了人和自然界之间生态经济的循环关系，提出了未来共产主义社会“自然—人道主义”的理想社会形态：“作为完成了的自然主义，等于人道主义，而作为完成了的人道主义，等于自然主义，它是人和自然界之间、人和人之间的矛盾的真正解决，是存在和本质、对象化和自我确证、自由和必然、个体和类之间的斗争的真正解决。”②在马克思看来，共产主义是自然、人和社会三者的高度发展和极大成熟，是“完成了的自然主义”和“完成了的人道主义”的高度统一，同时也是人的完全的复归。标志着人和自然界之间、人和人之间的矛盾的真正的解决，这些矛盾的根本解决和三者达到最高的统一，才能达到和谐的状态。

（三）人通过实践创造对象世界

马克思在《手稿》中提出了“人化自然”的概念：“不仅五官感觉，而且连所谓精神感觉、实践感觉（意志、爱等等），一句话，人的感觉、感觉的人性，都是由于它的对象的存在，由于人化的自然界，才产生出来的。”③只要人活着、生存着，自然界就处在不断被人化的过程之中。

马克思所考察的自然界是经过人的实践改造、与人的现实活动紧密相关的人化自然。他认为：“周围的感性世界决不是某种开天辟地以来就直接存在的、始终如一的东西，而是工业和社会状况的产物，是历史的产物，是世世代代活动的结果。”④在他看来，人类通过实践活动将自在的自然转变为自为的自然，只有这种在人类社会历史中形成的自然界才是现实的自然界，才

---

① 曾建平：《马克思环境哲学思想论要——读〈1844 年经济学哲学手稿〉》，《井冈山学院学报》（哲学社会科学版）2009 年第 3 期。

② 《马克思恩格斯文集》第 1 卷，人民出版社 2009 年版，第 185 页。

③ 《马克思恩格斯文集》第 1 卷，人民出版社 2009 年版，第 191 页。

④ 《马克思恩格斯文集》第 1 卷，人民出版社 2009 年版，第 528 页。

是真正的人化自然。"在人类历史中即在人类社会的形成过程中生成的自然界,是人的现实的自然界;因此,通过工业——尽管以异化的形式——形成的自然界,是真正的、人本学的自然界。"①在马克思的人化自然中,人类属于主体,而自然属于客体。人类认识自然、改造自然以及保护自然的目的就是使自然界更好地并且更有效地为人类服务。马克思的人化自然观克服了人类早期对自然的神话和崇拜思想,恢复了人类在自然中的主体地位,但马克思却并不支持资本对自然的征服和掠夺,相反马克思明确批判了资本主义生产方式对自然造成的破坏。"马克思虽然强调人类对自然的主体性和自然对人类的有用性,但是,他的人化自然观既不支持对自然的征服也不赞同对自然的破坏,而是追求人类与自然的和谐统一。"②

马克思强调,正是通过劳动,人化自然和自然人化才达到了自由自觉的统一。在《手稿》中,马克思通过对于黑格尔的批判得出了这样的结论:那些所谓的"原动力"并不是"绝对精神",也非"自我意识",而是人本身,是人的劳动。人类自由自觉的活动—劳动,是"创造人本身"和"人猿相区别"的标志。③ 劳动不仅将人和自然界、动物区别开来,而且,通过劳动实践,人类对自然界进行了改造,再生产了整个自然界。所以,在人的劳动的作用下,自然已经不是那个天然的自然了,而是深深打上了人的活动足迹的自然界。人类通过有意识的劳动,克服了动物的片面的生产,实现了人对于动物的超越。这个过程表现为自然界的不断人化。

但是我们应该清醒地看到,劳动的改造作用不能片面地理解为人的力量是无穷的,劳动是对自然纯粹积极的改造。我们应该客观地看到人的劳动并不是随心所欲的,人类对自然的改造还是要受到自然规律的制约。马克思指出,人类的历史形成于劳动过程。"正像一切自然物必须形成一样,人也有自

---

① 《马克思恩格斯文集》第1卷,人民出版社2009年版,第193页。

② 刘仁胜:《马克思关于人与自然和谐发展的生态学论述》,《教学与研究》2006年第6期。

③ 李秀林、王于、李淮春:《辩证唯物主义和历史唯物主义原理》第5版,中国人民大学出版社2004年版,第45页。

己的形成过程即历史，但历史对人来说是被认识到的历史，因而它作为形成过程是一种有意识地扬弃自身的形成过程。历史是人的真正的自然史。”①

同时，通过劳动，自然也在不断反作用于人本身，使人不断自然化的过程。“通过实践创造对象世界，改造无机界，人证明自己是有意识的类存在物，就是说是这样一种存在物，它把类看做自己的本质，或者说把自身看做类存在物。诚然，动物也生产。动物为自己营造巢穴或住所，如蜜蜂、海狸、蚂蚁等。但是，动物只生产它自己或它的幼仔所直接需要的东西；动物的生产是片面的，而人的生产是全面的；动物只是在直接的肉体需要的支配下生产，而人甚至不受肉体需要的影响也进行生产，并且只有不受这种需要的影响才能进行真正的生产；动物只生产自身，而人则生产整个自然界；动物的产品直接属于它的肉体，而人则自由地面对自己的产品。动物只是按照它所属的那个种的尺度和需要来构造，而人却懂得按照任何一个种的尺度来进行生产，并且懂得处处都把固有的尺度运用于对象；因此，人也按照美的规律来构造。”②这就使自然、人和社会达成一种自由自觉的和谐状态。

二、马克思的“新陈代谢”理论

“新陈代谢”③这一概念并不是马克思所创造出来的。这一概念最早出现于1815年，并在19世纪三四十年代被德国的生理学家所采用，当时这个概念表示的是“身体内与呼吸有关的物质交换”。1842年，德国农业化学家

---

① 《马克思恩格斯文集》第1卷，人民出版社2009年版，第211页。

② 《马克思恩格斯文集》第1卷，人民出版社2009年版，第162页。

③ “新陈代谢”（德语是Stoffwechsel，英语是metabolism）一词，在中译本《马克思恩格斯全集》中分别译为“新陈代谢”和“物质交换”。J. B. 福斯特的Marx's Ecology：Materialism and Nature的中译本则统译为“新陈代谢”。我们在这里采用该中译本的译法，相应地，将“metabolic rift”统译为“新陈代谢的断裂”。而在引用中译本的《马克思恩格斯全集》中的相关论述时，则完全按照中译本的原文引用，不管是被译为“新陈代谢”还是“物质交换”，都不作改动。

J. V. 李比希在《动物化学》一书中，对这个概念加以更加广泛的应用，从而使之更加流行。在李比希那里，这一概念兼具农业化学和生理学的内涵，它"既可以在细胞水平上使用，也可以在整个有机体的分析中使用"，他把这一概念用来阐述自然界中无机物质和有机生命物质之间的物质交换，以及整个无机界与有机界之间的联系。福斯特认为，由李比希所奠定的这种对"新陈代谢"概念的使用方法，从19世纪40年代一直到今天，"已经作为系统理论分析生物体与其环境之间关系的核心范畴。它意指一种复杂的新陈代谢交换过程，藉此某种生物体（或者某种特定细胞）从其环境中汲取物质和能量，并通过不同方式的新陈代谢反应将其转化为合成蛋白质构件以及其成长所必需的化合物。新陈代谢也用于指向控制生物体与其环境之间复杂的相互交换的调节过程"①。

尽管马克思的"新陈代谢"概念来源于李比希等人，但他完全是在一种新的意义上加以使用的。马克思采用了已被包括李比希等人在内的化学家、生物学家、生理学家所导入的"新陈代谢"概念，但他是将此应用于"社会生态关系之中"。②

（一）人与自然之间的物质变换过程

马克思使用了新陈代谢这一概念来描述以劳动为中介的人与自然之间的关系："劳动首先是人和自然之间的过程，是人以自身的活动来中介、调整和控制人和自然之间的物质变换的过程。人自身作为一种自然力与自然物质相对立。为了在对自身生活有用的形式上占有自然物质，人就使他身上的自然力——臂和腿、头和手运动起来。当他通过这种运动作用于他身外

① ［美］福斯特：《生态革命——与地球和平相处》，刘仁胜等译，人民出版社2015年版，第159页。

② 陈学明：《马克思"新陈代谢"理论的生态意蕴——J. B. 福斯特对马克思生态世界观的阐述》，《中国社会科学》2010年第2期。

的自然并改变自然时，也就同时改变他自身的自然。”①

对于人与自然这种关系的描述和分析，马克思在其早期著作《手稿》和《资本论》以及之后的著作中都有涉及。在《资本论》中马克思使用“新陈代谢”这一概念来定义劳动过程，实际上是利用这一概念描述了劳动中人与自然的相互关系，也正是这一点使这一概念具有了生态意蕴。②

马克思在《资本论》中写道：“劳动首先是人和自然之间的过程，是人以自身的活动来中介、调整和控制人和自然之间的物质变换的过程。人自身作为一种自然力与自然物质相对立。为了在对自身生活有用的形式上占有自然物质，人就使他身上的自然力——臂和腿、头和手运动起来。当他通过这种运动作用于他身外的自然并改变自然时，也就同时改变他自身的自然。劳动过程……是人和自然之间的物质变换的一般条件，是人类生活的永恒的自然条件”。③

人类与自然之间新陈代谢关系的大量论述，反映了马克思早期试图解释人类与自然之间复杂关系的相互依存关系的、更为直接的哲学尝试。“人靠自然界生活。这就是说，自然界是人为了不致死亡而必须与之处于持续不断的交互作用过程的、人的身体。所谓人的肉体生活和精神生活同自然界相联系，不外是说自然界同自身相联系，因为人是自然界的一部分。”④

最能体现马克思的生态世界观的是马克思在《资本论》等著作中所提出的“新陈代谢”理论。福斯特认为，马克思借助“新陈代谢”这一概念，对资本主义的研究深入到了人与自然相互关系的领域，从而展开了对“环境恶化”的深刻批判，而正是这一批判“预示着许多当今的生态学思想”。⑤

---

①　《马克思恩格斯文集》第5卷，人民出版社2009年，第207页。

②　陈学明：《马克思“新陈代谢”理论的生态意蕴——J. B. 福斯特对马克思生态世界观的阐述》，《中国社会科学》2010年第2期。

③　《马克思恩格斯文集》第5卷，人民出版社2009年，第207—215页。

④　《马克思恩格斯文集》第1卷，人民出版社2009年版，第161页。

⑤　陈学明：《谁是罪魁祸首——追寻生态危机的根源》，人民出版社2012年版，第46页。

在《1861—1863年经济学手稿》中，马克思写道："既然实际劳动就是为了满足人的需要而占有自然因素，是中介人和自然间的物质变换的活动。"① 马克思在这里把劳动看做是人以自身活动来引起、调整和控制人和自然之间的物质变换的过程，劳动过程就是"人和自然之间的物质变换的一般条件，是人类生活的永恒的自然条件"，其意义一方面在于用"新陈代谢"这一概念说明了劳动的本质，另一方面在于用这一概念揭示了人与自然之间的真实关系。

陈学明教授分析，马克思用"新陈代谢"这一概念来描述人与自然之间的相互关系，是建立在其早期侧重于从哲学上来解释人类与自然之间关系的基础之上的。马克思在《手稿》中曾经这样来说明人类与自然之间的相互关系："人靠自然界生活。这就是说，自然界是人为了不致死亡而必须与之处于持续不断的交互作用过程的、人的身体。所谓人的肉体生活和精神生活同自然界相联系，不外是说自然界同自身相联系，因为人是自然界的一部分。"②

一旦马克思使用了"新陈代谢"这一概念，就使他在这里对人类与自然之间相互关系的描述变得"更加完整和科学"。"'新陈代谢'这一概念，以及它所包含的物质交换和调节活动的观念，使马克思能够在下述双重意义上来表述人和自然之间的关系：既包括'自然条件'又包括影响这一过程的人类的能力"。③

马克思曾经用"新陈代谢"概念来表述自然异化："不是活的和活动的人同他们与自然界进行物质变换的自然无机条件之间的统一，以及他们因此对自然界的占有；而是人类存在的这些无机条件同这种活动的存在之间的

---

① 《马克思恩格斯全集》第32卷，人民出版社1998年版，第44页。

② 《马克思恩格斯文集》第1卷，人民出版社2009年版，第161页。

③ J. B. Foster, Marx's Ecology: Materialism and Nature, Monthly Review Press, 2000, p. 158. 转引自陈学明：《谁是罪魁祸首——追寻生态危机的根源》，人民出版社2012年版，第127页。

分离，这种分离只是在雇佣劳动与资本的关系中才得到完全的发展。”①

马克思还用这一概念来设想未来的共产主义社会。“倘若马克思把‘新陈代谢’这一概念，即通过劳动建立人类和自然相互连接的复杂的、相互依赖过程，作为他的理论的核心，那么我们就不会对这一概念也在马克思关于生产者联合起来的未来社会的设想中起到中心作用这一点感到惊奇了。”②

马克思在《资本论》第三卷中这样设想未来的共产主义社会：“这个领域内的自由只能是：社会化的人，联合起来的生产者，将合理地调节他们和自然之间的物质变换，把它置于他们的共同控制之下，而不让它作为一种盲目的力量来统治自己；靠消耗最小的力量，在最无愧于和最适合于他们的人类本性的条件下来进行这种物质变换。”③

在批判马尔萨斯人口论的过程中，马克思发现人口相对于谷物过剩的原因之一是由于资本主义社会中土地的肥力受到人口的剥夺而无法恢复；同时，资本主义大工业迫使人口向工业城市流动，把农村土地上的肥力以谷物的方式带走，而以排泄物的形式留在城市的排泄系统中，造成人口与土地物质代谢的中断。马克思受李比希对农业分析的启发，将“新陈代谢”概念创造性地在自然科学和社会科学的意义上同时使用，通过“新陈代谢”这个自然科学概念将人和人类社会加入了生态系统。

（二）对“新陈代谢断裂”的剖析

马克思从李比希的论述出发，得出结论，“在相互依赖的社会新陈代谢的过程中存在着不可挽回的断裂，导致土壤再生产的必需条件持续被切断，

---

①　《马克思恩格斯文集》第8卷，人民出版社2009年版，第139页。

②　陈学明：《马克思“新陈代谢”理论的生态意蕴——J. B. 福斯特对马克思生态世界观的阐述》，《中国社会科学》2010年第2期。

③　《马克思恩格斯文集》第7卷，人民出版社2009年版，第928页。

进而打破了新陈代谢的循环"。①

在《资本论》第一卷中，马克思在讨论"大规模的工业和农业"时对资本主义农业展开了批评："资本主义生产使它汇集在各大中心的城市人口越来越占优势，这样一来，它一方面聚集着社会的历史动力，另一方面又破坏着人和土地之间的物质变换，也就是使人以衣食形式消费掉的土地的组成部分不能回归土地，从而破坏土地持久肥力的永恒的自然条件……但是通过破坏围绕这种新陈代谢的环境……同时强制地把这种物质变换作为调节社会生产的规律，并在一种同人的充分发展相适合的形式上系统地建立起来……资本主义农业的任何进步，都不仅是掠夺劳动者的技巧的进步，而且是掠夺土地的技巧的进步，在一定时期内提高土地肥力的任何进步，同时也是破坏土地肥力持久源泉的进步……因此，资本主义生产发展了社会生产过程的技术和结合，只是由于它同时破坏了一切财富的源泉——土地和工人。"②福斯特认为："资本主义积累的逻辑无情地制造了社会与自然之间的新陈代谢的断层，切断了自然资源再生产的基本进程。"③

马克思在《资本论》中揭示了"盲目的掠夺欲"造成了英国的"地力枯竭"，但这一事实每天也可以从"用海鸟粪对英国田地施肥"④，而必须从秘鲁进口的状况中看到。种子、海鸟粪便，都必须从遥远的国家进口，这本身说明由"盲目的掠夺欲"所引起的"新陈代谢断裂"不可能只局限于一个地区，它必然是全球性的。

正如福斯特所言，"新陈代谢概念的一个本质方面就是如下概念，即它为生命的持续、成长和繁衍成为可能而建立一个基础"⑤。

---

① 陈学明：《马克思"新陈代谢"理论的生态意蕴——J. B. 福斯特对马克思生态世界观的阐述》，《中国社会科学》2010 年第 2 期。

② 《马克思恩格斯文集》第 5 卷，人民出版社 2009 年版，第 579—580 页。

③ 陈学明：《马克思"新陈代谢"理论的生态意蕴——J. B. 福斯特对马克思生态世界观的阐述》，《中国社会科学》2010 年第 2 期。

④ 《马克思恩格斯文集》第 5 卷，人民出版社 2009 年版，第 277 页。

⑤ ［美］福斯特：《生态革命——与地球和平相处》，刘仁胜等译，人民出版社 2015 年版，第 160 页

马克思认为："资本主义生产只是在它的影响使土地贫瘠并使土地的自然性质耗尽以后，才把注意力集中到土地上去。"①在全球化的今天，城乡对立，以及由此引发的新陈代谢断裂，也非常明显地处于一种更加全球性的水平。马克思写道："英格兰间接输出爱尔兰的土地已达一个半世纪之久，可是连单纯补偿土地各种成分的东西都没有给予爱尔兰农民。"②

由此，可以得出这样一个结论，资本主义农业必须使土壤养分（包括城市有机废弃物）得以循环。这就将新陈代谢理论导向一个更加广泛的生态可持续性概念。这是符合未来生产者联合起来的社会的本质需求的。因为"各独特土地产品的种植对市场价格波动的依赖，这种种植随着这种价格波动而发生的不断变化，以及资本主义生产指望获得直接的眼前的货币利益的全部精神，都和维持人类世世代代不断需要的全部生活条件的农业有矛盾"③。

如果认为马克思的"新陈代谢"理论是一种对资本主义进行生态批判的理论，"新陈代谢断裂"这一概念在此理论中就显得更为重要。福斯特强调："马克思关于'新陈代谢断裂'的概念是其对资本主义进行生态批判的核心元素。"④

李比希的"新陈代谢断裂"概念的提出与历史上的三次农业革命息息相关。第一次农业革命发生在英国的17、18世纪，这个过程与圈地运动和市场的日益中心化联系在一起，也与包括施肥的改进、作物轮作、排水系统和家畜管理在内的技术变化联系在一起；第二次农业革命持续的时间较短，在1830年到1880年之间，它以化肥工业的发展和土壤化学的革命为特征；第三次农业革命发生在20世纪，包括在农场中用机器牵引代替动物牵引，并最终将动物集中在大型饲育场集中养育；植物的基因改造；更加密集地使用化

① 《马克思恩格斯全集》第二十六卷第三册，人民出版社1974年版，第332页。

② 《马克思恩格斯文集》第5卷，人民出版社2009年版，第808页，注释。

③ 《马克思恩格斯文集》第7卷，人民出版社2009年版，第697页，注释。

④ ［美］J. B. 福斯特：《历史视野中的马克思的生态学》，《国际社会主义》2002年夏季号。中译文载《国外理论动态》2004年第2期，第35页。

肥和杀虫剂这样的化学产品。李比希当时是在第二次农业革命的背景下表述了对“土地衰竭”的深切关注。(第二次农业革命是一次资本主义的农业工业化的革命。)“李比希论述了生态和资本主义工业化农业之间的矛盾。在他看来,像这样的工业化农业在19世纪的英国已经有了最发达的形式。它是一种掠夺的形式,使土壤耗尽肥力。食物和纤维长途跋涉经过几百甚至上千英里从乡村运输到城市,这就意味着土壤中的基本营养氮、磷、钾也同时被运走,其结果是非但肥力得不到回收,土壤的再生产的自然条件因此遭到破坏。”①因而,李比希用“新陈代谢断裂”概念说明:“在相互依赖的社会新陈代谢的过程中存在着不可挽回的断裂,导致土壤再生产的必需条件持续被切断,进而打破了新陈代谢的循环。”②

李比希认为:“大土地所有制使农业人口减少到一个不断下降的最低限量,而同他们相对立,又造成一个不断增长的拥挤在大城市中的工业人口。由此产生了各种条件,这些条件在社会的以及由生活的自然规律所决定的物质变换的联系中造成一个无法弥补的裂缝,于是就造成了地力的浪费,并且这种浪费通过商业而远及国外。”③

“如果说小土地所有制创造出了一个半处于社会之外的未开化的阶级,它兼有原始社会形式的一切粗野性和文明国家的一切贫困痛苦,那么,大土地所有制则在劳动力的天然能力借以逃身的最后领域,在劳动力作为更新民族生活力的后备力量借以积蓄的最后领域,即在农村本身中,破坏了劳动力。大工业和按工业方式经营的大农业共同发生作用。如果说它们原来的区别在于,前者更多地滥用和破坏劳动力,即人类的自然力,而后者更直接地滥用和破坏土地的自然力,那么,在以后的发展进程中,二者会携手并进,因为产业制度在农村也使劳动者精力衰竭,而工业和商业则为农业提供使

① 陈学明:《马克思“新陈代谢”理论的生态意蕴——J. B. 福斯特对马克思生态世界观的阐述》,《中国社会科学》2010年第2期。

② 陈学明:《马克思“新陈代谢”理论的生态意蕴——J. B. 福斯特对马克思生态世界观的阐述》,《中国社会科学》2010年第2期。

③ 《马克思恩格斯文集》第7卷,人民出版社2009年版,第918页。

土地贫瘠的各种手段。"①

在全球化的今天,这种矛盾尤为凸显。马克思得出的第一个结论是"新陈代谢断裂"是与资本主义制度联系在一起的,"生态和资本主义工业化的农业之间存在着尖锐的矛盾"。如何处理这种矛盾呢?马克思认为:"只有通过城市和乡村的融合,现在的空气、水和土地的污染才能排除,只有通过这种融合,才能使目前城市中病弱群众的粪便不致引起疾病,而被用做植物的肥料。"②运用马克思的新陈代谢理论,发展循环经济,倡导生态农业,成为化解城乡之间的新陈代谢割裂的良方。

当然,马克思研究消除"新陈代谢断裂",实现可持续发展这一问题时并没有只是局限于农业领域,而是从农业领域扩展到所有领域。他认为:"整个人类与生产完全有可能建立更加彻底的可持续发展关系,以符合我们现在将之看待为生态学的而非经济学的规律。"③在马克思看来,不仅仅在农业领域,而且在整个人类和生产领域,依据生态规律而不是经济规律来建立一种"更加彻底的可持续发展关系"完全是有可能的。这是因为,"导致整个生态系统不可持续发展的原因与农业方面生态不可持续发展的原因是一样的,即都是由资本主义私有制带来的,从而马克思用以说明在其他领域解除'新陈代谢断裂'、实现可持续发展的根据也是相同的"④。

除了对农业方面新陈代新断裂的批判,马克思还抨击过对森林的破坏,他写道:"对森林的破坏从来就起很大的作用,对比之下,它所起的相反的作用,即对森林的护养和生产所起的作用则微乎其微。"⑤

马克思还指出英国的森林不是"真正的森林",因为"贵族们的鹿苑中的

---

① 《马克思恩格斯文集》第7卷,人民出版社2009年版,第919页。

② 《马克思恩格斯文集》第9卷,人民出版社2009年版,第313页。

③ 陈学明:《马克思"新陈代谢"理论的生态意蕴——J. B. 福斯特对马克思生态世界观的阐述》,《中国社会科学》2010年第2期。

④ 陈学明:《马克思"新陈代谢"理论的生态意蕴——J. B. 福斯特对马克思生态世界观的阐述》,《中国社会科学》2010年第2期。

⑤ 《马克思恩格斯文集》第6卷,人民出版社2009年版,第272页。

鹿长得像家畜，肥得像伦敦的市议员一样”；而在英格兰为猎人（以损害农村劳动者为代价）的兴趣和利益而建立的所谓“鹿林”则只有鹿而没有树。[①]要想使这些森林受到保护，把它们从“新陈代谢断裂”中拯救出来，只有停止人类对自然的剥削才有可能。他提出应当把超越城乡对立作为解决“新陈代谢断裂”问题的重要措施。“只有通过城市和乡村的融合，现在的空气、水和土地的污染才能排除，只有通过这种融合，才能使目前城市中病弱群众的粪便不致引起疾病，而被用做植物的肥料。”[②]马克思认为，解决所有制问题，即变资本主义私有制为社会主义公有制是消除“新陈代谢断裂”，实现可持续发展的前提。正如福斯特所指出的，当马克思所说的消除“新陈代谢断裂”，实现可持续发展的各项措施全面实施之时，也就是社会主义建立之日。在马克思看来，“一个符合人性的、可持续的制度应当是社会主义”，而且这种社会主义“应当建立在稳固的生态原则基础之上”。

三、恩格斯的自然观及自然辩证法思想

恩格斯的生态思想集中在《反杜林论》、《自然辩证法》和《路德维希·费尔巴哈和德国古典哲学的终结》、《英国工人阶级状况》等著作以及他同马克思的往来书信中。生态价值观、生态实践观和自然辩证法构成了恩格斯生态思想的主体内容。

（一）恩格斯的自然观

1. 自然界是人类生存与发展的前提和基础

在恩格斯看来，人类是从自然界中分化出来的。他指出：“从最初的动

① 《马克思恩格斯文集》第5卷，人民出版社2009年版，第840页。

② 《马克思恩格斯文集》第9卷，人民出版社2009年版，第313页。

物中，主要由于进一步的分化而发展出了动物的无数的纲、目、科、属、种，最后发展出神经系统获得最充分发展的那种形态，即脊椎动物的形态，而在这些脊椎动物中，最后又发展出这样一种脊椎动物，在它身上自然界获得了自我意识，这就是人。”①先有自然界而后有人，因而，自然界是人类存在的前提和基础。“所谓人的肉体生活和精神生活同自然界相联系，不外是说自然界同自身相联系，因为人是自然界的一部分。”②恩格斯指出，“我们连同我们的肉、血和头脑都是属于自然界和存在于自然界之中的”③。人类的生存与发展依赖于自然界。恩格斯指出，“人首先依赖于自然”④。没有外部的自然界就不会有人。所以，自然优先论得以成立。人与自然是协同发展的关系，自然生态价值是人的价值实现的基础。人类在发展中对此应予以高度关注。遵循自然的规律而行事也就成为人类应有的价值观念和社会规范。人类应该谨记，“我们统治自然界，决不象征服者统治异民族一样，决不象站在自然界以外的人一样，……我们对自然界的整个统治，是在于我们比其他一切动物强，能够认识和正确运用自然规律”⑤。

2. 劳动是人类改造自然的中介

人与动物的不同在于，人可以通过劳动改造自然。恩格斯在一文中指出，“动物仅仅利用外部自然界，简单地通过自身的存在在自然界中引起变化；而人则通过他所作出的改变来使自然界为自己的目的服务，来支配自然界。”⑥

通过对自然规律的正确把握，通过劳动这一实践途径，充分发挥人的主观能动性来改造世界，这是人实现自身目的的基本要求。恩格斯认为，不能

① 《马克思恩格斯文集》第9卷，人民出版社2009年版，第420页。

② 《马克思恩格斯文集》第1卷，人民出版社2009年版，第161页。

③ 《马克思恩格斯文集》第9卷，人民出版社2009年，第560页。

④ 《马克思恩格斯全集》第47卷，人民出版社2004年版，第415页。

⑤ 《马克思恩格斯全集》第20卷，人民出版社1971年版，第519页。

⑥ 《马克思恩格斯文集》第9卷，人民出版社2009年版，第559页。

简单地认为“劳动是一切财富的源泉”。“其实,劳动和自然界在一起才是一切财富的源泉,自然界为劳动提供材料,劳动把材料转变为财富。但是劳动的作用还远不止于此。劳动是整个人类生活的第一个基本条件,而且达到这样的程度,以致我们在某种意义上不得不说:劳动创造了人本身。”①劳动是联系人类与自然的纽带。

(二)恩格斯的自然辩证法思想

在《反杜林论》中,恩格斯指出:“辩证法不过是关于自然界、人类社会和思维的运动和发展的普遍规律的科学。”②自然界的一切归根到底是辩证地而不是形而上学地发生的。“整个自然界,从最小的东西到最大的东西,从沙粒到太阳,从原生生物到人,都处于永恒的产生和消逝中,处于不断的流动中,处于不息的运动和变化中。”③

在《社会主义从空想到科学的发展》中,恩格斯论述了自然科学成果对自然界发展规律的揭示以及由此带来的积极影响。他肯定了辩证法在认识自然和社会中的方法论作用。他指出:“自然界是检验辩证法的试金石,而且我们必须说,现代自然科学为这种检验提供了极其丰富的、与日俱增的材料”。④ 他十分肯定自然科学对于人类认识自然的巨大推动作用。“由于这三大发现和自然科学的其他进步……我们就能够依靠经验自然科学本身所提供的事实,以近乎系统的形式描绘出一幅自然界联系的清晰图画。”⑤

通过对自然规律的探寻和把握,可以让人类更妥善地处理与自然界的关系。因为,“在表面上是偶然性在起作用的地方,这种偶然性始终是受内部的隐蔽着的规律支配的,而问题只是在于发现这些规律”。人类对自然的

---

① 《马克思恩格斯文集》第9卷,人民出版社2009年版,第550页。

② 《马克思恩格斯文集》第9卷,人民出版社2009年版,第149页。

③ 《马克思恩格斯文集》第9卷,人民出版社2009年版,第418页。

④ 《马克思恩格斯文集》第9卷,人民出版社2009年版,第25页。

⑤ 《马克思恩格斯文集》第4卷,人民出版社2009年版,第300页。

改造和利用，一定不能违背自然规律，否则结果只会适得其反。对人类大肆掠夺自然的现象，恩格斯发出了这样的警告："但是我们不要过分陶醉于我们人类对自然界的胜利。对于每一次这样的胜利，自然界都对我们进行报复。每一次胜利，起初确实取得了我们预期的结果，但是往后和再往后却发生完全不同的、出乎预料的影响，常常把最初的结果又消除了。"①

尊重自然规律，合理调节人与自然的关系是恩格斯自然辩证法强调的重点。当时他观察到这样的现象："美索不达米亚、希腊、小亚细亚以及其他各地的居民，为了得到耕地，毁灭了森林，但是他们做梦也想不到，这些地方今天竟因此成为不毛之地，因为他们使这些地方失去了森林，也就失去了水分的积聚中心和贮藏库。阿尔卑斯山的意大利人，当他们在山南坡把在山北坡得到精心保护的那一种枞树林砍光用尽时，没有预料到，这样一来，他们就把本地区的高山畜牧业根基毁掉了；他们更没有预料到，他们这样做，竟使山泉在一年中的大部分时间内枯竭了，同时在雨季又使更加凶猛的洪水倾泻到平原上。"②他深刻认识到，人类只有按照自然规律行事，自然界才会朝着有利于人类社会的方向发展，否则自然界与人类的关系只会随着人类对自然的开发而日益恶化。

恩格斯研究了人与自然和人与社会是辩证统一的关系。他认为，人与自然的关系和人与人的关系是人类实践活动密不可分的两大基本关系。人不仅与自然发生关系，是自然存在物；人还要与人发生关系，是社会存在物。"自然界和人的同一性也表现在：人们对自然界的狭隘的关系制约着他们之间的狭隘的关系，而他们之间的狭隘的关系又制约着他们对自然界的狭隘的关系。"③可见，人与自然的关系实质上也表现为人与人之间的社会关系。

---

① 《马克思恩格斯文集》第9卷，人民出版社2009年版，第559页。

② 《马克思恩格斯文集》第9卷，人民出版社2009年版，第559页。

③ 《马克思恩格斯全集》第3卷，人民出版社1960年版，第35页。

四、马克思和恩格斯生态思想对我国生态文明建设的启示

马克思和恩格斯的生态理论是指导中国社会主义生态文明建设的理论基础,中国共产党人与马克思和恩格斯等经典作家在生态价值诉求上是一脉相承的。以马克思主义生态观为指导,可以有效推进我国生态文明建设。

(一)树立正确的生态观,促进人与自然和谐发展

马克思和恩格斯自然优先的思想为解决生态危机提供了扎实的理论基础。启迪我们,人类要想实现自身的发展,一定要秉承人与自然和谐发展的生态价值观,才能与自然共生共赢。他们强调自然资源有限性,人类的发展必须有理性,遵循自然规律,在资源环境可承载范围内发展。

恩格斯的辩证法思想提醒我们更加自觉地践行十八大提出的树立"尊重自然、顺应自然、保护自然"的生态文明理念。随着经济社会的快速发展,我国居民对物质追求的同时,对资源环境的诉求也不断提高。我国也从单一追求经济发展水平和物质增长,过渡到既重视经济增长又要保护资源环境,再到现在既要经济社会高质量发展又要少牺牲资源环境或不牺牲资源环境,即我国的发展已经从"以资源环境换取 GDP 增长"向"绿色青山就是金山银山"的发展理念转变。表现在当前对各地发展逐步将体现生态文明要求的评估体系纳入到对党政干部的考核中。最典型的是环保部重启对绿色 GDP 的研究以及在一些地区开展的 GEP 实践。

绿色 GDP 就是在 GDP 核算的基础上,扣除经济发展所引起的资源耗减成本和环境损失的代价。从 20 世纪中叶开始,随着环境保护运动的发展和可持续发展理念兴起,自然资源核算开始引起世界各国自然科学家、经济学家、社会学家、政府部门以及众多国际组织的重视。绿色 GDP 核算作为 GDP 核算的补充是必然选择,以弥补传统 GDP 核算未能衡量自然资源消耗和生态环境破坏的缺陷。GEP 是生态系统生产总值(Gross Ecosystem Production)

的英文简称，是指生态系统为人类福祉提供的产品和服务的经济价值总量。GEP 展现了人类活动对自然的影响，体现了复合生态系统产品的生产和服务功能。随着绿色 GDP 和 GEP 研究的深入，特别是统计体系的日臻完善，中国的生态文明考评体系会越来越与马克思和恩格斯的生态观趋向一致。

（二）形成良性新陈代谢，推进工业农业循环发展

工业化对环境的破坏有目共睹，现代石化农业对土壤的破坏也让人触目惊心。如何能够实现一种良性循环，建立“资源节约型、环境友好型”社会。马克思的“新陈代谢”思想对此有极强的现实指导意义。

习近平总书记指出：“发展循环经济是走新型工业化道路的重要载体，也是从根本上转变经济增长方式的必然要求。”在工业生产中要倡导企业内的小循环和企业与企业之间的中循环，甚至还要推广到全社会，形成大循环。在农业生产中，自 20 世纪 50 年代以来，以高投入、高能耗为主要方式的“石化农业”加速发展，大幅提高了农业综合产能，但也带来了严重的生态危机，于是生态农业应运而生。

生态农业的概念，最早由美国土壤学家威廉·阿尔布瑞奇于 1971 年提出。他认为：“施用有机肥，有利于建立良好的土壤条件，有利于作物健康；少量施用化肥，对作物营养有利，但不能使用化学农药，因为在达到杀虫浓度时，它已对环境造成污染。”1981 年，英国农学家 M. K. Worthington（华莘屯）对生态农业提出了新的认识，他指出：“生态农业是生态上能自我维持、低输入，经济上有生命力，在环境或伦理和审美诸方面不产生大的、长远的及不可接受的变化的小型农业系统。”我们所要发展的生态农业，是在良好的生态条件下，安全使用或不用化学合成的化肥、农药、动植物生长调节剂和饲料添加剂，通过物种优化组合、种养立体发展、资源循环利用等模式，将传统农业精华与现代科学技术和生产管理方式相结合，生产安全优质农产品，保持生产生态良性循环，实现经济、生态、社会效益高度统一的现代农业。构建人类社会与自然环境和谐共生的良性循环系统。充分利用微生物、植物与动物之间的食物链，农业与工业之间的产业链，经济与生态、社会

之间的价值链，使农业生产、加工和消费等各个环节的资源、产品及废弃物，做到物尽其用、用尽其材、循环再生。

（三）限制资本，实现人类可持续发展

马克思对资本逻辑的批判提醒我们对资本不可毫无限制，任由其沿着增值的目标侵占社会合理发展以及人类理性增长的空间。人类的发展只能是可持续的发展。资源是有限的，人类的发展必须有理性，遵循自然规律，在资源环境可承载的范围内发展。社会主义市场经济条件下，我们对资本应该采取既要利用也应限制的态度。资本必须被限制在促进人类可持续发展的领域内，而不可盲目崇拜资本。将资本追逐利润从而对环境造成的损害减低到最低限度，使人类的发展走上可持续的轨道。

可持续发展（Sustainable development）的概念最先是在1972年在斯德哥尔摩举行的联合国人类环境研讨会上正式讨论。1980年国际自然保护同盟的《世界自然资源保护大纲》提出，“必须研究自然的、社会的、生态的、经济的以及利用自然资源过程中的基本关系，以确保全球的可持续发展。”1981年，美国布朗（Lester R. Brown）出版了《建设一个可持续发展的社会》，提出以控制人口增长、保护资源基础和开发再生能源来实现可持续发展。1987年，世界环境与发展委员会出版《我们共同的未来》报告，对可持续发展做了定义，系统阐述了可持续发展的思想。1992年6月，联合国在里约热内卢召开的“环境与发展大会”，通过了以可持续发展为核心的《里约环境与发展宣言》、《21世纪议程》等文件。可持续发展逐渐从理念转向行动，进入了许多国家的发展战略中。我国在20世纪90年代也将其纳入国家发展战略，在1992年，中国政府编制了《中国21世纪人口、资源、环境与发展白皮书》，首次把可持续发展战略纳入我国经济和社会发展的长远规划之中。1997年的中共十五大把可持续发展战略确定为我国“现代化建设中必须实施”的战略。

第二章　反思与批判

——生态马克思主义者对生态危机的研究

随着资本主义全球化进程的加剧以及新自由主义思潮的日益彰显，生态作为“问题”被提到了议事日程上。生态学马克思主义就是在这样一种背景下产生的。作为当代国外马克思主义中最有影响的思潮之一，这一流派旨在将马克思主义的基本原理及批判功能与人类面临的日益严峻的生态问题相结合，寻找一种能够指导解决生态问题及人类自身发展问题的“双赢”理念。生态马克思主义者从资本主义生产方式与生态危机的联系上对资本主义进行系统批判，通过重新解读自然的观念，力图赋予自然以历史和文化的内涵，并以这样理解的自然和文化概念来改造传统的生产力和生产关系理论，重新理解自然、文化、社会劳动之间的关系，以此重构历史唯物主义。今天，环境问题已经成为资本主义各种矛盾的集中体现，对资本主义进行生态批判，也就成为生态学马克思主义研究的主题。

一、生态危机产生的根源

生态马克思主义者指出资本主义制度具有反生态性。他们通过在价值观念上对人类中心主义的批判，消费领域对异化消费的批判，特别是在生产领域通过分析资本主义生产方式揭示出资本主义生产方式同生态危机之间的内在联系，深刻揭示了资本主义产生生态危机的根源。

(一)对人类中心主义的批判

面对日益严重的生态危机,西方产生了人类中心主义与非人类中心主义两大生态伦理思潮。人类中心主义将人视为宇宙的中心,其实质是:“一切以人为尺度,一切从人的利益出发。”①人类中心主义将人看做是具有内在价值的唯一存在物,其他一切事物的价值都取决于人的需要,只具有相对于人的工具价值,人类之外的自然和存在物被排除在了道德考虑之外。

非人类中心主义对人类中心主义进行批判,认为正是在人类中心主义价值观的指导下,人类毫无限制地对自然进行掠夺性开发和利用,造成了当代世界严重的生态危机。非人类中心主义经历了动物解放论和动物权利论、生物中心论、生态中心论三个阶段。生态中心主义把“自然价值论”和“自然权利论”作为其理论的基石,认为生存的权利、自主的权利和生态安全的权利是生物所享有的三种主要权利,强调地球生态系统的整体性和地球优先性,认为人类中心主义支配下的科学技术是造成生态危机的根源。生态中心主义具有明显的后现代特征,与后现代主义在很多方面具有一致性。

生态学马克思主义虽然也反对资本主义—技术中心论,但其与生态中心主义却又是完全对立的,“它是西方绿色生态运动中对生态中心主义持批判态度的流派”②。生态学马克思主义主张一种人类中心主义,认为并不存在除人类需要之外的自然的需要,而且在生态社会主义社会里,当人类利益和自然利益发生冲突时,人类的需要要优先于自然的需要。“生态社会主义是人类中心论的(尽管不是在资本主义—技术中心论的意义上说的)和人本主义的,它拒绝生物道德和自然神秘化以及这些可能产生的任何反人本主义,尽管它重视人类精神及其部分地由与自然其他方面的非物质相互作用

① 余谋昌:《惩罚中的醒悟——走向生态伦理学》,广东教育出版社 1995 年版,第 185 页。

② 王雨辰:《生态批判与绿色乌托邦——生态学马克思主义理论研究》,人民出版社 2009 年版,第 16 页。

而满足的需要”。① 生态马克思主义者也对技术理性展开了批判，但它并不将其视为生态危机产生的根源，他们所批判的是被资本主义控制的技术理性所导致的技术的非理性运用，以及对自然的无止境的掠夺。他们肯定技术对于人类生产的积极作用，但强调必须使其摆脱资本的控制。生态学马克思主义虽然强调自由自觉的劳动对于人们实现自我的重要价值，但是并不反对生产力发展和经济增长，更不具有后现代性的反物质倾向。生态学马克思主义强调生产的发展和经济的增长必须是“理性的、为了每个人的平等利益的有计划的发展”②，也必须是以人为本的。“生态学马克思主义所追求的是立足于人的需要基础上的人类社会和生态的共同发展。”③

（二）对异化消费的批判

生态学马克思主义认为，当代资本主义社会危机由经济危机转向生态危机的根源在于生态系统的有限性使得资本主义无法维持满足人们的异化消费而不断扩张的资本主义生产。这种新变化让生态学马克思主义把批判的火力指向了消费领域，以揭示异化消费与当代生态危机之间的关系。

所谓异化消费指的是“人们为了补偿自己那种单调乏味的、非创造性的且常常是报酬不足的劳动而致力于获得商品的一种现象”④。异化消费使人们对经济增长和物质生活水平不断提高产生了一种习惯性消费，进而把兴奋点主要集中于对商品的追求和消费上。“这是一种决定消费的神奇的思想，是一种决定日常生活的奇迹心态，是一种原始人的心态。这种心态的意

① ［英］戴维·佩珀：《生态社会主义：从深生态学到社会正义》，刘颖译，山东大学出版社2005年版，第336页。

② ［英］戴维·佩珀：《生态社会主义：从深生态学到社会正义》，刘颖译，山东大学出版社2005年版，第336页

③ 王雨辰：《生态批判与绿色乌托邦——生态学马克思主义理论研究》，人民出版社2009年版，第19页。

④ ［美］本·阿格尔：《西方马克思主义概论》，慎之等译，中国人民大学出版社1991年版，第494页。

义是建立在对思想具有无比威力的信仰之上的。这里所信仰的，是标志的无比威力。富裕、'富有'其实只是幸福的积累。"①异化消费建立在资产阶级广告所支配的虚假需求之上而非建立于人们的真实需求，这种消费主义下的生存方式在本质上必然是异化的。异化消费客观上要求资本主义生产体系必须不断扩张其生产规模，必然加剧生态系统的有限性和资本主义扩张无限性之间的矛盾。

异化消费直接导致生态危机。面对资本主义的生态危机，异化消费导致人们无法正确处理需要、商品和消费三者之间的关系。实际上，人们在异化消费中并无幸福和自由可言，反而随时可能遭受生理和心理上的伤害。异化消费必然会进一步强化资本主义生产方式和异化劳动，使人们走向享乐主义，从而造成自然资源的更大浪费和自然环境的破坏。在生态学马克思主义那里，生态危机将使人们对经济增长的习惯性期待走向破灭，进而促使人们对异化消费和异化生存方式进行反思。在异化消费的过程中，生态系统的有限性和资本主义生产能力的无限性发生矛盾。资本主义社会的生态危机转化为商品供应危机，引起无产阶级消费期望的破碎，从而导致资本主义制度的合法性危机和无产阶级对资本主义制度的怀疑。这就是"期望破灭的辩证法"。"期望破灭的辩证法"指的是"在工业繁荣和物质相对丰裕的时期，本以为可以真的源源不断提供商品的情况发生了危机，而这不管愿意与否无疑将使人们对满足方式从根本上重新进行评价。人们对发达工业社会可以源源不断提供商品的能力的期望破灭，最终会走向自己的对立面，即对人们在一个基本上不完全丰裕的世界上的满足的前景进行正确的评价，尽管公认这种评价是很难的。这并不是要提倡重新培育清教徒式的简朴精神，而是要调整人们对好生活的性质和质量的看法。"②"期望破灭的辩证法"会使人们逐渐摆脱异化消费，树立新的消费观和价值观，倡导"生产得更少，生活得更好"，从而实现对自己的真实需求的满足以及需求、消费和生

---

① ［法］鲍德里亚：《消费社会》，刘成富等译，南京大学出版社2000年版，第8页。

② ［美］本·阿格尔：《西方马克思主义概论》，慎之等译，中国人民大学出版社1991年版，第490—491页。

态之间关系的协调。

（三）对资本逻辑的批判

马克思曾经这样分析过资本："资本不是物，而是一定的、社会的、属于一定历史社会形态的生产关系。"①的确，资本主义的生产方式正如福斯特所言，是全球"踏轮磨坊的生产方式"。其基本特点可以概括为以下六个方面。"首先，由金字塔顶部的极少数人通过不断增加的财富积累融入这种全球体制，并构成其核心理论的基础。第二，随着生产规模的不断扩大，越来越多的劳动者由个体经营转变为工薪阶层。第三，企业间的激烈竞争必然导致将所积累的财富分配到服务于扩大再生产的新型革新技术上来。第四，短缺物质的生产伴随着更多难以满足的贪欲的产生。第五，政府在确保至少一部分市民的'社会保障'时，对促进国民经济发展的责任也日益加大。第六，传播和教育作为决定性的手段成为该生产方式的一部分，用以巩固其优先的权利和价值取向。"②这六个方面是相互联系的，并存于资本主义生产方式之中。福斯特认为："在有限的环境中实现无限扩张本身就是一个矛盾，因而在全球环境之间形成了潜在的灾难性的冲突。"③

陈学明教授认为："人类消除生态危机、在人与自然之间建立起真正和谐的关系的最大障碍就是资本主义制度。资本的本性是与自然根本对立的，只要资本的逻辑在这一世界上还畅通无阻，那么人类要走出生态危机就是缘木求鱼，一句空话。"④

---

① 《马克思恩格斯文集》第 7 卷，人民出版社 2009 年版，第 922 页。

② ［美］福斯特：《生态危机与资本主义》，耿建新等译，上海译文出版社 2006 年版，第 36—37 页。

③ ［美］福斯特：《生态危机与资本主义》，耿建新等译，上海译文出版社 2006 年版，第 2 页。

④ 陈学明：《谁是罪魁祸首——追寻生态危机的根源》，人民出版社 2012 年版，第 479 页。

二、福斯特等人对生态危机的研究

生态马克思主义的代表人物包括安德烈·高兹(Andre Gorz)、本·阿格尔(Ben Agger)、威廉·莱易斯(William Leiss)、D. 佩珀(David Pepper)、柏格特(Paul Burkett)、格伦德曼(Reiner Grundmann)、马尔库塞(Herbert Marcus)、福斯特(John Bellamy Foster)、奥康纳(James O'Connor)等,其中关于生态危机的分析,以福斯特对马克思主义生态观的研究和奥康纳提出的资本主义"双重危机"理论最具代表性。

(一)福斯特对马克思生态观的研究及对消除生态危机的思考

1. 对马克思生态世界观的挖掘

福斯特指出,长期以来人们都认为马克思的思想体系当中并不包含生态理论,似乎只对人类社会的变革可能具有指导意义。福斯特对此进行了批判。他注意到在最近的国际学术界"很多即使原先最苛刻地批评马克思的人,近时均不得不承认在马克思的著作中包含着值得注意的生态思想。"①他认为,"马克思的世界观是一种深刻的、系统的生态世界观"。

福斯特认为马克思的生态理论还是"一个没有被认识到的灵感源泉"。人们忽视马克思生态理论的原因主要有二:一是人们对目前所面临的生态危机的实质和根源没有一个正确的认识;二是没有对马克思的思想体系的宗旨与本质进行正确的认识。

当代绿色理论内部出现了将生态退化归结于以培根所开创的科学革命

---

① J. B. Foster:Marx's Ecology:Materialism and Nature,Monthly Review,2000,P. 9. 转引自陈学明:《谁是罪魁祸首——追寻生态危机的根源》,人民出版社 2012 年版,第 59 页。

的强烈倾向。"今天人们常常作这样的设想，要想成为'生态主义者'，就意味着应以一种高度精神化和唯心主义的方式来对待自然，应当放弃据说是被科学和启蒙运动业已证明了的那种对待自然的工具性的、还原性的敌对态度。从而作为一名环境主义者就意味着与'人类中心主义'决裂，培育对自然内在价值的精神意识，甚至如有可能应当将自然置于人类之上。"①

这样，从 17 世纪直至 20 世纪的几乎所有的思想家，只有极少数诗人、艺术家和文艺评论家可排除在外，均以反对生态价值和神话发展与进步的罪名而遭到谴责。"不能充分认识马克思贡献的一个重要原因就在于这样一种与日俱增的倾向：它把对生态价值以及生态形式的理解建立在科学与唯物主义根本对立的基础之上。"②

马克思之所以遭受攻击，就在于他被假设为技术的"普罗米修斯主义"；马克思的唯物主义被说成是业已导致他强调一种类似于"培根式的"支配自然和发展经济的思想，而不是维护生态价值。③

2. 对马克思的"新陈代谢"理论的阐发

福斯特认为，马克思借助"新陈代谢"这一概念将他对直接生产者的剩余产品的剥削的批判、对资本主义地租理论的批判以及对马尔萨斯人口理论的批判联结在了一起。"新陈代谢"这一概念并不是由马克思创造的，其最早出现于 1815 年。1842 年德国农业化学家李比希在《动物化学》一书中抓住了"新陈代谢交换的复杂的生物化学过程"这一核心概念，奠定了"新陈

① J. B. Foster interviewed by D. Soron, Ecology, Capitalism, and the Socialization of Nature, in Monthly Review, 2004, 11, Vol. 56, No. 6, P. 5. 转引自陈学明：《谁是罪魁祸首——追寻生态危机的根源》，人民出版社 2012 年版，第 62 页。

② J. B. Foster interviewed by D. Soron, Ecology, Capitalism, and the Socialization of Nature, in Monthly Review, 2004, 11, Vol. 56, No. 6, P. 5. 转引自陈学明：《谁是罪魁祸首——追寻生态危机的根源》，人民出版社 2012 年版，第 62 页。

③ J. B. Foster: Marx's Ecology: Materialism and Nature, Monthly Review, 2000, P. 10. 转引自陈学明：《谁是罪魁祸首——追寻生态危机的根源》，人民出版社 2012 年版，第 62 页。

代谢”这一概念在生物学、生理学领域的关键地位。福斯特认为马克思将“新陈代谢”应用于社会关系中,并将对劳动过程的理解根植于这一概念之中,目的在于解释人类劳动和环境之间的关系。

福斯特通过对《资本论》的研究,指出马克思将劳动视为“人以自身的活动来中介、调整和控制人和自然之间的物质变换的过程”①,劳动过程就是“人和自然之间的物质变换的一般条件,是人类生活的永恒的自然条件”②,就是用“新陈代谢”这一概念说明了劳动的本质,揭示了人与自然之间的真实关系。

福斯特通过对马克思所有的相关著作的考察,特别是《资本论》对“新陈代谢”这一概念的使用得出结论,这一概念在马克思那里有两个意义:其一指的是“自然和社会之间通过劳动而进行的实际的新陈代谢相互作用”,这是这一概念的狭义;其二,马克思用这个概念来描述“一系列业已形成的但是在资本主义条件下总是异化地再生产出来的复杂的、动态的、相互依赖的需求和关系,以及由此产生的人类自由问题”。马克思的“新陈代谢”的概念既有特定的生态意义,又有广泛的社会意义。使用了这一概念之后马克思才消除了自然异化的抽象性。马克思的“新陈代谢”概念还用于设想未来的共产主义社会。

福斯特引用了海沃德对马克思“新陈代谢”概念的评价来说明“新陈代谢”在马克思的思想体系中的地位。海沃德指出,马克思的“新陈代谢”概念“抓住了同时作为自然和肉体存在的人类生存的基本特征”,“这种‘新陈代谢’,在自然方面由控制各种卷入其中的物理过程的自然法则调节,而在社会方面则由控制劳动分工和财富分配的制度化规范来调节”。③

在“新陈代谢”这一概念的基础上衍生的“新陈代谢断裂”对于马克思的

---

① 《马克思恩格斯文集》第5卷,人民出版社2009年版,第207页。

② 《马克思恩格斯文集》第5卷,人民出版社2009年版,第215页。

③ J. B. Foster:Marx's Ecology:Materialism and Nature, Monthly Review, 2000, P. 159. 转引自陈学明:《谁是罪魁祸首——追寻生态危机的根源》,人民出版社2012年版,第128页。

资本主义批判理论具有突出作用。“马克思关于‘新陈代谢断裂’的概念是其对资本主义进行生态批判的核心元素。”①马克思对资本主义的全部生态批判都是建立在“新陈代谢断裂”之上的。李比希曾用“新陈代谢断裂”来揭示土地肥力流失和土地日益衰竭的问题，认为：“在相互依赖的社会新陈代谢的过程中存在着不可挽回的断裂，导致土壤再生产的必需条件持续被切断，进而打破了新陈代谢的循环。”②马克思在《资本论》中论述道：“资本主义生产使它汇集在各大中心的城市人口越来越占优势，这样一来，它一方面聚集着社会的历史动力，另一方面又破坏着人和土地之间的物质变换，也就是使人以衣食形式消费掉的土地的组成部分不能回归土地，从而破坏土地持久肥力的永恒的自然条件……此外，资本主义农业的任何进步，都不仅是掠夺劳动者的技巧的进步，而且是掠夺土地的技巧的进步，在一定时期内提高土地肥力的任何进步，同时也是破坏土地肥力持久源泉的进步。”③福斯特认为马克思的“新陈代谢断裂”概念已经不再仅仅局限于土壤肥力衰竭了，马克思实际上已经用这一概念来指称资本主义社会的整个“自然异化”、“物质异化”，“马克思运用‘新陈代谢断裂’的概念表达资本主义社会中人类对形成其生存基础的条件，即马克思称之为‘是人类生活永恒的自然条件’的‘物质异化’”④。

福斯特把马克思从对“新陈代谢”，特别是“新陈代谢断裂”的分析中所得出的结论归纳为以下八个方面：(1)资本主义在人类和地球的新陈代谢关系中催生出“无法修补的断裂”，而地球原是大自然赋予人类的永久性生产

---

①　[美]福斯特：《历史视野中的马克思的生态学》，载《国际社会主义》2002 年夏季号。译文载《国外理论动态》2004 年第 2 期，第 35 页。

②　J. B. Foster: The Ecology of Destruction, in Monthly Review, 2007, 2, Vol. 56, No. 9. P. 10. 转引自陈学明：《谁是罪魁祸首——追寻生态危机的根源》，人民出版社 2012 年版，第 130 页。

③　《马克思恩格斯文集》第 5 卷，人民出版社 2009 年版，第 579 页。

④　J. B. Foster: Marx's Ecology: Materialism and Nature, Monthly Review, 2000, P. 163. 转引自陈学明：《谁是罪魁祸首——追寻生态危机的根源》，人民出版社 2012 年版，第 133 页。

条件;(2)这就要求新陈代谢的"系统性恢复"成为"社会生产的固有法则";(3)然而,在资本主义制度下的大规模农业和远程贸易加剧并扩展了这种新陈代谢的断裂;(4)对土壤养分的浪费反映在城市的污染和排放物上;(5)大规模的工业和机械化农业共同参与了对农业的破坏;(6)所有这些都是城乡对立在资本主义制度下的写照;(7)理性的农业需要独立的小农业主或者联合而成的大生产商自主经营其生产活动,这在资本主义条件下是根本不可能的;(8)现状需要对人类和地球之间的新陈代谢关系进行规整,从而指向超越资本主义制度的社会主义和共产主义。①

李比希在1862年出版的《农业化学》一书的"序言"中向人们发出了这样的警告:"如果,农业主在自己的经营管理中,还没有养成这种正确的观念,并给他必要的手段,以提高他的生产效能。那么,从某个时候起,战争、饥荒、流亡、穷困和流行病等自然会建立一个平衡,这个平衡从根本上暗地破坏国家的繁荣幸福,归根到底要引起农业破产。"②福斯特认为,李比希把"新陈代谢断裂"与资本主义制度联系在一起的思考深深地影响了马克思,马克思在接受李比希"新陈代谢断裂"的概念的同时也接受了他把"新陈代谢断裂"与资本主义制度联系在一起的思考。

福斯特认为,从总的来说,马克思强调是资本主义制度导致了"新陈代谢断裂",但在不同阶段,他把批判矛头指向了资本主义制度不同的层面。

在19世纪四五十年代,马克思所关注的"新陈代谢断裂"主要是土壤肥力的衰竭,因而更多地强调在资本主义社会中的城市与乡村的分离以及由此带来的产品的远距离贸易是"新陈代谢断裂"的原因。

到了19世纪五六十年代,马克思对资本主义社会中"新陈代谢断裂"的关注从土壤肥力的流失扩展到整个资本主义社会的自然的异化。马克思认为,所有可以用"新陈代谢断裂"表述的资本主义社会的生态问题,都是和他

① [美]福斯特:《历史视野中的马克思的生态学》,载《国际社会主义》2002年夏季号。译文载《国外理论动态》2004年第2期,第35页。

② [美]福斯特:《马克思的生态学——唯物主义与自然》,刘仁胜等译,高等教育出版社2006年版,第171页。

所说的资本主义私人财产制度不可分割地联系在一起的,是一种合乎逻辑的结果。

19世纪六七十年代,随着马克思对资本主义私有制与"新陈代谢断裂"之间的相互关系的研究的深入,马克思对这种联系的分析不再停留在做一般性的描述,而是开始具体地加以展开。马克思指出,正是在资本原则的支配下,资本不是服务于人的真正的、普遍的、自然的需要,而是一味去追求交换价值,即利润,这必然导致自然的异化,必然导致"新陈代谢断裂"。

3. 探寻与地球和平相处之道

福斯特不只限于理论的研究,而且十分关注现实,在他的《生态危机与资本主义》一书中,我们发现他对生态盈亏的专制现象、生态危机的规模、全球化时代的生态道德等问题有很深的忧虑。他不断追问"可持续发展是什么?"并在《生态革命——与地球和平相处》一书中做出了自己独特的回答。他认为,技术不是万能的,靠生态技术也不能根本解决生态灾难。我们需要超越现存的资本主义制度。

福斯特将生态革命划分为两种主要的革命。第一种革命是生态工业革命,认为可以完全通过技术手段,诸如更高效的能源系统,从而为资本主义的可持续发展创造基础。福斯特对这种革命进行了批判,认为这种革命除了技术之外,社会的组织实际上没有任何变化,致力于没有限制的资本积累和将人为制造的私欲置于个人和社会需求之上的秩序并没有改变。

福斯特致力于另一种革命,即一种更加根本的生态—社会革命,认为在吸收必要的替代技术的同时,还必须强调人类与自然之间的关系以及根植于现存社会生产关系中的社会结构的变革,必须打破占据主导地位的社会秩序的逻辑,走向平等和公有的生产、分配、交换和消费方式。当今生态问题的症结在于资本主义作为一种文明进程已经走到了终点,因而需要对社会生产关系和整个社会进行革命性变革。

(二)詹姆斯·奥康纳对生态危机的研究

社会生态学家詹姆斯·奥康纳(James O'Connor)是生态学马克思主义的主要代表之一,他的代表作是《自然的理由——生态学马克思主义研究》,该书以生态学为切入点,对资本主义制度进行了深刻批判。

1. 如何看待人与自然界的关系

奥康纳认为马克思理论的生态意义首先在于它为如何看待人与自然的问题提供了方法论基础。在他看来,马克思论述人与自然之间的相互关系所使用的历史唯物主义方法要比当今人文社会科学研究中所流行的那些方法更加具有全面性和实践性。

马克思在阐述资本主义的剥削方式时着重考察了"社会化的人类物质生活"。奥康纳认为,这种"社会化了的人类物质生活"从两个方面的作用过程论证了人类社会与自然界之间相互关系的过程。其一,"社会化了的人类物质生活"以创造"第二自然"的方式来改变自然界的形式;其二,"社会化了的物质生活"通过"把人类加以自然化"来改变人类自身的思维方式。"社会劳动"在人类历史与自然历史之间起着调节的作用。"社会劳动"具有客观和主观双重功能:一方面组织起来的"社会劳动"创造了一个我们用以生活和工作的客观世界;另一方面它还促使我们构建自己的主观意识世界。因此,奥康纳指出:"从这里我们可以知道,人类对自然界的影响实际上取决于'社会劳动'的组织方式、它的宗旨及目标,取决于社会产品的分配和使用方法,取决于人类对自然界的态度和具有的知识水准。"①

奥康纳认为,对"社会劳动"这一范畴的理解要把握两点:一是"社会劳动"被赋予了文化的特征,不仅要认识到人类的劳动建构在阶级权力和价值

---

① James O'Connor: *Natural Causes: Essay in Ecological Marxism*, The Guilford Press, 1998, P. 5. 转引自陈学明:《谁是罪魁祸首——追寻生态危机的根源》,人民出版社2012年版,第243页。

规律的基础上，还要知晓人类劳动也根源于文化规范和文化实践；二是“社会劳动”被赋予了自然的特征，人类的劳动以自然系统为根基，自然系统反过来也被“社会劳动”所调节。因此，生态学马克思主义的历史观应当致力于将“文化与自然的主题”与传统马克思主义的“社会劳动”范畴融合在一起。

奥康纳认为，“社会劳动”既是一种物质性的实践，也是一种文化实践。同样，生产力与生产关系也具有客观性与主观性。生产力的客观性表现在它是由自然界所提供的生产资料、生产工具和生产对象构成的，它的主观性则在于它除了包含活劳动力之外，还包含着劳动力的不同的组合或协作方式，深受文化实践活动的影响。生产关系的客观性表现在它的发展是以价值规律、竞争规律、资本的集中与垄断规律以及资本主义的其他一些发展规律为基础，主观性则在于它所具有的形成特定的剥削方式的手段也受制于特定的文化实践活动。在奥康纳看来，只要真正认识到了生产力与生产关系具有客观性和主观性双重维度这一点，即真正认识到了生产力与生产关系“既是文化的又是自然的”，就能把握人类社会与自然界之间的相互关系。

2. 对资本逻辑的批判

奥康纳形象地将资本主义所利用的自然界比喻成水龙头和污水池，“自然界是资本的出发之点，但往往并不是其归宿之点”①。

在奥康纳看来，资本主义社会存在着双重矛盾。第一重矛盾就是马克思主义的历史唯物主义所阐释的生产力与生产关系之间的矛盾。第二重矛盾就是生产力、生产关系与生产条件之间的矛盾。第一重矛盾带来了资本主义的经济危机；第二重矛盾给资本主义带来了生态危机。然而，资本主义的经济危机与生态危机不是截然分开的，而是相互联系、相互影响的。生态危机能引发和加重经济危机，经济危机也能引发生态危机。

首先，资本主义的第一重矛盾导致经济危机。奥康纳认为，马克思主义

---

① ［美］詹姆斯·奥康纳：《自然的理由——生态学马克思主义研究》，唐正东等译，南京大学出版社2003年版，第295页。

所说的生产力与生产关系的矛盾可以概括为资本主义的第一重矛盾，它是内在于资本主义制度的。因为资本主义生产的过程不仅是商品生产的过程，还是剩余价值生产的过程，即它是资本主义在生产中实现对劳动的资本主义剥削的过程。资本主义的第一重矛盾会带来由于需求不足而导致的以生产过剩为特征的经济危机，即资本主义的生产无限扩大与消费需求相对不足的矛盾所导致的经济危机。

在奥康纳看来，与“生态危机”相比，“经济危机”这一概念的界定是非常明确的。它是指“资本的货币、生产或商品的流通过程的中断，或者更一般地说，是指资本总体的再生产与积累的中断和停止”①。一方面，经济危机意味着某种“转折点”，即经济的增长开始转向某种衰退或萧条、滞胀的阶段；另一方面，经济危机意味着“做决定的时刻”，个体资本会在这种时刻寻求对生产、技术及市场的重构，劳工和社会劳动会在这种时刻寻求更有效的形式来进行有组织的斗争及政治上的干预。经济危机产生的主要原因在于资本追逐利润的本性和资本主义生产的需要。具体地说，利润既是资本主义经济活动的手段还是其目的，它能驱使资本不断地积累、扩张。利润实现的手段在于经济增长。当个体资本为了恢复或维持利润而把成本降低的时候，市场对商品的需求会下降，结果真正获得的利润也会下降，这是从需求的角度对资本构成冲击的。资本主义经济的可持续性依赖于利润率的提高，但资本主义生产力与生产关系的矛盾却阻碍了资本对利润的获取。资本对利润的获得是通过增加对工人的剥削以及提高劳动生产率等方式来实现的。剥削率及劳动生产率的提高会增加商品的供应量，同时，由于受剥削的加重，工人的消费能力呈现下降趋势，结果需求的不足与生产相对过剩的矛盾使资本主义的经济无法维持下去。

资本主义的第一重矛盾反映的是资本所固有的实现维度层面的危机，即价值和剩余价值在实现层面存在的危机。它的核心概念是剥削率，剥削率反映的是资本对劳动所拥有的社会及政治性的权力。资本对劳动的剥削

---

① ［美］詹姆斯·奥康纳：《自然的理由——生态学马克思主义研究》，唐正东等译，南京大学出版社2003年版，第285页。

率越高,实现维度上的危机的风险将越大,经济危机的可能性将增加。

其次,资本主义的第二重矛盾导致生态危机。奥康纳认为,资本主义的第二重矛盾指的是生产力、生产关系与生产条件之间的矛盾。理解这一矛盾的关键在于对生产条件的理解。由于资本扩张的无限性与资本主义社会生产条件的有限性是相互矛盾的,它必然会带来生态环境的破坏以及生产成本的增加。

奥康纳在分析资本主义第二重矛盾时以资本为中介,以对生产条件的重新阐述为主线,目的是达到对资本主义制度的生态批判。按照马克思的界定,存在着三种不同的生产条件:一是“个人条件”,或者说人的劳动能力(人力资本);二是“外在性的条件”或者说广义的环境(自然资本);三是“一般性的公共条件”,或者说城市的基础设施及城市空间(社会资本)。[①] 首先,生产的个人条件就是劳动力条件。劳动力是劳动者所具有的生产能力,它是生产力的一种。就其本性而言,劳动力并不是为了在市场上出售而被生产和再生产出来的,它不具有商品的本质。劳动力无法与其所有者相分离,也无法在市场上自由地流通,只有当劳动者本人把劳动力当成商品来看待时,它才可能具有某种价值。此外,劳动力与劳动者自身的身体及精神方面的健康状况等方面是联系在一起的。资本主义的生产为了获取利润而不择手段地加重对劳动者的剥削,使劳动力成为商品在市场上交换,进而使劳动者日益丧失劳动能力。这表现为生产力与资本主义生产条件之间的矛盾。其次,生产的公共的、一般性的条件泛指交通及运输方面的设施。奥康纳认为,基础设施是把土地、资源及劳动力统一在资本上的前提条件。但是,基础设施、城市空间和社区资本等和生产的一般性条件一样,也是虚拟的商品,它们不是为了在市场上出售而被生产和再生产出来的,因此并不具备交换价值。不过,资本主义的生产迫使这些虚拟的商品承载着资本主义生产扩大化的需要。再次,外在的物质条件指的是自然条件。奥康纳认为,马克思的时代中关于自然条件的阐释是建立在自然界的稀缺性或有限性的

---

① [美]詹姆斯·奥康纳:《自然的理由——生态学马克思主义研究》,唐正东等译,南京大学出版社2003年版,第200页。

观念基础之上的。他认为马克思主义没有预见到资本在“自然的稀缺性”面前重构自身的能力，没有将生态破坏置于资本积累的中心位置，以及低估了资本主义生产方式给自然资源及生态环境带来的破坏程度。

通过对三种条件的分析，奥康纳给生产条件下的定义是：“它并不是作为商品，并根据价值规律或市场力量而生产出来的，但却被资本当成商品来对待的所有东西。”①他认为，自然、基础设施和劳动力这三种生产条件是符合这个定义的，三者具有共同的特征。它们不具有交换价值，不能直接受市场力量所支配，却被看成是虚拟的商品。这些生产条件是具体的、历史的，在当代资本主义条件下，对生产条件的忽视必然会导致对生产能力及自然条件的破坏。这预示着由于生产不足而带来的经济和生态危机的到来。因为，资本逐利的本性要求它不断向外扩张，但自然界本身是无法进行自我扩张的，自然界自身运行的周期和节奏也跟不上资本扩张的速度，因此，资本主义的生产必然会受到生态系统的限制。

第三，资本主义的经济危机与生态危机是相互关联的。奥康纳认为，资本主义是一个充满危机的制度，更是一个危机依赖性的制度。无论是经济危机还是生态危机都是内在于资本主义制度的，都是由资本主义自身所导致的。经济危机与生态危机不是相互独立地存在，而是相互关联的。奥康纳认为，资本主义的二重矛盾决定了资本主义不可能存在生态上的可持续性。他指出，资本主义的第一重矛盾必然会带来以需求危机为特征的经济危机；资本主义的第二重矛盾，必然会带来以成本危机为特征的经济危机。

经济危机会导致生态危机，生态危机也会引发经济危机，二者是同一种总体过程的两个不同方面。一方面，经济危机带来了生态危机。奥康纳将生态危机分为两种类型：资本积累所引发的生态危机和资本主义的经济危机所导致的生态危机。他认为这两种类型的危机虽然相互共存，但也不完全一致。“从总体上说，经济危机是与过度竞争、效率迷恋以及成本削减（譬如，剥削率的增强）联系在一起的，由此，也是与对工人的经济上和生理上的

① ［美］詹姆斯·奥康纳：《自然的理由——生态学马克思主义研究》，唐正东等译，南京大学出版社2003年版，第486页。

压榨的增强、成本外化的加大以及由此而来的环境恶化程度的加剧联系在一起的。”①首先，资本主义的生产以经济增长以及最大限度地获取剩余价值为目的。这要求资本主义既要提高劳动生产率又要降低生产资料与劳动力的成本，以实现资本积累。具体而言，如果原料的成本较高，资本主义就会通过资本投资来降低成本或者提高原料的使用率；如果原料的成本较低，资本主义就会增加对自然资源的使用。奥康纳认为，自然资源自身的循环和发展周期与资本运作的周期和节奏并不是同步进行的，自然界本身无法达到自我扩张。这样的矛盾必然会导致生态危机的出现。其次，经济危机与成本的削减会刺激技术的复活，尤其是那些被禁止了的对环境具有危害性的技术的复活，同时还会刺激那些更现代的技术的出现。最终将导致生态危机以新的形式出现。再次，经济危机作为一种惩戒性机制会迫使资本家努力降低资本流通的时间，这带来的结果是企业更加不关注出售商品的环境和卫生影响以及城市空间、基础设施的可持续性等。

另一方面，生态危机引发经济危机。奥康纳认为，由资本本身所导致的生态问题会带来利润的损坏及通货膨胀的危险。由于生态环境的破坏所引发的生产成本的提高、生产条件不足等问题则会引发新的经济危机。个体资本为了维护其利润而对生态系统的无限制破坏，换来的结果是高额的地租、原材料成本的增加、为治理交通拥堵所付出的高额成本以及原材料的短缺等，这些都是引发经济危机的因素。此外，生态危机导致的环境运动会加重经济危机的程度。在危机时期，环境运动为保护生产条件、重构生产条件或者决定重构生产条件的方式等而进行的斗争，很可能会使生产成本提高或者使资本的灵活性降低，这些会对经济危机的到来产生一定的推动作用。

3. 奥康纳的贡献与局限

奥康纳的贡献在于，他以马克思主义理论为理论基点，运用矛盾分析的方法展开了对资本主义的生态学分析批判。继承了马克思主义的批判精

---

① ［美］詹姆斯·奥康纳：《自然的理由——生态学马克思主义研究》，唐正东等译，南京大学出版社2003年版，第293页。

神,又扩展了马克思主义理论的批判视野。

马克思、恩格斯主要是从经济、政治层面对资本主义进行批判的,而奥康纳则是在肯定马克思主义的基础上展开了对资本主义的生态批判。通过一系列的理论论证,奥康纳得出结论:资本主义制度是造成生态危机的根源。基于此,他提出了解决生态危机的设想。奥康纳认为,传统马克思主义对资本主义经济危机的分析主要是从生产力与生产关系的矛盾这一角度展开的,它忽视了生产的外在条件,因此不能对资本主义的重重危机作出根本性的解释。在对资本主义生产条件仔细考察的基础上,奥康纳认为,资本主义存在着双重矛盾。除了传统马克思主义所阐述的生产力与生产关系的矛盾外,资本主义还存在着生产力、生产关系与生产条件的矛盾。这在一定程度上丰富了马克思主义的经济危机理论。

奥康纳的局限在于他抹煞了资本主义的基本矛盾。在充分肯定了马克思主义理论的积极作用之时,奥康纳指出,马克思主义存在着生态学的“理论空场”,即马克思主义的历史唯物主义只关注人类系统而忽视自然生态系统,甚至将人类世界置于自然世界之上。奥康纳认为,丰富的生态感受性在马克思主义思想中的缺失可在历史唯物主义的经典阐述中处处被发现,历史唯物主义只给自然系统保留极少的理论空间。如,对土地的挚爱、地球中心主义的伦理学、南部国家的土著居民和农民的生计问题等,这些政治生态学所主要关心的问题在马克思主义理论和实践中“被遗忘了”。“马克思主义理论虽然成功地论证了在不同的生产方式中,自然界遭遇着不同的社会性建构,但是,自然界之本真的自主运作性,作为一种既能有助于又能限制人类活动的力量,在该理论中却越来越被遗忘或者被置于边缘的地位”①正是基于这样的认识,奥康纳明确了必须用生态学来补充马克思主义的空缺,将马克思主义与生态学结合起来以维持马克思主义理论的生命力。

奥康纳认为,资本主义的生态危机比经济危机更严重、更根本。这就从本质上颠倒了二者的关系,实际上是否认生产力与生产关系的矛盾是人类

---

① [美]詹姆斯·奥康纳:《自然的理由——生态学马克思主义研究》,唐正东等译,南京大学出版社2003年版,导言第7页

社会的基本矛盾这一事实的体现，带来的后果是转移了人们在反对资本主义斗争中的视域，甚至促使工人取消社会革命，结果必然是不能从根本上批判资本主义制度。

三、生态马克思主义对我国生态文明建设的启示

人与自然的矛盾产生的根源在于人的发展的无限性与自然资源环境的有限性的矛盾，而造成人与自然矛盾关系日趋紧张的主要根源在人。在研究人与人的关系上，毫无疑问，生态马克思主义者对资本主义生产方式的批判是犀利而尖锐的。从生态马克思主义对资本逻辑的批判和对资本主义生产方式在全球造成的生态危机的揭露，我们可以得到以下几方面的启示。

（一）人类要走适度发展之路

生态马克思主义倡导适度节制消费，避免或减少对环境的破坏，崇尚以自然和保护生态等为特征的新型消费行为和过程。它倡导消费者在消费过程中转变传统的只为实现人类自身价值而一味向自然界索取的非绿色消费方式，转向防止污染、追求健康、降低消耗、杜绝浪费的绿色消费方式，从而达到人类能够世代和谐生存、健康生存和可持续生存的目的。

“适度发展主要是从发展的速度、规模等外在属性方面对发展所进行的把握，它是指在满足人的基本需求的基础上，为了取得人与人特别是人与自然之间平衡关系而采取的一种有节制的发展。”①

适度发展是针对传统发展而提出来的。首先，传统发展是一种速度型发展，认为快的都是好的，视经济发展为开运动会，跑得越快越好；其次，传统发展是一种扩张型发展，主要追求规模和数量；再次，传统发展的价值取向是以物为本，所追求的主要是 GDP 的增加和人均收入的提高等，它鼓励或

---

① 邱耕田、李宏伟：《适度发展与生态文明建设》，《天津社会科学》2014 年第 6 期。

刺激人们高消费，着重满足的是人们的奢侈型需求，如房子越住越大，车越开越豪华等；最后，传统发展有着强大的驱动力，但缺少平衡力，导致了严重的发展问题，属于高代价发展，是发展成就和发展问题同步增长的一种发展模式。

适度发展强调在适当缩减发展规模和数量的基础上，要特别注重发展效益的提高；基本需求满足型——适度发展主要着眼于对人在衣食住行医等方面的基本需求，即合理需求的满足；平衡型——适度发展是一种平衡型发展，它将驱动性机制和平衡性机制内含于一身，既强调发展，更强调适度性，即通过适当的速度和规模等来约束发展，以缓解发展问题，实现人与人特别是人与自然关系的协调平衡。

福斯特曾经毫不含糊地批判 D. 皮尔斯的观点，认为“如果把‘可持续发展’像 D. 皮尔斯所解释的那样，只是指经济的持续增长、消费的持续增长，那么即使在‘发展’前加上‘可持续’这一限制词，也不能消除发展给环境带来的严重破坏。关键在于，‘持续的经济发展并不等于环境协调的可持续发展’”①。发展的适度性是建设生态文明、缓解日趋严重的环境问题的一种基本策略和基本做法。在传统发展中，可能只有三分之一的成果被用来维持我们的基本需求，另外三分之二的成果则被用来维持一部分人的奢侈需求。与此相反，适度发展的根本目的当然是为了满足全体国民的基本需求和整个民族的长远发展，它绝不会鼓励人们无视现实国情的种种反发展的行为。它鼓励人们创造财富，但不会倡导拜金主义的风气；它引导人们过上有尊严、有体面的生活，但不会鼓励人们高消费或炫耀式消费；它引导人们要营建万紫千红、鸟语花香的春天，但不会鼓励人们去制造一个“寂静的春天”；等等。只有实行适度发展，我们才有可能步入一个安全的未来。

奥康纳认为资本主义是一种经济发展的自我扩张系统，是违背自然规律的，因为自然界是无法进行自我扩张的。资本扩张的目的无非是实现无限增长从而实现自身的增值。长此以往，这种生产方式只会导致草原退化、

---

① J. B. Foster：Ecology Against Capitalism，Monthly Review Press，2002，P. 82. 转引自陈学明：《谁是罪魁祸首——追寻生态危机的根源》，人民出版社 2012 年版，第 212 页。

矿产资源枯竭、淡水资源被污染等现象层出不穷，让人类赖以生存的自然为此付出超过自身承载力的沉重代价。

实施和推进适度发展，实际上反映的是人对自然规律的遵从，是对自然权益的尊重和保护。从存在论的角度看，自然界是人类之母，人是大自然之子，人与自然之间具有绝对的统一性或人对自然具有绝对的依从性。“人直接地是自然存在物。”①正因为人和自然之间具有绝对的“一体性”，这就决定了人在改造、利用自然的实践进程中，务必要对自身的行为进行适当的约束和控制，即人的所作所为不可超出自然环境的承载能力，这是适度发展提出的基本事实依据。从客观规律的角度分析，在社会发展进程中存在着协调规律，社会发展的协调规律可以说是适度发展提出的主要的规律基础。从历史的长远观点看，人类社会总是在失调和协调的矛盾运动中前进的，由此构成了社会发展的协调规律。在某种意义上说，社会发展要通过协调来实现，这是历史进程中一种鲜明的带有必然性的客观趋势。社会历史的发展变化从失调到协调再到新的失调和协调，即失调—协调—新的失调—新的协调，这是社会发展协调规律的主要内容。社会历史运动既是一个物的创造和人的发展的过程，又是一个以人为中心的诸多关系的生成和调整的过程。如果社会发展的“关系网”出现了紊乱和失调特别是出现了人与自然关系的失调，就会威胁或危及人类社会的健康有序发展，在这种情况下，社会发展的调控平衡机制就会发生作用，从而使失调的关系逐步趋于协调。在目前人类面临日益严重的生态环境问题的大背景下，协调规律的存在实际上迫使人类必须通过约束自身的行为即通过适度发展来寻求自身与生态环境的演化趋于平衡。

中国的生态文明建设也要大力提倡适度发展，这是国情使然。一方面，人们的生活水平在不断提高，越来越多的人已经或打算过上越来越好的生活，由此导致了日益增大的消费压力；另一方面，我国的生态环境功能在总体上呈现出日趋疲软、恶化的态势，由此造成了日益突出的“人地”矛盾。要解决这一矛盾，一方面当然要坚持以经济建设为中心，大力发展生产力。但

① 《马克思恩格斯文集》第1卷，人民出版社2009年版，第209页。

另一方面,还要通过适度发展来约束和限制在当今社会生活中日益盛行的不合理的、病态的消费行为,如奢侈性消费、炫耀性消费等。因为目前,我们正“面对资源约束趋紧、环境污染严重、生态系统退化的严峻形势”①。或者说,“当前人口、资源和环境面临的严峻形势,构成了我国的‘极限困境’问题”②。而我们的脚下的资源环境既属于今天我们这一代人,还属于子孙后代,我们不可能把有限的资源环境在一两代人的手上消耗破坏殆尽。尽管“目前的消费社会就像一个吸毒成瘾的人,无论感到多么痛苦,要想摆脱它却极其困难”③,但针对当今中国的现实,倡导适度发展实在很有必要,它是中国社会全面协调可持续发展的必然要求。

(二)建立和完善中国特色社会主义生态文明理论

奥康纳认为,既然生态危机与经济危机都是资本主义生产方式造成的,而且是资本主义社会不能克服的矛盾,那么如何把反对生态危机的斗争与促进资本主义向社会主义过渡联系起来呢?奥康纳分析了马克思的相关理论得出这样的结论,生态与社会主义是一致的,唯有在社会主义制度下才能实现生态环境的保护。社会主义的“优越性主要表现在对于资本既利用又限制,对于生产既扩大又改变,对于消费既刺激又引导这一辩证、科学的态度上。这样展现在我们面前的前景是,人们一方面可以继续享受现代化的巨大成果,另一方面又不会陷入生态危机的深渊而不能自拔”④。

---

① 胡锦涛:《坚定不移沿着中国特色社会主义道路前进　为全面建成小康社会而奋斗——在中国共产党第十八次全国代表大会上的报告》,人民出版社 2012 年版,第 39 页。

② 欧阳康等:《中国道路——思想前提、价值意蕴与方法论反思》,中国社会科学出版社 2013 年版,第 99 页。

③ [英]E. F. 舒马赫:《小的是美好的》,虞鸿钧、郑关林译,商务印书馆 1984 年版,第 103 页。

④ 陈学明:《谁是罪魁祸首——追寻生态危机的根源》,人民出版社 2012 年版,导论第 39 页。

针对社会主义国家环境破坏一样发生这一问题,奥康纳认为那是因为社会主义国家事实上已经把自己融入世界性的资本主义市场中去了。如何发挥社会主义的优势,避免“全盘吃进”环境破坏的恶果呢?按照奥康纳分析的社会主义是一种“资源受限”的经济来讲,经济增长的速度就要来得慢,从而对资源消耗和污染的速度也比较慢。另外,这种模式要求充分的就业和工作保障,这就制约了企业通过组织技术革新来节约劳动的积极性,而在资本主义的“需求受限”的经济模式下,由于追求技术革新和提高劳动生产率从而导致环境破坏。他指出:“我们需要社会主义至少是由于应该使生产的社会关系变得清晰起来,终结市场的统治和商品拜物教,并结束一些人对另一些人的剥削;而我们需要生态学则至少是由于应该使社会生产力变得清晰起来,并终结对地球的毁坏和使之消失。”①从奥康纳的分析中我们能感觉到社会主义对人类家园的可持续发展所肩负的历史使命。在生态已经遭到严重破坏的今天,在十八大中国共产党人把生态文明建设作为中国“五位一体”的重要组成部分之后,中国更迫切需要探寻一条具有中国特色的生态文明建设之路。这既需要从理论上来建构,更需要实践的探索与创新,还需要完善的制度作为保障。

1. 中国特色社会主义生态文明理论建立的思维向度

第一,生态保护的底线思维。底线思维蕴含着深刻的辩证法智慧,既凸显强烈的忧患意识,又表达必胜的信心和决心。习近平总书记指出:“要牢固树立生态红线的观念。在生态环境保护问题上,就是要不能越雷池一步,否则就应该受到惩罚。”十八届三中全会报告中明确提出要建立生态红线,强调发展不可突破资源环境的承载力。

第二,文明系统构建的整体性思维。生态文明建设在十八大报告中被定位为中国特色社会主义战略布局中“五位一体”的一个重要组成部分,五

---

① James O'Connor: Natural Causes: essays in Ecological Marxism, The Guilford Press, 1998, p. 277. 转引自陈学明:《谁是罪魁祸首——追寻生态危机的根源》,人民出版社2012年版,第264页。

大建设对整个文明系统而言都是不可或缺的重要力量。其中生态文明建设是其他四大建设可以有效进行的前提,通过优化人与自然关系可以促进人与人、人与社会关系的和谐。习近平同志在作关于《中共中央关于全面深化改革若干重大问题的决定》的说明时指出:“我们要认识到,山水林田湖是一个生命共同体,人的命脉在田,田的命脉在水,水的命脉在山,山的命脉在土,土的命脉在树。”他生动地把人、田、水、山、土、树等因素有机地联系起来。习近平总书记强调,用途管制和生态修复必须遵循自然规律,如果种树的只管种树、治水的只管治水、护田的单纯护田,很容易顾此失彼,最终造成生态的系统性破坏。应该将山水林田湖视为一个整体进行保护成为新时代下生态文明建设的新常态。

第三,经济发展与环境保护的辩证思维。当前,我国面临日益严峻的资源瓶颈和环境污染。生态危机不仅严重影响了我国的社会经济发展,而且增加了社会不稳定因素,激发了社会矛盾,直接威胁到了当代人及子孙后代的生存。生态环境保护是功在当代、利在千秋的事业。以对人民群众、对子孙后代高度负责的态度和责任,真正下决心把环境污染治理好、把生态环境建设好。习近平总书记指出:“决不以牺牲环境为代价去换取一时的经济增长。”他强调,要正确处理好经济发展同生态环境保护的关系,牢固树立保护生态环境就是保护生产力、改善生态环境就是发展生产力的理念。

2. 贯彻落实生态文明建设新战略

十八大以来对推进生态文明建设作出了一系列战略部署。主要体现在以下四个方面。

第一,优化国土空间开发格局,加快实施主体功能区战略。加快实施主体功能区战略有利于推进经济结构的战略性调整,有利于推进区域协调发展,有利于促进人口、资源、环境的空间平衡。

第二,全面促进资源节约,推动资源利用方式根本转变。节约资源是保护生态环境的根本之策。要大力节约集约利用资源,推动资源利用方式根本转变,大力发展循环经济,促进生产、流通、消费过程的减量化、再利用、资源化。

第三，加大自然生态系统和环境保护力度，增强生态产品生产能力。十八大以来，我国着力实施重大生态修复工程，增强生态产品生产能力，推进荒漠化、石漠化、水土流失综合治理，扩大森林、湖泊、湿地面积，保护生物多样性。

第四，加强生态文明制度建设。习近平总书记在中央政治局第六次集体学习时指出："只有实行最严格的制度、最严密的法治，才能为生态文明建设提供可靠保障。"首先，要扭转执政观念，把资源消耗、环境损害、生态效益纳入经济社会发展评价体系，建立体现生态文明要求的目标体系、考核办法、奖惩机制。其次，要形成自然资源的产权制度。我国生态环境保护中存在的一些突出问题，一定程度上与体制不健全有关，原因之一是全民所有自然资源资产的所有权人不到位，所有权人权益不落实。针对这一问题，十八届三中全会决定提出健全国家自然资源资产管理体制的要求。再次，建立责任追究制度。对那些不顾生态环境盲目决策、造成严重后果的人，必须追究其责任，而且应该终身追究。

第三章　继承与创新

——中国特色社会主义生态文明建设思想

改革开放以来，特别是党的十八大以来，中国共产党人着眼于解决我国日趋严重的生态问题，系统阐述了生态文明建设的重大意义、指导思想、方针原则、目标任务、工作着力点和制度保障等，形成了中国特色社会主义生态文明建设思想，回答了什么是生态文明、怎样建设生态文明等一系列重大理论和实践问题，体现了我们党在这一问题上高度的历史自觉和生态自觉，标志着我们党对人类社会发展规律、社会主义建设规律、共产党执政规律的认识达到了一个新高度，为建设美丽中国提供了根本遵循。在新的历史时期推进生态文明建设，必须以中国特色社会主义生态文明建设思想为指导，按照尊重自然、顺应自然、保护自然的理念，贯彻节约资源和保护环境的基本国策，把生态文明建设融入经济建设、政治建设、文化建设、社会建设各方面和全过程，努力走向社会主义生态文明新时代。

一、生态文明建设是关系人民福祉和民族未来的大计

改革开放以来，伴随着我国经济的高速发展，资源环境问题日益成为建设中国特色社会主义必须解决好的重大问题。面对资源约束趋紧、环境污染严重、生态系统退化的严峻形势，中国共产党高度重视生态文明建设的重大战略意义，特别是党的十八大以来，以习近平同志为总书记的新一届中央领导集体明确提出，建设生态文明是关系人民福祉、关乎民族未来的大计，

是实现中华民族伟大复兴中国梦的重要内容。习近平总书记特别强调，要清醒认识保护生态环境、治理环境污染的紧迫性和艰巨性，清醒认识加强生态文明建设的重要性和必要性。“两个清醒认识”凸显出新的一届中央领导集体对我国生态环境问题的强烈忧患意识和责任意识，表明了我们党致力于实现中华民族永续发展的坚定态度，是对各级干部特别是领导干部的深刻警醒。

（一）清醒认识加强生态文明建设的重要性和必要性

生态文明建设的重要性和必要性，来自于生态与文明之间的关系，来自于生态环境与民生之间的关系，来自于生态环境和生产力的关系。

首先，从生态与文明之间的关系来看，生态兴则文明兴，生态衰则文明衰。习近平总书记提出“生态兴则文明兴，生态衰则文明衰”的科学论断，深刻揭示了人类文明兴衰与生态环境的关系，把生态文明建设的重要性提高到了前所未有的高度。生态环境是文明赖以兴盛的自然前提和物质基础。文明是人类创造的物质和精神财富的总和。文明是人类创造的，没有人类，就无所谓文明。然而，人类本身就是自然长期演化的产物，人是自然的有机组成部分。正如恩格斯所说：“所谓人的肉体生活和精神生活同自然界相联系，不外是说自然界同自身相联系，因为人是自然界的一部分。”①没有适合于人类产生的自然环境和生产生活条件，就不会有人类及人类社会，也就谈不上人类在认识、适应和改造自然与社会过程中创造的一切文明。生态环境深刻影响和制约文明的特征、类型、进程和水平。不同的生态环境状态、特点和类型等对国家和民族发展产生重要影响，一方面形成各具特色、丰富多样的文明类型；另一方面影响和制约文明的进程和发展水平。这一点，在生产力水平不高的古代文明中表现得更为突出。其一，资源环境、地理位置优劣状况影响国家和民族的劳动分工、产业布局、产业结构、生产生活方式、经济活动效率效益以及竞争态势。从静态时点来看，不同的资源环境和区

---

① 《马克思恩格斯文集》第1卷，人民出版社2009年版，第161页。

位条件下形成的国家和民族在上述各方面的差异性,使得各种文明因各具特色而呈现多样性。从动态时序来看,不同的资源环境和区位条件下形成的国家和民族在上述各方面的差异,影响和制约各种文明发展的速度、质量、效果和水平。当然,在现代文明发展中,自然资源和生态环境对文明发展的影响和制约效应趋于弱化,但它仍然对现当代文明产生不可小视的影响。因为在其他影响因素基本相同的条件下,优越的资源环境和地理区位,会使国家和民族在发展中拥有比较优势,其文明发展的速度更快、质量和水平更高。其二,生态环境影响国民体格、体质、心理和民族性格。一方面对民族特性和文明类型的形成产生重要影响,另一方面影响文明发展的进程和水平。因为文明是人创造的,国民和民族在生理、心理、性格和精神状态上的差异会影响教育方式、方法,从而影响国民素质和民族精神。而国民素质和民族精神的差异,既是文明差异性形成的重要条件,又是文明差异性和多样性最集中最鲜明的表现,更是影响文明进程和发展水平的终极因素。自然环境和生态平衡的破坏导致文明的衰落,已经被人类发展的历史所证明。如古巴比伦、古埃及、古印度等古代文明无不因林茂、水丰、生态良好的大川沃野而兴,也无不因生态平衡遭到破坏而衰。诚如恩格斯所言:"不要过分陶醉于我们人类对自然界的胜利。对于每一次这样的胜利,起初确实取得了我们预期的结果,但是往后和再往后却发生完全不同的、出乎预料的影响,常常把最初的结果又消除了。美索不达米亚、希腊、小亚细亚以及其他各地的居民,为了得到耕地,毁灭了森林,但是他们做梦也想不到,这些地方今天竟因此而成为不毛之地,因为他们使这些地方失去了森林,也就失去了水分的积聚中心和贮藏库。"①

其次,从生态与民生的关系来看,良好生态环境是最普惠的民生福祉。习近平总书记提出了"良好生态环境是最公平的公共产品,是最普惠的民生福祉"的科学论断。这一论断深刻体现了"以人为本"价值理念和价值目标,是对马克思主义生态文明观的创新和发展。它所体现的生态文明观可以概括为:生态文明建设为了人民,生态文明建设依靠人民,生态文明成果由人

① 《马克思恩格斯文集》第9卷,人民出版社2009年版,第559页。

民共享。建设生态文明是为了实现绿色发展，而只有实现了绿色发展，人民才能在良好的生态环境中生产和生活，人民才能共享绿色福祉。绿色发展是经济、社会和生态的协调可持续发展，不以破坏和牺牲生态环境为代价，是绿色发展的根本要求和底线。如果经济增长所带来的是生态危机，是人民生产生活环境的恶化和破坏，那么，人民身心健康必然受到严重威胁，民生福祉必然受到严重损害。因为生态环境是最普遍的公共资源，是生命之源，生命所依。因此，要使人民共同享有绿色福祉，就必须要促进和实现绿色发展。而要实现绿色发展，就必须加强生态文明建设，就必须以保护和改善生态环境为根本要求，促进经济、社会和生态协调可持续发展。生态文明建设依靠人民，良好的生态环境必须依靠人民去共建和维护。人民不仅是建设物质文明、政治文明、精神文明和社会文明的主体，也是建设生态文明、实现绿色发展的主体。建设生态文明，实现绿色发展，形成绿色福祉，必须实行绿色生产、绿色流通和绿色消费。人民群众是生产、流通和消费的主体，离开人民群众，建设生态文明、推动绿色发展将成为空谈。既然建设生态文明、实现绿色发展必须依靠人民，那么，人民生态意识的觉醒和生态理念的确立，人民绿色生产技能的形成，人民绿色消费观、绿色消费方式和行为习惯的养成，就成为关键。因此，必须对人民进行生态文明教育和宣传，唤醒和提升其生态意识，培育和确立其生态文明理念，培育和形成其绿色生产技能和绿色消费观，养成绿色消费方式和绿色行为习惯。

其三，从生态环境与生产力的关系看，保护生态环境就是保护生产力。2013 年 5 月习近平总书记在中共中央政治局第六次集体学习时指出，要正确处理好经济发展同生态环境保护的关系，牢固树立保护生态环境就是保护生产力、改善生态环境就是发展生产力的理念，更加自觉地推动绿色发展、循环发展、低碳发展。这一科学论断深刻揭示了生态环境保护和改善与生产力发展之间的内在必然联系。保护和改善生态环境是保持和提升自然生产力的客观需要。生产力是自然生产力与社会生产力的有机统一，自然生产力是生物的生长力和生物生长所需要的物质能量及其相互之间的转化力以及生物生长条件环境的总和。社会生产力是人类永续利用自然进行物质资料生产，实现可持续发展的能力。社会生产力的发展以自然生产力的增强为基础和前提,这一点在农业文明中表现尤为突出。即便在现代工业文明和当代生态文明中,自然资源和生态环境对社会生产力的发展依然起着至关重要的作用。因为无论是现代农业,还是现代工业,其生产资料无不来源于自然,尽管科学技术能够极大地增强生物的自然生产力,但科学技术作用的发挥必须建立在尊重自然、遵循自然规律的基础上。因此,发展社会生产力,必须保护和改善生态环境,使自然生态得到休养生息,使自然生产力得以保持和增强。保护和改善生态环境是社会生产力要素存在和发展的自然前提和基础。在社会生产力的构成要素中,作为物的要素的劳动资料和劳动对象的"原材料"来源于自然;创造物质财富和精神财富的"人"所凭借的工具和原料由自然界提供,其体力智力、生产经验、劳动技能、科学文化活动的载体———人的生命的维持、提升和发展所需要的一切资源均来源于自然。发展社会生产力以保护和改善生态环境为前提,形成发展社会生产力与保护和改善生态环境的良性循环、协调统一。既然自然生产力及自然环境是社会生产力发展的基础,那么,发展社会生产力就必须以保护和改善自然生态环境为前提,在社会生产力发展与生态环境保护之间找到最佳平衡点,使两者协调统一起来,形成良性循环,而绝不能将两者对立起来。正是基于这种认识,2013 年 9 月 7 日习近平总书记在纳扎尔巴耶夫大学谈到环境保护问题时强调:"我们既要绿水青山,也要金山银山。宁要绿水青山,不要金山银山,而且绿水青山就是金山银山。"这就要求我们,在保护生态环境中发展生产力,在发展生产力中改善生态环境,实现生产力发展与生态环境改善的同步与协调。

(二)清醒认识保护生态环境、治理环境污染的紧迫性和艰巨性

我们党历来高度重视环境保护和生态建设。新中国成立初期,以毛泽东同志为核心的党的第一代中央领导集体,提出了"全面规划、合理布局,综合利用、化害为利,依靠群众、大家动手,保护环境、造福人民"的 32 字环保方针。改革开放以来,以邓小平同志为核心的党的第二代中央领导集体,把环境保护确定为基本国策,强调要在资源开发利用中重视生态环境保护。

以江泽民同志为核心的党的第三代中央领导集体，将环境与发展统筹考虑，把可持续发展确定为国家发展战略，提出推动整个社会走上生产发展、生活富裕、生态良好的文明发展道路。以胡锦涛同志为总书记的党中央，把节约资源作为基本国策，把建设生态文明确定为国家发展战略和全面建成小康社会的重要目标，强调发展的可持续性，把生态文明建设纳入中国特色社会主义事业五位一体总布局。党的十八大以来，以习近平同志为总书记的新一届中央领导集体，积极推进生态文明建设的理论创新和实践探索，明确提出走向社会主义生态文明新时代，建设美丽中国，是实现中华民族伟大复兴的中国梦的重要内容，强调良好生态环境是最公平的公共产品，是最普惠的民生福祉，要正确处理经济发展同生态环境保护的关系，牢固树立保护生态环境就是保护生产力、改善生态环境就是发展生产力的理念，更加自觉地推动绿色发展、循环发展、低碳发展，决不以牺牲环境为代价去换取一时的经济增长。党的十八届三中全会通过的《决定》明确提出，要紧紧围绕建设美丽中国深化生态文明体制改革，加快建立生态文明制度。在一代又一代的接力探索中，我国生态文明建设理论不断丰富发展。在这些重要理论和战略思想指导下，我国在生态文明建设方面采取一系列重大举措，初步建立了能源资源节约、生态环境保护的制度框架和政策体系，资金投入力度持续加大，节能减排、循环经济和生态环境保护工作不断加强，取得了明显成效。2007—2012 年全国财政用于节能环保投入累计达 1.14 万亿元；2012 年我国单位国内生产总值能耗比五年前下降 17.2%，化学需氧量、二氧化硫排放总量分别减少 15.7% 和 17.5%；全国万元工业增加值用水量比十年前减少一半以上；全国城市污水处理率提高到 87.3%，火电脱硫比例提高到 90% 以上；森林覆盖率不断提高，牧区草原质量出现好转，沙漠化土地面积持续减少。

在充分肯定生态文明建设所取得的成就的同时，我们必须清醒地认识到，由于我国正处于快速推进工业化、现代化的阶段，我国生态文明建设还存在着若干需要解决的突出矛盾和问题。发达国家几百年发展过程中逐步显露的生态环境问题，在我国改革开放 30 多年的快速发展中集聚产生，呈现出结构型、压缩型、复合型等特点，解决起来难度的确不小。我国是世界上最大的发展中国家,解决1.28亿农村贫困人口的脱贫问题仍然是一项重要任务,在观念、技术、管理相对落后的情况下,实现发展和保护的“双赢”确非易事。面对生态环境的全球性挑战和人民群众生态意识的觉醒,我们没有回旋的余地,治理和保护要求更高、难度更大。这决定了保护生态环境、治理环境污染的紧迫性和艰巨性。

首先,这是破解我国经济社会发展面临的资源环境瓶颈制约的必然选择。我国经济社会发展面临越来越突出的资源环境制约,主要表现在:一是能源资源约束强化。人多地少、水资源紧张的问题日益突出,保障能源和重要矿产资源安全的难度越来越大。全国2/3的国有骨干矿山进入中老年期,400多座矿山因资源枯竭濒临关闭,石油的对外依存度已近60%,2/3的城市缺水;二是环境污染比较严重。我国相当部分的城市达不到新的空气质量标准。近年来我国中东部地区特别是京津冀及周边地区出现较大面积、较长时间、较高污染雾霾天气。东北部分城市秋季也出现严重雾霾天气,影响人民群众的生产生活和身体健康,再次凸显了我国大气污染形势的严峻性。全国江河水系、地下水污染和饮用水安全问题不容忽视,有的地区重金属、土壤污染比较严重。全国受污染耕地多达上千万公顷,1.9亿人饮用水有害物质含量超标,十大流域中劣V类水质比例占10.4%;三是生态系统退化问题突出。我国森林覆盖率不高,水土流失、沙漠化土地、退化草原面积比较大,自然湿地萎缩,河湖生态功能退化,生物多样性呈现下降趋势。全国水土流失面积占37%,荒漠化土地占27.4%,生物多样性锐减。四是国土开发格局不够合理。总体上存在生产空间偏多、生态空间和生活空间偏少等问题,一些地区由于盲目开发、过度开发、无序开发,已经接近或超过资源环境承载能力的极限。五是应对气候变化面临新的挑战。我国温室气体的排放总量大,减排任务繁重艰巨。六是环境问题带来的社会影响凸显。一些企业违法排污造成环境污染,群众和社会反响比较大。环境问题不仅制约经济发展,而且影响社会稳定。近年来,重大环境污染事件频发,给人民群众身体健康带来危害,直接酿成社会群体性事件。环境问题已经成为群体性事件的重要诱发因素,对社会和谐稳定构成直接威胁。突破资源环境瓶颈制约,必须加快推进生态文明建设,充分认识生态文明建设的重要性、必要性和紧迫性，把生态文明建设放在突出地位，融入经济建设、政治建设、文化建设、社会建设的各方面和全过程，不断提高生态文明水平。

其次，这是更好参与国际竞争和合作的客观需要。当前资源环境问题，已成为一个重大国际问题。处于大发展、大变革、大调整之中的当今世界，在生态环境保护方面也呈现不少值得高度重视的新态势、新特征。一是生态环境保护已成为各国追求可持续发展的重要内容。一系列具有里程碑意义的纲领性文件和国际公约相继问世，标志着全世界对走可持续发展之路、实现人与自然和谐发展已达成共识，生态环境与经济、社会一起成为可持续发展不可或缺的三大支柱。目前，国际社会正努力建立一套完整的、可量化的可持续发展目标，进一步提高生态环境在各国发展决策中的地位。二是生态环境保护已成为国际竞争的重要手段。在经济全球化大背景下，各国对生态环境的关注和对自然资源的争夺日趋激烈，其背后伴随着巨大的经济利益、政治利益和发展权益之争。一些发达国家为维持既得利益，保持全球竞争的领先地位，通过设置环境技术壁垒，打生态牌，要求发展中国家承担超越其发展阶段的生态环境责任。三是绿色发展已成为全球可持续发展的大趋势。国际金融危机爆发以来，许多国家希望通过绿色发展，既保护生态环境，又推动经济复苏，进入强劲可持续增长轨道。近几年，一些主要经济体纷纷实施“绿色新政”，采取一系列环境友好型政策，努力把绿色经济培育成为新的增长引擎，确立新的经济发展模式，积极应对气候变化的影响。鉴于世界各国的竞争已从传统的经济、技术、军事等领域延伸到环境领域，环境问题成为国际社会关注的热点和博弈的新焦点，绿色发展正成为新一轮国际竞争的制高点。随着全球能源需求增长和气候变化趋势不断加剧，未来各国围绕新能源资源、气候变化、温室气体排放等生态环境问题的博弈会日趋激烈。目前我国二氧化碳排放量已居世界第一，人均排放量超过世界平均水平，发达国家要求我国减排的压力不断加大。大力推进生态文明建设，有利于增强我国在国际环境和发展领域的话语权，提升我国参与气候变化和可持续发展领域的国际谈判和对话交流位势，有效维护我国的核心利益和负责任大国的形象。

二、生态治理是一个系统工程

经过改革开放以来多年的探索,我们逐渐认识到必须从系统论的角度来认知生态文明建设。习近平总书记强调,环境治理是一个系统工程,必须作为重大民生实事紧紧抓在手上。我们必须按照系统工程的思路,抓好生态文明建设重点任务的落实,切实把能源资源保障好,把环境污染治理好,把生态环境建设好,为人民群众创造良好生产生活环境。为此,他强调要解决好以下四个方面的问题:树立生态红线的观念,优化国土空间开发格局,全面促进资源节约,加大生态环境保护力度。

(一)牢固树立生态红线的观念

2011 年,为加强环境保护重点工作,国务院明确提出,在重要生态功能区、陆地和海洋生态环境敏感区、脆弱区等区域划定生态红线。尽管这是中国首次在国家级重要文件中出现“生态红线”一词,但“生态红线”概念的提出是以“红线”为基础,在区域性生态规划、管理和科学研究过程中逐渐产生和发展,并得到多方面肯定,从而上升成为国家战略的。

“红线”一般是指不可逾越的界限。目前“红线”的概念已被很多管理部门广泛使用。“红线”最早被正式应用于城市规划,泛称宏观规划用地范围的标志线。《国民经济和社会发展第十一个五年规划纲要》提出了 18 亿亩耕地红线,从而确保耕地面积不减少;2012 年 1 月,国务院发布了《关于实行最严格水资源管理制度的意见》,确定了水资源开发利用控制、用水效率控制和水功能区限制纳污“三条红线”;2013 年 7 月,国家林业局启动生态红线保护行动,划定林地和森林、湿地、荒漠植被、物种四条红线。可见“红线”不仅是严格管控事物的空间界线,也包含了数量、比例或限值等方面的管理要求。

生态红线是中国推出的一项国家生态保护战略,2011 年中国首次提出了“划定生态红线”的重要战略任务。党的十八届三中全会更是把划定生态保护红线作为改革生态环境保护管理体制、推进生态文明制度建设最重要、最优先的任务。划定生态红线，实行永久保护，是党中央、国务院站在对历史和人民负责的高度，对生态环境保护工作提出的新的更高要求，体现了以强制性手段强化生态保护的政策导向与决心。

生态红线提出之后，社会各界对生态红线的认知度逐步提高，国家层面对划定并严守生态红线也更加重视，将划定生态红线作为生态文明制度建设的重要内容，并将生态红线保护领域拓展到资源、环境及生态系统三个方面。为此，基于生态红线提出的特定时代背景和最新形势需求，生态红线可定义为：为维护国家生态安全，在提升生态功能、改善环境质量、促进资源高效利用等方面必须实行严格保护的空间边界与管理限值，具体可包括生态功能红线、环境质量红线和资源利用红线。生态功能红线是指在涵养水源、保持水土、防风固沙、调蓄洪水、保护生物多样性等方面具有重要作用，支撑经济社会发展的自然生态空间；环境质量红线是指为维护人居环境与人体健康的基本需要，必须严格执行的环境管理限值；资源利用红线是指为促进资源能源节约，保障能源、水、土地等资源高效利用的最高要求。

划定生态保护红线，首先是遏制生态环境退化形势的客观需求。划定生态保护红线，旨在强制性实施严格的生态保护制度，促进资源与能源的高效利用，加大中国生态关键地区的保护力度，改善生态系统功能和环境质量状况，缓解社会经济开发建设活动对自然生态系统造成的压力和不利影响，促进人口资源环境相均衡、经济社会和生态效益相统一。因此，划定生态保护红线是遏制生态环境退化严峻趋势的迫切需要和有效手段。其次，是优化国家生态安全格局的基本前提。中国生态保护区域类型多、面积大、覆盖广，但是划定科学性不足，缺乏严格的生态保护标准和管理措施，当前生态环境保护投入难以支撑有效管护。在各级政府优先追求 GDP 和财政收入、企业和个人优先追求眼前利益和经济利益的大环境下，高效稳定的国家生态安全格局尚未正式建立。因此，划定生态保护红线是整合各类保护区域、提高生态保护效率的最直接手段，是强化生态保护、科学构建生态安全格局的最有效途径。再次，是改革生态保护管理体制的必然途径。随着时代发展，特别是在环境保护实现历史性转变的关键时期，生态环境管理体制中存在的问题不断显现,许多问题已成为制约生态保护工作的障碍。由于历史和现实的原因,中国的生态环境保护体制建设落后于污染控制,政府的生态保护管理职能分散在各个部门,采取按生态和资源要素分工的部门管理模式,缺乏强有力的、统一的生态保护监督管理机制。在国家一级缺乏生态保护的统一决策、统一监督管理体制和机制,存在政府部门职能错位、冲突、重叠等体制性障碍,造成了国家公共利益和部门行业利益的冲突,国家提出的"统一法规、统一规划、统一监督"的要求难以落实;各部门都从部门利益出发,积极推动制定本部门所管理的资源法律,并通过法律加强自身的授权和权力,造成法律法规之间的矛盾,"政出多门"加大了基层部门执行有关法律法规的难度;在规划和政策制定上各自为政,相互衔接不够,使生态保护标准各异,划建生态保护区的目的与分类体系不同,措施综而不合,极不利于国家对生态保护的宏观调控;由于一些分工不够明确合理,造成多头管理,执行分工时职能越位、交叉和重复,在一定程度上加重了生态环境的破坏,突出表现在物种保护与自然保护区管理、水资源管理与污染防治等方面;资源管理部门政企不分,既有资源保护、监督生态建设的职能,又有经营和开发资源的任务,这种局面显然不利于生态环境的保护。划定与严守生态保护红线是一项综合性很强的系统工程,目的在于从国家层面统筹考虑生态环境保护工作,将资源开发利用、环境管理、生态保护等众多领域进行有机整合,协调各主管部门职责与利益,实行严格的生态保护制度,从而改革当前的生态环境保护管理体制,建立起分工明确、协调统一的严格化生态保护机制。

生态保护红线对于维护国家或区域生态安全及经济社会可持续发展具有关键作用,其战略地位十分重要,必须实行严格保护。生态保护红线的划定是推进生态文明建设的重要举措,是优化国土空间开发格局的根本,是中国生态环境保护制度的重要创新。在中国生态环境不断破坏与恶化的严峻形势下,迫切需要划定生态红线,制定专门管理办法,控制开发强度,调整空间结构,构建国家和区域生态安全格局,实现生态环境与人口经济相均衡、经济、社会和生态效益相统一。但是,生态保护红线的划定和管理工作刚刚起步,仍然存在不少问题需要解决。当前,在国家层面需要明确生态保护红线划定和管理的组织实施方式，统筹协调生态红线与社会经济发展规划的关系，尽快制定划分生态保护红线的具体技术方法与操作流程，出台适用于全国的技术指南与配套政策，为生态保护红线长效监管奠定工作基础。

生态红线，就是国家生态安全的底线和生命线，这个红线不能突破，一旦突破必将危及生态安全、人民生产生活和国家可持续发展。我国的生态环境问题已经到了很严重的程度，非采取最严厉的措施不可，不然不仅生态环境恶化的总态势很难从根本上得到扭转，而且我们设想的其他生态环境发展目标也难以实现。习近平总书记强调，在生态环境保护问题上，就是要不能越雷池一步，否则就应该受到惩罚。要精心研究和论证，究竟哪些要列入生态红线，如何从制度上保障生态红线，把良好生态系统尽可能保护起来。

（二）优化国土空间开发格局

国土是生态文明建设的空间载体。党的十八大报告将优化国土空间开发格局纳入推进生态文明建设的内容之一。要按照人口资源环境相均衡、经济社会生态效益相统一的原则，统筹人口分布、经济布局、国土利用、生态环境保护，科学布局生产空间、生活空间、生态空间，给自然留下更多修复空间，给农业留下更多良田，给子孙后代留下天蓝、地绿、水净的美好家园。

优化国土空间开发格局事关生态文明建设的基础。我国总体上资源环境压力较大、区域差别显著，又处于工业化和城镇化快速推进阶段，国土空间开发的强度和频度较大、敏感性和脆弱性较强、优化调整的成本较高、周期较长。国土空间开发格局作为人口、产业和城镇布局发展的基本架构，不仅对于工业化和城镇化的顺利推进意义重大，对生态文明建设也具有重要作用。当前，我国正处于全面建成小康社会的关键时期，也是工业化、城镇化加快发展的重要时期，每年约有1000万农村人口转移到城市，对土地、能源资源的需求持续增加，生态和环境的压力也将持续加大。我们必须处理好十分有限的国土空间与日益扩大的发展需求之间的矛盾，使有限的国土空间发挥更大的承载能力。从这个意义上说，优化国土空间布局，统筹谋划人口分布、经济布局、国土利用和城镇化格局，引导人口和经济向适宜开发的区域集聚，保护农业和生态发展空间，促进人口、经济与资源环境相协调，是一项关系全局和长远发展的重要战略任务。

新中国成立以来特别是改革开放以来，我国现代化建设全面展开，国土空间发生了深刻变化，既有力支撑了经济快速发展和社会进步，也出现了一些必须高度重视和需要着力解决的突出问题。主要是：耕地减少过多过快，生态系统功能退化，资源开发强度大，环境问题凸显，空间结构不合理，绿色生态空间减少过多等。着眼于解决这些问题，我们必须加快实施主体功能区战略，严格实施环境功能区划，构建科学合理的城镇化推进格局、农业发展格局、生态安全格局，保障国家和区域生态安全，提高生态服务功能。要坚持陆海统筹，进一步关心海洋、认识海洋、经略海洋，提高海洋资源开发能力，保护海洋生态环境，扎实推进海洋强国建设。

第一，加快实施主体功能区战略，构建科学合理的城市化格局、农业发展格局、生态安全格局。这是解决我国国土空间开发中存在问题的根本途径，是当前生态文明建设的紧迫任务。要根据《全国主体功能区规划》，推动各地区严格按照主体功能定位发展，构建"两横三纵"为主体的城市化格局、"七区二十三带"为主体的农业发展格局、"两屏三带"为主体的生态安全格局。城市化地区要把增强综合经济实力作为首要任务，同时要保护好耕地和生态；农产品主产区要把增强农业综合生产能力作为首要任务，同时要保护好生态，在不影响主体功能的前提下适度发展非农产业；重点生态功能区要把增强提供生态产品能力作为首要任务，同时可适度发展不影响主体功能的适宜产业。

第二，实行分类管理的区域政策和各有侧重的绩效评价。一是实施分类管理的区域政策。中央财政要逐年加大对农产品主产区、重点生态功能区特别是中西部重点生态功能区的转移支付力度，增强基本公共服务和生态环境保护能力。实行按主体功能区安排与按领域安排相结合的政府投资政策，按主体功能区安排的投资主要用于支持重点生态功能区和农产品主产区的发展，按领域安排的投资要符合各区域的主体功能定位和发展方向。明确不同主体功能区的鼓励、限制和禁止类产业，科学确定各类用地规模，对不同主体功能区实行不同的污染物排放总量控制和环境标准。二是实行各有侧重的绩效评价。在强化对各类地区提供基本公共服务、增强可持续发展能力等方面评价基础上，按照不同区域的主体功能定位，实行差别化的评价考核。对优化开发的城市地区，强化经济结构、科技创新、资源利用、环境保护等的评价。对重点开发的城市化地区，综合评价经济增长、产业结构、质量效益、节能减排、环境保护和吸纳人口。对限制开发的农产品主产区和重点生态功能区，分别实行农业发展优先和生态保护优先的绩效评价，不考核地区生产总值、工业等指标。对禁止开发的重点生态功能区，全面评价自然文化资源原真性和完整性保护情况。

第三，促进陆地国土空间与海洋国土空间协调开发。海洋主体功能区的划分要充分考虑维护我国海洋权益、海洋资源环境承载能力、海洋开发内容及开发现状，并与陆地国土空间的主体功能区相协调。沿海地区集聚人口和经济的规模要与海洋环境承载能力相适应，统筹考虑海洋环境保护与陆源污染防治。严格保护海岸线资源，合理划分海岸线功能，做到分段明确，相对集中，互不干扰。港口建设和涉海工业要集约利用海岸线资源和近岸海域。各类开发活动都要以保护好海洋自然生态为前提，尽可能避免改变海域的自然属性。控制围填海造地规模，统筹海岛保护、开发与建设。保护河口湿地，合理开发利用沿海滩涂，修复受损的海洋生态系统。

总之，优化国土空间开发格局，必须珍惜每一寸国土，按照人口资源环境相均衡，生产空间、生活空间、生态空间三类空间科学布局，经济效益、社会效益、生态效益三个效益有机统一的原则，控制开发强度，调整空间结构，促进生产空间集约高效、生活空间宜居适度、生态空间山清水秀，给自然留下更多修复空间，给农业留下更多良田，给子孙后代留下天蓝、地绿、水净的美好家园。

（三）全面促进资源节约

节约资源是保护生态环境的根本之策。党的十八大报告对全面促进资源节约作出了具体部署，明确了全面促进资源节约的主要方向，确定了全面促进资源节约的基本领域，提出了全面促进资源节约的重点工作。习近平总书记强调,大部分对生态环境造成破坏的原因是来自对资源的过度开发、粗放型使用,如果竭泽而渔,最后必然是什么鱼也没有了。扬汤止沸不如釜底抽薪,建设生态文明必须从资源使用这个源头抓起,把节约资源作为根本之策。要大力节约集约利用资源,推动资源利用方式根本转变,加强全过程节约管理,大幅降低能源、水、土地消耗强度。控制能源消费总量,加强节能降耗,支持节能低碳产业和新能源、可再生能源发展,确保国家能源安全,努力控制温室气体排放,积极应对气候变化。加强水源地保护,推进水循环利用,建设节水型社会。严守十八亿亩耕地保护红线,严格保护耕地特别是基本农田,严格土地用途管制。加强矿产资源勘查、保护、合理开发,提高矿产资源勘查合理开采和综合利用水平。大力发展循环经济,促进生产、流通、消费过程的减量化、再利用、资源化。要把这些部署全面贯彻落实到经济社会发展的各个方面和各个环节,确保全面促进节约资源取得重大进展。

一要牢固树立节约资源理念。节约资源意味着价值观念、生产方式、生活方式、行为方式、消费模式等多方面的变革,涉及各行各业,与每个企业、单位、家庭、个人息息相关,需要全民积极参与。必须利用各种方式在全社会广泛培育节约资源意识,大力倡导珍惜资源、节约资源风尚,明确确立和牢固树立节约资源理念,形成节约资源的社会共识和共同行动,全社会齐心合力共同建设资源节约型、环境友好型社会。

二要推动资源利用方式根本转变。资源是增加社会生产和改善居民生活的重要支撑,节约资源的目的并不是减少生产和降低居民消费水平,而是使生产相同数量的产品能够消耗更少的资源,或者用相同数量的资源能够生产更多的产品、创造更高的价值,使有限的资源能更好满足人民群众物质文化生活需要。只有通过资源的高效利用,才能实现这个目标。因此,转变资源利用方式,推动资源高效利用,是节约利用资源的根本途径。要通过科技创新和技术进步深入提高资源利用效率,促进资源利用效率不断提升,大幅降低能源、水、土地等资源消耗强度,真正实现资源的高效利用,努力用最小的资源消耗支撑经济社会发展。

三要推动能源生产和消费革命。节约能源是节约资源的最重要组成部分,资源节约必然要求高度重视和加强能源节约。我国能源储量不足与经济社会发展对能源需求量巨大的客观现实，决定了在我国节约能源更加重要、更加必要、更加迫切。必须把节约能源放在全面促进资源节约工作的突出位置，大力推动能源生产和消费革命，控制能源消费总量，加强节能降耗，支持节能低碳产业和新能源、可再生能源发展，确保国家能源安全。

四要加强耕地、水、矿产等资源保护。要完善最严格的耕地保护制度，严守耕地保护红线，严格土地用途管制，从严控制建设用地总规模，从严控制各类建设占用耕地，严格落实耕地占补平衡、先补后占，切实保护好耕地特别是基本农田，推进国土综合整治。完善最严格的水资源管理制度，加强水源地保护和用水总量管理，加强用水总量控制和定额管理，制定和完善江河流域水量分配方案，推进水循环利用，建设节水型社会。加强矿产资源勘查、保护、合理开发，提高矿产资源勘查水平，强化矿产资源特别是优势矿产资源和特定矿种保护，提高矿产资源开采回采率、选矿回收率、综合利用率水平，加强低品位、难选冶、共伴生矿产资源的综合开发利用，鼓励矿山固体废弃物和尾矿资源利用，提高废弃物的资源化水平，提高矿产资源合理开采与综合利用水平。

五要大力发展循环经济。发展循环经济是节约资源的有效形式和重要途径。要按照减量化、再利用、资源化原则，注重从源头上减少进入生产和消费过程的物质量以及物品完成使用功能后重新变成再生资源，加强资源循环利用的技术研发，大力推进循环经济发展，促进生产、流通、消费过程的减量化、再利用、资源化，加快形成覆盖全社会的资源循环利用体系。

（四）加大生态环境保护力度

良好的生态环境是人和社会持续发展的根本基础。当前要以解决损害群众健康突出环境问题为重点，坚持预防为主、综合治理，强化水、大气、土壤等污染防治，着力推进重点流域和区域水污染防治，着力推进颗粒物污染防治，着力推进重金属污染和土壤污染综合治理，集中力量优先解决好细颗粒物（PM2.5）、饮用水、土壤、重金属、化学品等损害群众健康的突出问题，切实改善环境质量。实施重大生态修复工程，增强生态产品生产能力，推进荒漠化、石漠化综合治理，扩大湖泊、湿地面积，保护生物多样性，提高适应气候变化能力。

在生态环境保护的指导思想上，要按照国家环境保护科技发展规划要求，进行整体规划战略布局，突出当前生态环境保护的重点领域。国家环境保护科技发展规划是我国现阶段在环境保护与管理的发展规划。进一步根据我国的现阶段的发展，不断推进整体的生态系统的保护与环境治理的具体规划，指导我国对自然生态系统以及环境保护工作的方向。在整体规划上，完善并及时调整规划蓝图。在战略布局上，加快产业结构调整，控制高耗能产业发展，认真贯彻国家产业政策和有关法律法规。积极推进产业结构调整，进一步提高行业准入门槛，淘汰能耗高、污染严重的落后产能。坚持预防为主、防治结合、综合治理的方针。由于造成环境污染和破坏的原因是多方面的，所以采取“单打一”的方式进行治理是不够的，应当采取多种手段进行综合治理。采取各种预防措施，防止环境问题的产生和恶化，或者把环境污染和破坏自然生态控制在能够维持生态平衡、保护人体健康和社会物质财富及保障经济、社会持续发展的限度之内。防治环境污染和破坏，要以预防为主，做到防患于未然，把消除污染、防止生态环境破坏的措施，实施在开发建设活动之前或之中，从根本上消除产生环境问题的根源，减轻事后治理所付出的代价，同时，应采取各种措施，综合治理已经产生的环境污染和破坏。只有这样，才能有效地保护和改善环境质量，实现可持续发展战略。针对自然生态系统和环境保护卞体的建议

在环境保护的主体方面，要加强自然生态系统和环境保护的领导工作意识和队伍建设。各级政府要认真贯彻落实党和国家的生态环境保护政策，研究部署环保工作，制定并组织实施环境目标。增强环境忧患意识和做好环保工作的责任意识，抓住环境保护的难点问题和影响群众健康的重点自然生态问题。各级政府环保部门要加强生态保护工作机构建设，要有主要领导专人负责生态保护工作，推动乡镇设立生态环境监管人员。开展生态保护工作人员的业务培训，提供业务水平。加强生态环境保护立法，加大生态环境执法力度，落实生态环境保护的责任制度。没有明确、全面的环保立法，环保工作就缺乏法律依据，难以有效展开。同样，如果仅仅重视环保

立法,而不重视环保的行政执法,那么,有限的立法也会陷入空洞和无效,发挥不了应有的作用。应当根据经济发展的不同阶段和不同水平,逐步提高法律规范的标准,同时,加大生态环境保护的执法力度,严格追究违反环境保护法律法规的行为。各级政府机关和有关部门要树立法律思维,并以此来解决生态环境保护问题。健全生态环境监管制度,健全环境保护协调机制,完善社会监督机制。建立一套从中央政府到地方各级政府的环境监管体制,形成国家、省、市、县多级生态环境监管制度,建立下级政府环保部门对上级环保部门的定期定向报告制度,落实职能、编制和经费。各级政府环保部门要实施污染物总量的控制制度,遏制污染扩大趋势;推行排污许可证制度,完善节能减排实施制度。对超过污染物总量控制指标、生态破坏严重或者未完成生态恢复任务的地区,采取相应的处理措施;对建设项目未履行环评审批程序即擅自开工建设和投产的,责令停建或停产,补办环评手续,并追究有关人员的责任。各级政府应实施环境质量公告制度,定期公布本地区有关环境保护指标,发布城市空气质量、城市噪声、饮用水水质、流域水质和其他生态环境状况的信息,及时发布污染事故信息。发展生态环境保护产业,培育环境保护公司和各类生态环境保护团体,广泛调动民间力量参与自然生态系统和环境的保护。生态环境问题的解决必须在政府的主导下,以奖励和优惠政策鼓励民间企业、组织团体和个人积极参与环保事业。发展循环经济、绿色经济、低碳经济,形成环保产业链,利用市场机制推进环境污染的治理。鼓励社会资本参与城市生活垃圾、城市建设垃圾和工业污水的处理,建设生态环境保护与污染治理的基础设施建设。完善环境保护投入机制,推行有利于环境保护的经济政策。增强生态环境保护的科技创新能力,发展环境科技进步,引进环保先进技术。扩大国际环境合作与交流。在积极引进国外资金、技术和管理经验,提高我国环保技术、装备和管理水平的同时,积极向国际社会宣传我国生态环境保护工作所取得的成就。

针对重点区域的自然生态系统和环境保护,要加强自然生态环境保护,加大对野生动植物资源的保护。既要加强对各自然保护区的建设,也要对随季节迁徙的动物进行保护,避免类似肆意捕杀候鸟等情况出现。加强水土保持、森林草原资源管理和矿产资源的管理,加大对非法乱采滥挖、破坏生态环境、浪费矿产资源及污染环境的行为的控制力度,增强废弃矿山植被恢复。实施重大生态修复工程,综合治理荒漠化、石漠化和水土流失。加强河流水域生态环境保护,对主要河流生态环境进行实时监控,禁止直接向河流、湖泊直接排污,严防养殖业污染水域。加强城市污染防治工作,控制城市污染源,重点治理大气污染、水污染、声污染、固体废弃物污染等密切关系人民群众生活健康的重点项目。加强农村环境保护与污染治理,大力发展生态农业,合理使用化肥、农药、农膜等化学物质、建立农村环保有效机制,发挥基层自治组织的作用,鼓励村民建立村规民约,增强村民自主保护环境能力。对涉及农民切身利益的发展规划和建设项目,要广泛听取农民的意见,尊重农民的环境知情权、参与权和监督权。建立农村生产、生活垃圾统一处理办法,有效控制企业造成的污染。

三、依靠制度和法制推进生态文明建设

建设生态文明是一场涉及生产方式、生活方式、思维方式和价值观念的革命性变革。实现这样的根本性变革,必须依靠制度和法治。我国生态环境保护中存在的一些突出问题,大都与体制不完善、机制不健全、法治不完备有关。只有实行最严格的制度、最严密的法治,才能为生态文明建设提供可靠保障。为此,必须建立系统完整的制度体系,用制度保护生态环境、推进生态文明建设。这意味着生态文明建设从注重理念、理论建设进一步发展到制度建设和融入经济建设、政治建设、文化建设、社会建设各方面和全过程的新阶段,这对于扎实推进生态文明建设具有重要现实意义。

(一)保护生态环境必须依靠制度

生态文明建设的目标是处理好人与自然的关系,但是,实现这一目标要解决好的主要问题则是人与人之间、个体与社会之间的关系。生态文明建设处理好人与自然关系的基本途径是解决好经济社会发展过程中的制度建

设。正如十八大报告中指出的“保护生态环境必须依靠制度”。生态文明建设的途径之一是加强生态文明的制度建设。把生态文明建设落实于制度建设,标志着生态文明建设进入实质性推进的阶段。

首先,依靠制度建设方能把生态文明的理念转化为实践。生态文明建设要牢固树立保护生态环境的理念,但更重要的是行动。理念转化为行动靠的是制度。制度把尊重自然、顺应自然、保护自然的理念转化为规矩,使生态文明建设的设想变为具有可操作性的规范并付诸实践。没有健全的制度,生态文明建设的理念就难以落地。

其次,依靠制度建设才能处理好生态文明建设中的各种关系。生态文明建设能否顺利推进,关键在于能否处理好各种复杂的关系。现代社会是高度社会化的社会,生态文明建设是涉及社会发展的整体性问题,要靠整个社会的共同努力才能实现。但是,经济社会的发展又是立足于每一个个体,他们的发展又是个体的行为。个体行为对于社会整体发展既可能是正效应,也可能是负效应,这里的正效应或负效应就是个体与整体之间的关系。只有协调好个体与社会整体的关系,生态文明建设才能落到实处。处理好各种复杂的关系,必须依靠制度,制度就是处理各种关系的规范。

再次,通过制度建设才能对个体的行为形成约束。由于不同的个体之间、个体与社会之间的利益关系并不是始终一致的,个体的行为不仅会给自身的利益带来直接的影响,同时也会给其他个体的利益带来影响,对社会整体带来的影响也是双重的。这就要求个体的行为必须在不损害其他个体和社会利益的前提下才被允许,否则就必须承担相应的责任。这就需要对个体行为进行规范,通过一系列制度建设来实现对个体行为的约束,包括对个体行为本身的约束,以及对个体行为造成后果责任的界定。

制度建设在生态文明建设中之所以重要,从根本上说,是由现代社会发展的高度社会化和高度市场化的特征决定的。社会化的发展要求更加注重在发展的整体性,社会化发展的效益只有在整体发展的条件下才能得到充分体现。生态问题、可持续发展都是整体性的问题,整体性的问题只能通过社会的整体行动才能得到解决。市场化的发展要求更加注重在发展过程中处理好个体性的问题。在市场经济条件下,个体与个体之间、个体与社会之间的基本关系是经济利益关系。生态文明建设涉及个体发展与社会发展、个体利益与社会利益、个体成本与社会成本之间的关系。在经济社会发展过程中,每一个个体的发展对其他个体、对社会整体既可能产生正能量,也可能产生负能量。鼓励个体行为产生正能量,就需要通过制度建设来实现。

在经济社会发展中只有协调好个体利益与社会整体利益的关系,生态文明建设才能落到实处。生态文明建设离不开技术问题,但生态文明建设决不是单纯的技术问题,它本质上是社会问题,是涉及各方面利益关系的问题。这就比单纯解决技术问题复杂得多,难度也大得多。生态文明建设要处理好个体与个体之间、个体与社会之间关系的问题,是一个十分复杂的问题,从不同的角度和立场来思考问题,就会有不同的观点和结论。但是,处理好各种关系必须要有统一的规范和标准才能使各个方面具有共识,并把这种共识变成具有约束力的制度。凡是涉及复杂利益关系的问题,都必须通过制度,用制度作为处理各种关系的基本规范。注重制度建设是对生态文明建设规律认识的深化,也是生态文明建设由理念进入操作性阶段的重要体现。

(二)生态文明制度建设的主要问题

生态文明制度建设既与其他领域制度建设有共性的地方,也具有很大的特殊性,这种特殊性是与生态文明建设要解决的问题相联系的。生态文明制度建设要解决的主要问题有两个方面:一是促进资源节约和高效利用,有效保护自然和生态环境;二是协调个体的行为,实现经济社会整体发展的成本最小化或收益最大化。这两个方面的制度结合,就是要做到保护自然和生态环境与经济社会发展之间的协调。从这一点说,生态文明制度建设的目标既要保护自然和生态环境,又要能够促进经济社会的发展。保护生态环境与经济社会发展之间并不对立,保护生态环境不仅不排斥经济社会发展,而是为了更好地实现经济社会的可持续发展,经济社会发展也并不必然破坏生态环境,而是以不损害生态环境为前提。因此,生态文明建设要实现的社会目标是保护生态环境和促进经济社会发展的统一,这应该成为生态文明制度设计的指导思想。

生态文明制度建设的重点是构建一个制度体系。党十八大报告中提出的生态文明制度建设的主要内容包括三个方面：一是政府监管性制度，如国土空间开发保护制度、耕地保护制度、水资源管理制度、环境保护制度等；二是以市场主体交易的形式来实施的制度，如节能量、碳排放权、排污权、水权交易等制度；三是救济性制度，是以责任追究和损害赔偿的形式来实施的制度，如生态环境保护责任追究制度、环境损害赔偿制度等。这三个方面共同构成了生态文明制度建设的体系。第一类制度是通过政府主导进行监管来达到保护自然和生态的目标；第二类制度是鼓励市场主体通过交易活动来达到保护自然和生态的目标；第三类制度是通过事后救济和赔偿维护各个主体的合法权益来达到保护自然和生态的目标。第一类制度主要解决整个社会宏观领域的问题。保护自然和生态环境是一个社会问题，解决社会问题必须在全社会有统一的规范，需要从全社会的视角对于涉及宏观领域的资源、环境、生态等问题，以立法和建立规章制度的形式，通过带有强制性的法律法规和规章制度来规范整个社会的行为，如耕地保护、环境保护制度等。这些方面的问题，不是哪一个局部能够解决的，是必须在全国范围内，通过国家的法律法规制度才能解决好的问题。生态环境建设问题不是只注重解决某一个局部问题就能够实现的，必须在整个社会的共同努力下才能做到。因为在生态文明建设中各个局部之间具有交互性，某个局部的生态环境既受自身行为的影响，也受其他局部行为的影响，这种影响可能是正面的，也可能是负面的。只有整个社会的共同行动，才能使社会各个局部之间形成相互间的正面影响，从而形成生态环境建设的整体有效性。要解决好生态环境这一具有鲜明社会性的问题，必须建立带有强制性的法律法规制度来规范整个社会的行为，使各个局部的行为有一个共同的标准。第二类制度主要是通过市场主体之间进行交易的形式，使社会保护生态环境的成本最小化。保护生态环境不仅要依靠政府的监管，同时也要通过协调各主体之间的利益关系，鼓励市场主体积极参与环境保护。在经济社会发展过程中，企业对资源的占用和污染的排放是不可避免的，如果绝对禁止资源的占用和污染的排放，实际上也就损害了企业生产发展的权益，由此造成的对经济社会发展的影响,本身也并不符合生态文明建设要达到的促进经济社会发展和保护生态环境相统一的目标。当生产发展与保护生态环境之间发生矛盾的时候,运用产权理论,通过建立一定的资源占用权、污染排放权的交易制度,使企业与企业之间能够进行资源占用和污染排放权的交易。这实际上是允许企业购买一定的资源占用权和污染排放权,使整个社会的资源占用和污染排放总量不变的条件下更好地实现经济社会的发展。这也有利于企业自身更注重节约资源和环境保护,使社会资源的占用能够得到更多的产出,社会的污染治理具有更高的效率或更低的成本。这种交易制度也能够有效地降低赔偿制度运行的难度,节约其运行成本。例如,碳排放权、排污权、水权交易等制度。从企业的角度看,购买污染权付出的代价就构成其生产成本,从理论上说,只要这种成本低于它进行生产所取得的收益,它就愿意进行这种交易。从社会的角度看,只要集中治理污染的成本低于企业分散治理的成本,或者企业进行生产所能够得到的收益大于集中治理污染的成本,那么,这种交易制度就能够实现社会成本最小化、社会收益最大化的目标。通过一定的制度安排来实现保护生态环境和促进经济社会发展的统一,使二者平衡协调发展,是市场经济条件下生态文明制度建设的重要组成部分。第三类制度主要解决微观领域和局部范围中责任追究和赔偿的问题,也是对监管的补充和保证。当某个个体损害了其他个体或社会权益时,需要以制度的形式来规范损害者的行为,并使其承担相应的责任。这实际上是通过制度来处理个体利益和社会利益、个体成本与社会成本之间的关系。在社会生产和各种活动中,个体利益与社会整体利益之间是存在矛盾的,个体利益的增加并不等于社会整体利益的增加,个体成本的减少也并等于社会成本的减少。不能保证每一个个体的行为都符合规范,对于不符合规范的行为必须进行追究和惩罚,以对整个社会产生警示作用和正面导向,同时也需要对其他个体和社会的合法权益进行保护,通过这类制度把损害生态环境和损害他人与社会权益的行为减少到最低程度。这些方面的制度既关系到资源、环境、生态保护等问题,但更多的是关系到与其他个体或社会权益的损害和赔偿问题。这是从责任和利益两方面制约损害他人和社会权益的行为,对损害者来说,是一种惩罚性的制度,对被损害者来说,是一种救济性的制度。这类制度的建设，情况比较复杂，它需要解决好一系列的前提条件，否则，这一制度就不具有可操作性。例如，生态环境保护责任追究制度、环境损害赔偿制度等。首先，要对被损害者的权益进行界定，即被损害者是否具有要求赔偿的权利，或者被损害者是否具有要求追究损害者责任的权益。只有明确界定了被损害者的权益，才会具体落实赔偿的主体和赔偿的对象，从而建立赔偿的制度。其次，受损害的标准和赔偿标准的确定，只有确定了这些具体标准，赔偿的实施才具有可操作性，各方面的权益才能得到切实的维护。再次，相关运行制度、执行制度和机构的建立，这些相关制度的建设，是生态文明制度体系建设的重要内容，建立了这些制度才能使责任和赔偿得到落实。

根据当前生态文明建设制度建设的实际，需要加快三个方面的制度建设。一是要完善经济社会发展考核评价体系。科学的考核评价体系犹如“指挥棒”，在生态文明制度建设中是最重要的。要把资源消耗、环境损害、生态效益等体现生态文明建设状况的指标纳入经济社会发展评价体系，建立体现生态文明要求的目标体系、考核办法、奖惩机制，使之成为推进生态文明建设的重要导向和约束。要把生态环境放在经济社会发展评价体系的突出位置，如果生态环境指标很差，一个地方一个部门的表面成绩再好看也不行。二是要建立责任追究制度。资源环境是公共产品，对其造成损害和破坏必须追究责任。对那些不顾生态环境盲目决策、导致严重后果的领导干部，必须追究其责任，而且应该终身追究。不能把一个地方环境搞得一塌糊涂，然后拍拍屁股走人，官还照当，不负任何责任。要对领导干部实行自然资源资产离任审计，建立生态环境损害责任终身追究制。三是要建立健全资源生态环境管理制度。健全自然资源资产产权制度和用途管制制度，加快建立国土空间开发保护制度，健全能源、水、土地节约集约使用制度，强化水、大气、土壤等污染防治制度，建立反映市场供求和资源稀缺程度、体现生态价值和代际补偿的资源有偿使用制度和生态补偿制度，健全环境损害赔偿制度，强化制度约束作用。加强生态文明宣传教育，增强全民节约意识、环保意识、生态意识，营造爱护生态环境的良好风气。

生态文明制度建设是一个复杂的系统工程，需要有一个较长时间的探索和积累过程,要从各个方面积极推进生态文明制度建设,只有建立了完善的制度体系,才能使生态文明建设成为整个社会的自觉行动。

(三)加快生态文明制度建设的途径

生态文明制度建设本质上是一个社会问题,集中体现为要解决好个体与个体、个体与局部、个体与社会之间的利益关系。生态文明制度建设的主体是政府,基本途径是加快法律、行政、市场等制度的建设,以及相关的组织、执行机构和职能部门的建设。

首先,加快落实政府在生态文明制度建设中的主体地位,发挥政府主导作用。作为生态文明制度建设主体的政府,特别是相关职能部门要成为推进制度建设的主导力量,把生态文明制度建设作为政府工作的重要内容,融入经济建设、政治建设、文化建设、社会建设各方面和全过程,这种融入具体是通过各种制度建设来实现的。各种制度只有通过政府的工作才能建立起来,如果政府在生态文明制度建设中不作为,那么,制度建设只能是留于空谈。国家层面高位阶的立法尚待完善和补漏。必须落实制度建设以及监管主体,并具体化为各方面制度建设的任务,这样,制度建设的扎实推进才具有切实的保证。必须把服务型政府和责任政府的建设结合起来,既要讲服务,也要讲责任。生态文明制度建设既是政府应有的责任,也是政府为建设美丽中国提供服务的具体体现。

其次,加快建立和完善相关的法律制度。党的十八大提出了生态文明制度建设的任务,必须把这一任务提到政府和职能部门重要的议事日程上来。根据不同制度的性质和种类,立法机构和政府各职能部门要组织专门的队伍,对已有的制度加快进行完善,对还没有的制度要加快制定,有些制度可以边试点、边完善。制度建设不可能一蹴而就,只能在实践中不断积累和完善,关键是要加快进行相关的制度实践,任何一种制度都有一个从不完善到完善的过程。可以通过课题研究的方式,依靠社会力量来进行制度设计和相关问题的研究。我国在生态文明制度建设方面总体上还比较落后,不少重要的制度还没有建立起来,许多方面的制度实践还是空白。这种情况必须加快改变,制度建设将是我国今后一段时间里生态文明建设的重点。

再次,加快生态文明建设的体制、机制和政策研究,理顺生态文明建设管理机构之间的关系,建立独立的生态文明管理执法机构。改革体制、理顺关系、健全机构、狠抓落实,这是大力推进生态文明建设的关键。把协调和处理好生态文明制度建设中的各种复杂关系作为基础内容,把体制改革和创新作为加快生态文明建设的根本之策。要赋予环境管理部门更大的管理执法权,建立专业的生态文明建设的机构和队伍,加强环境监管。对生态文明建设的体制机制要进行统一设计,根据生态文明建设的特点不断完善和提高管理质量与效率,把破坏生态环境的行为消除在萌芽状态。在生产领域,通过政策途径来处理好经济社会发展与生态环境的关系,以利于建设环境友好型社会。针对不同的情况实行奖励型或者限制型的政策,体现对不同行为的政策导向。在消费领域,通过对资源类的消费制定累进的价格制度,从价格上对消费量进行相应的制约,以达到建设资源节约型社会的目标。通过政策途径来处理好人与生态环境关系的优势是,能够比较灵活地根据不同的情况进行调整,有针对性解决各种不同的问题和矛盾。

最后,加快推进生态文明制度建设的试点实践。生态文明制度建设必须以实践为基础,在实践中通过不断总结经验,使各种制度得到不断完善。例如,碳排放权、排污权、水权交易等制度要加快进行试点实践,在实践中不断深化认识。加强对这类制度的技术性指标和标准的研究,既从我国目前的经济发展的实际出发,又着眼于生态文明建设的长期目标,制定符合我国国情的技术指标和标准。在这方面,不能盲目套用发达国家的技术标准,也不能不看到经济社会发展的大趋势,从目前的实际状况出发,通过试点实践,更科学、更准确地把握相关的技术标准,为生态文明制度建设打下扎实的技术基础。

第四章　差异与优化

——落实主体功能区战略

主体功能区战略是基于我国社会主义初级阶段的基本国情和各地区不同的资源环境特点提出来的，是我国在借鉴西方发达国家空间规划思想基础上提出的空间地理概念，是从区域空间开发适宜性、资源环境承载力、现有开发密度、区域发展态势等角度出发，将区域划分为具有特定主体功能定位的不同空间单元。这是推进我国生态文明建设的重大举措。改革开放以来，我国在国土整治、生态修复、环境治理等方面的投入不断增多。但是，由于我们对国土空间开发的科学规律认识不足，长期重开发、轻管理，导致一系列严重问题。比如，结构不合理，经济分布与资源分布失衡，生产空间特别是工矿生产占用空间偏多，生态空间偏少；耕地面积减少过多过快，保障农产品供给安全面临重大挑战；生态系统整体功能退化，一些地区不顾资源环境承载能力肆意开发，带来森林破坏、湿地萎缩、河湖干涸、沙漠化石漠化严重、水土流失加剧、地质灾害频发等生态环境问题，许多国土成为不适宜居住的空间；经济布局、人口布局与资源环境失衡，一些地区超出资源环境承载能力过度开发，带来水资源短缺、地下水超采、地面沉降、环境污染加剧、交通拥挤等。这些问题都告诉我们，并非所有的国土空间都适宜高强度的开发，也不可能让所有的国土空间承担起相同的功能，必须因地制宜，区分功能，分类开发。这要求我们必须加快实施主体功能区战略，推动各地区严格按照主体功能定位发展，构建科学合理的城市化格局、农业发展格局、生态安全格局。

近年来，全国范围内一些地区在做主体功能区试点，许多地方在实践中总结出不少宝贵经验。实践证明，有效落实主体功能区战略的关键在于健全绩效考核机制。党的十八大和十八届三中全会强调通过完善干部考核评价制度，改革和完善发展成果考核评价体系，纠正单纯以经济增长速度评定政绩的偏向。中组部《关于改进地方党政领导班子和领导干部政绩考核工作的通知》（以下简称《通知》）强调政绩考核要突出科学发展导向，提出“完善政绩考核评价指标。根据不同地区、不同层级领导班子和领导干部的职责要求，设置各有侧重、各有特色的考核指标，把有质量、有效益、可持续的经济发展和民生改善、社会和谐进步、文化建设、生态文明建设、党的建设等作为考核评价的重要内容”。《通知》还明确了“对限制开发区域不再考核地区生产总值。对限制开发的农产品主产区和重点生态功能区，分别实行农业优先和生态保护优先的绩效评价，不考核地区生产总值、工业等指标”。根据《通知》的要求，我国应当改革当前的考核评价体系，在借鉴广西考核模式的基础上，体现三项原则：一是实施差异考核模式，强调目标导向与分类指导；二是优化考评指标体系，体现地域特色与发展阶段；三是强化考核可操作性，兼顾指标可得性和前瞻性。在强化对各类地区提供基本公共服务、增强可持续发展能力等方面评价基础上，按照不同区域的主体功能定位，实行各有侧重的绩效考核评价办法，建立健全符合科学发展观要求并有利于推进形成主体功能区的绩效考核机制，推动我国生态文明建设的发展。

一、主体功能区划战略的由来及推进历程

2015 年 4 月，中共中央、国务院印发《关于加快推进生态文明建设的意见》的总体要求中强调，要强化主体功能定位，优化国土空间开发格局。7 月 15 日，由国家发展和改革委员会组织汇编的《全国及各地区主体功能区规划》（上、中、下）由人民出版社出版，在全国公开发行。这是新中国成立以来我国政府首次公开出版我国国家及各地区主体功能区规划。7 月 29 日，环境保护部与国家发展和改革委员会联合发布《关于贯彻实施国家主体功能区环境政策的若干意见》，对主体功能区内的环境政策和环境管理提出明确

要求。由此可见,我国关于主体功能区划的思路和步骤已经日渐明晰,已经实现由总体构想到深入实施的宏伟跨越。但是,全国主体功能区构想酝酿出台并不是一蹴而就的,它的提出及发展历程大致如下。

2000年,国家发改委作了一个关于规划体制改革的意见,提出空间协调与平衡的理念,指出政府在制定规划时,不仅要考虑产业分布,还要考虑空间、人、资源与环境的协调。此后,国家发改委开始针对这一构想进行大量研究。2003年1月,国家发改委委托中国工程院研究相关课题,在课题中提出增强规划的空间指导,确定主体功能的思路,功能区的概念也在这时开始清晰。

中央在"十一五"规划纲要建议中提出功能区的概念,并最终列入"十一五"规划纲要。在建议中,中央就将全国按照国土空间的特征和开发的方式划分为优化开发区域、重点开发区域、限制开发区域和禁止开发区域四个主体功能区(这里的"开发"特指大规模高强度的工业化、城镇化开发)。

优化开发区域是指国土开发密度已经较高、资源环境承载能力开始减弱的区域。要改变依靠大量占用土地、大量消耗资源和大量排放污染实现经济较快增长的模式,把提高增长质量和效益放在首位,提升参与全球分工与竞争的层次,继续成为带动全国经济社会发展的龙头和我国参与经济全球化的主体区域。

重点开发区域是指资源环境承载能力较强、经济和人口集聚条件较好的区域。要充实基础设施,改善投资创业环境,促进产业集群发展,壮大经济规模,加快工业化和城镇化,承接优化开发区域的产业转移,承接限制开发区域和禁止开发区域的人口转移,逐步成为支撑全国经济发展和人口集聚的重要载体。

限制开发区域是指资源环境承载能力较弱、大规模集聚经济和人口条件不够好并关系全国或较大区域范围生态安全的区域。要坚持保护优先、适度开发、点状发展,因地制宜发展资源环境可承载的特色产业,加强生态修复和环境保护,引导超载人口逐步有序转移,逐步成为全国或区域性的重要生态功能区。

其中,对于部分限制开发区域功能定位及发展方向,例如:大小兴安岭森林生态功能区,禁止非保护性采伐,植树造林,涵养水源,保护野生动物;长白山森林生态功能区,禁止林木采伐,植树造林,涵养水源,防止水土流失;川滇森林生态及生物多样性功能区,在已明确的保护区域保护生物多样性和多种珍稀动物基因库;秦巴生物多样性功能区,适度开发水能,减少林木采伐,保护野生物种;藏东南高原边缘森林生态功能区,保护自然生态系统;新疆阿尔泰山地森林生态功能区,禁止非保护性采伐,合理更新林地;青海三江源草原草甸湿地生态功能区,封育草地,减少载畜量,扩大湿地,涵养水源,防治草原退化,实行生态移民;新疆塔里木河荒漠生态功能区,合理利用地表水和地下水,调整农牧业结构,加强药材开发管理。

禁止开发区域是指依法设立的各类自然保护区域。要依据法律法规规定和相关规划实行强制性保护,控制人为因素对自然生态的干扰,严禁不符合主体功能定位的开发活动。禁止开发区域有:国家级自然保护区,共 243 个,面积 8944 万公顷;世界文化自然遗产,共 31 处;国家重点风景名胜区,共 187 个,面积 927 万公顷;国家森林公园,共 565 个,面积 1100 万公顷;国家地质公园,共 138 个,面积 48 万公顷。

党的十七大报告将主体功能区布局基本形成作为全面建设小康社会的一项重要目标:“增强发展协调性,努力实现经济又好又快发展。转变发展方式取得重大进展,在优化结构、提高效益、降低消耗、保护环境的基础上,实现人均国内生产总值到二〇二〇年比二〇〇〇年翻两番。社会主义市场经济体制更加完善。自主创新能力显著提高,科技进步对经济增长的贡献率大幅上升,进入创新型国家行列。居民消费率稳步提高,形成消费、投资、出口协调拉动的增长格局。城乡、区域协调互动发展机制和主体功能区布局基本形成。社会主义新农村建设取得重大进展。城镇人口比重明显增加。”

2010 年 12 月,国务院印发《全国主体功能区规划》,对国土空间开发进行了顶层设计:强调推进形成主体功能区,要以邓小平理论和“三个代表”重要思想为指导,深入贯彻落实科学发展观,全面贯彻党的十七大精神,树立新的开发理念,调整开发内容,创新开发方式,规范开发秩序,提高开发效率,构建高效、协调、可持续的国土空间开发格局,建设中华民族美好家园;

国土开发要遵循优化结构、保护自然、集约开发、协调开发、陆海统筹的原则,从而实现空间开发格局清晰、空间结构得到优化、空间利用效率提高、区域发展协调性增强、可持续发展能力提升的目标;明确了国家层面优化开发、重点开发、限制开发、禁止开发四类主体功能区的功能定位、发展目标、发展方向和开发原则。并且,该规划制定了配套政策与考核机制为国土空间开发提供保障,明确提出了到2020年基本形成主体功能区的五个主要目标:

——空间开发格局清晰。"两横三纵"为主体的城市化战略格局基本形成,全国主要城市化地区集中全国大部分人口和经济总量;"七区二十三带"为主体的农业战略格局基本形成,农产品供给安全得到切实保障;"两屏三带"为主体的生态安全战略格局基本形成,生态安全得到有效保障;海洋主体功能区战略格局基本形成,海洋资源开发、海洋经济发展和海洋环境保护取得明显成效。

——空间结构得到优化。全国陆地国土空间的开发强度控制在3.91%,城市空间控制在10.65万平方公里以内,农村居民点占地面积减少到16万平方公里以下,各类建设占用耕地新增面积控制在3万平方公里以内,工矿建设空间适度减少。耕地保有量不低于120.33万平方公里(18.05亿亩),其中基本农田不低于104万平方公里(15.6亿亩)。绿色生态空间扩大,林地保有量增加到312万平方公里,草原面积占陆地国土空间面积的比例保持在40%以上,河流、湖泊、湿地面积有所增加。

——空间利用效率提高。单位面积城市空间创造的生产总值大幅度提高,城市建成区人口密度明显提高。粮食和棉油糖单产水平稳步提高。单位面积绿色生态空间蓄积的林木数量、产草量和涵养的水量明显增加。

——区域发展协调性增强。不同区域之间城镇居民人均可支配收入、农村居民人均纯收入和生活条件的差距缩小,扣除成本因素后的人均财政支出大体相当,基本公共服务均等化取得重大进展。

——可持续发展能力提升。生态系统稳定性明显增强,生态退化面积减少,主要污染物排放总量减少,环境质量明显改善。生物多样性得到切实保护,森林覆盖率提高到23%,森林蓄积量达到150亿立方米以上。草原植被覆盖度明显提高。主要江河湖库水功能区水质达标率提高到80%左右。自然灾害防御水平提升。应对气候变化能力明显增强。

从建设富强民主文明和谐的社会主义现代化国家以及中华民族永续发展出发,推进形成主体功能区要着力构建我国国土空间的“三大战略格局”。

——“两横三纵”为主体的城市化战略格局。构建以陆桥通道、沿长江通道为两条横轴,以沿海、京哈京广、包昆通道为三条纵轴,以国家优化开发和重点开发的城市化地区为主要支撑,以轴线上其他城市化地区为重要组成的城市化战略格局。推进环渤海、长江三角洲、珠江三角洲地区的优化开发,形成3个特大城市群;推进哈长、江淮、海峡西岸、中原、长江中游、北部湾、成渝、关中—天水等地区的重点开发,形成若干新的大城市群和区域性的城市群。

——“七区二十三带”为主体的农业战略格局。构建以东北平原、黄淮海平原、长江流域、汾渭平原、河套灌区、华南和甘肃新疆等农产品主产区为主体,以基本农田为基础,以其他农业地区为重要组成的农业战略格局。东北平原农产品主产区,要建设优质水稻、专用玉米、大豆和畜产品产业带;黄淮海平原农产品主产区,要建设优质专用小麦、优质棉花、专用玉米、大豆和畜产品产业带;长江流域农产品主产区,要建设优质水稻、优质专用小麦、优质棉花、油菜、畜产品和水产品产业带;汾渭平原农产品主产区,要建设优质专用小麦和专用玉米产业带;河套灌区农产品主产区,要建设优质专用小麦产业带;华南农产品主产区,要建设优质水稻、甘蔗和水产品产业带;甘肃新疆农产品主产区,要建设优质专用小麦和优质棉花产业带。

——“两屏三带”为主体的生态安全战略格局。构建以青藏高原生态屏障、黄土高原—川滇生态屏障、东北森林带、北方防沙带和南方丘陵山地带以及大江大河重要水系为骨架,以其他国家重点生态功能区为重要支撑,以点状分布的国家禁止开发区域为重要组成的生态安全战略格局。青藏高原生态屏障,要重点保护好多样、独特的生态系统,发挥涵养大江大河水源和调节气候的作用;黄土高原—川滇生态屏障,要重点加强水土流失防治和天然植被保护,发挥保障长江、黄河中下游地区生态安全的作用;东北森林带,要重点保护好森林资源和生物多样性,发挥东北平原生态安全屏障的作用;

北方防沙带，要重点加强防护林建设、草原保护和防风固沙，对暂不具备治理条件的沙化土地实行封禁保护，发挥“三北”地区生态安全屏障的作用；南方丘陵山地带，要重点加强植被修复和水土流失防治，发挥华南和西南地区生态安全屏障的作用。

党的十七届五中全会通过的《中共中央关于制定国民经济和社会发展第十二个五年规划的建议》中将建设主体功能区提升到国家战略高度，明确要实施区域发展总体战略和主体功能区战略。充分发挥不同地区比较优势，促进生产要素合理流动，深化区域合作，推进区域良性互动发展，逐步缩小区域发展差距。

坚持把深入实施西部大开发战略放在区域发展总体战略优先位置，给予特殊政策支持。加强基础设施建设，扩大铁路、公路、民航、水运网络，建设一批骨干水利工程和重点水利枢纽，加快推进油气管道和主要输电通道及联网工程。加强生态环境保护，强化地质灾害防治，推进重点生态功能区建设，继续实施重点生态工程，构筑国家生态安全屏障。发挥资源优势，实施以市场为导向的优势资源转化战略，在资源富集地区布局一批资源开发及深加工项目，建设国家重要能源、战略资源接续地和产业集聚区，发展特色农业、旅游等优势产业。大力发展科技教育，增强自我发展能力。支持汶川等灾区发展。坚持以线串点、以点带面，推进重庆、成都、西安区域战略合作，推动呼包鄂榆、广西北部湾、成渝、黔中、滇中、藏中南、关中—天水、兰州—西宁、宁夏沿黄、天山北坡等经济区加快发展，培育新的经济增长极。

全面振兴东北地区等老工业基地。发挥产业和科技基础较强的优势，完善现代产业体系，推动装备制造、原材料、汽车、农产品深加工等优势产业升级，大力发展金融、物流、旅游以及软件和服务外包等服务业。深化国有企业改革，加快厂办大集体改革和“债转股”资产处置，大力发展非公有制经济和中小企业。加快转变农业发展方式，建设稳固的国家粮食战略基地。着力保护好黑土地、湿地、森林和草原，推进大小兴安岭和长白山林区生态保护和经济转型。促进资源枯竭地区转型发展，增强资源型城市可持续发展能力。统筹推进全国老工业基地调整改造，重点推进辽宁沿海经济带和沈阳经济区、长吉图经济区、哈大齐和牡绥地区等区域发展。

大力促进中部地区崛起。发挥承东启西的区位优势，壮大优势产业，发展现代产业体系，巩固提升全国重要粮食生产基地、能源原材料基地、现代装备制造及高技术产业基地和综合交通运输枢纽地位。改善投资环境，有序承接东部地区和国际产业转移。提高资源利用效率和循环经济发展水平。加强大江、大河、大湖综合治理。进一步细化和落实中部地区比照实施振兴东北地区等老工业基地和西部大开发的有关政策。加快构建沿陇海、沿京广、沿京九和沿长江中游经济带，促进人口和产业的集聚，加强与周边城市群的对接和联系。重点推进太原城市群、皖江城市带、鄱阳湖生态经济区、中原经济区、武汉城市圈、环长株潭城市群等区域发展。

积极支持东部地区率先发展。发挥东部地区对全国经济发展的重要引领和支撑作用，在更高层次参与国际合作和竞争，在改革开放中先行先试，在转变经济发展方式、调整经济结构和自主创新中走在全国前列。着力提高科技创新能力，加快国家创新型城市和区域创新平台建设。着力培育产业竞争新优势，加快发展战略性新兴产业、现代服务业和先进制造业。着力推进体制机制创新，率先完善社会主义市场经济体制。着力增强可持续发展能力，进一步提高能源、土地、海域等资源利用效率，加大环境污染治理力度，化解资源环境瓶颈制约。推进京津冀、长江三角洲、珠江三角洲地区区域经济一体化发展，打造首都经济圈，重点推进河北沿海地区、江苏沿海地区、浙江舟山群岛新区、海峡西岸经济区、山东半岛蓝色经济区等区域发展，建设海南国际旅游岛。

加大对革命老区、民族地区、边疆地区和贫困地区扶持力度。进一步加大扶持力度，加强基础设施建设，强化生态保护和修复，提高公共服务水平，切实改善老少边穷地区生产生活条件。继续实施扶持革命老区发展的政策措施。贯彻落实扶持民族地区发展的政策，大力支持西藏、新疆和其他民族地区发展，扶持人口较少民族发展。深入推进兴边富民行动，陆地边境地区享有西部开发政策，支持边境贸易和民族特需品发展。在南疆地区、青藏高原东缘地区、武陵山区、乌蒙山区、滇西边境山区、秦巴山—六盘山区以及中西部其他集中连片特殊困难地区，实施扶贫开发攻坚工程，加大以工代赈和易地扶贫搬迁力度。支持新疆生产建设兵团建设和发展。推进三峡等库区后续发展。对中央安排的老少边穷地区的公益性建设项目,取消县级并逐步减少市级配套资金。实行地区互助政策,开展多种形式对口支援。

按照全国经济合理布局的要求,规范开发秩序,控制开发强度,形成高效、协调、可持续的国土空间开发格局。统筹谋划人口分布、经济布局、国土利用和城镇化格局,引导人口和经济向适宜开发的区域集聚,保护农业和生态发展空间,促进人口、经济与资源环境相协调。对人口密集、开发强度偏高、资源环境负荷过重的部分城市化地区要优化开发。对资源环境承载能力较强、集聚人口和经济条件较好的城市化地区要重点开发。对具备较好的农业生产条件、以提供农产品为主体功能的农产品主产区,要着力保障农产品供给安全。对影响全局生态安全的重点生态功能区,要限制大规模、高强度的工业化城镇化开发。对依法设立的各级各类自然文化资源保护区和其他需要特殊保护的区域要禁止开发。

基本形成适应主体功能区要求的法律法规和政策,完善利益补偿机制。中央财政要逐年加大对农产品主产区、重点生态功能区特别是中西部重点生态功能区的转移支付力度,增强基本公共服务和生态环境保护能力,省级财政要完善对下转移支付政策。实行按主体功能区安排与按领域安排相结合的政府投资政策,按主体功能区安排的投资主要用于支持重点生态功能区和农产品主产区的发展,按领域安排的投资要符合各区域的主体功能定位和发展方向。修改完善现行产业指导目录,明确不同主体功能区的鼓励、限制和禁止类产业。实行差别化的土地管理政策,科学确定各类用地规模,严格土地用途管制。对不同主体功能区实行不同的污染物排放总量控制和环境标准。相应完善农业、人口、民族、应对气候变化等政策。

在强化对各类地区提供基本公共服务、增强可持续发展能力等方面评价基础上,按照不同区域的主体功能定位,实行差别化的评价考核。对优化开发的城市化地区,强化经济结构、科技创新、资源利用、环境保护等的评价。对重点开发的城市化地区,综合评价经济增长、产业结构、质量效益、节能减排、环境保护和吸纳人口等。对限制开发的农产品主产区和重点生态功能区,分别实行农业发展优先和生态保护优先的绩效评价,不考核地区生产总值、工业等指标。对禁止开发的重点生态功能区,全面评价自然文化资源原真性和完整性保护情况。

发挥全国主体功能区规划在国土空间开发方面的战略性、基础性和约束性作用。按照推进形成主体功能区的要求，完善区域规划编制，做好专项规划、重大项目布局与主体功能区规划的衔接协调。推进市县空间规划工作，落实区域主体功能定位，明确功能区布局。研究制定各类主体功能区开发强度、环境容量等约束性指标并分解落实。完善覆盖全国、统一协调、更新及时的国土空间动态监测管理系统，开展主体功能区建设的跟踪评估。

党的十八大报告提出在主体功能定位的基础上形成科学合理的开发格局："国土是生态文明建设的空间载体，必须珍惜每一寸国土。要按照人口资源环境相均衡、经济社会生态效益相统一的原则，控制开发强度，调整空间结构，促进生产空间集约高效、生活空间宜居适度、生态空间山清水秀，给自然留下更多修复空间，给农业留下更多良田，给子孙后代留下天蓝、地绿、水净的美好家园。加快实施主体功能区战略，推动各地区严格按照主体功能定位发展，构建科学合理的城市化格局、农业发展格局、生态安全格局。提高海洋资源开发能力，发展海洋经济，保护海洋生态环境，坚决维护国家海洋权益，建设海洋强国。"

党的十八后，中共中央、国务院发布《关于加快推进生态文明建设的意见》，统筹新时期的生态文明建设工作，对主体功能区战略做出新的明确部署，提出"全面落实主体功能区规划，健全财政、投资、产业、土地、人口、环境等配套政策和各有侧重的绩效考核评价体系。推进市县落实主体功能定位，推动经济社会发展、城乡、土地利用、生态环境保护等规划'多规合一'，形成一个市县一本规划、一张蓝图。区域规划编制、重大项目布局必须符合主体功能定位。对不同主体功能区的产业项目实行差别化市场准入政策，明确禁止开发区域、限制开发区域准入事项，明确优化开发区域、重点开发区域禁止和限制发展的产业。编制实施全国国土规划纲要，加快推进国土综合整治。构建平衡适宜的城乡建设空间体系，适当增加生活空间、生态用地，保护和扩大绿地、水域、湿地等生态空间"。

2015 年 7 月，由国家发展和改革委员会组织汇编的《全国及各地区主体功能区规划》(上、中、下)由人民出版社出版，在全国公开发行。这是新中国成立以来中国政府首次公开出版的中国国家及各地区主体功能区规划。编制实施全国和各地区主体功能区规划，对于推进形成人口、经济和资源环境相协调的国土空间开发格局，加快转变经济发展方式，促进经济长期平稳较快发展和社会和谐稳定，具有重要战略意义。全书分上、中、下3卷，约365万字，收录了国务院批准发布的《全国主体功能区规划》和地方各省区市、新疆生产建设兵团陆续出台的省级主体功能区规划，共33个规划文本。该书将有助于社会各界学习贯彻主体功能区战略和规划的要求，凝聚各方面推进形成主体功能区布局的共识，推动各地区严格按照主体功能定位谋划发展。

2015年7月，为贯彻落实党的十八届三中全会关于坚定不移实施主体功能区制度的战略部署，完善主体功能区综合配套政策体系，加快推进生态文明建设和经济发展绿色化，形成人与自然和谐发展的现代化建设新格局，依据《全国主体功能区规划》和《环境保护法》，就贯彻实施国家主体功能区环境政策，环境保护部和国家发改委共同发布了《关于贯彻实施国家主体功能区环境政策的若干意见》。这是深入贯彻加快生态文明建设、坚定不移实施主体功能区制度的重要举措，是主动适应经济发展新常态、促进经济社会健康发展的现实需要，是提升环境管理水平、实施精细化管理的必然要求，对于顺应人民群众对良好生态环境的新期待、实现全面建成小康社会宏伟目标具有重要战略意义。

2015年8月，国务院印发《全国海洋主体功能区规划》，分规划背景、总体要求、内水和领海主体功能区、专属经济区和大陆架及其他管辖海域主体功能区、保障措施5部分。该规划的颁布标志着我国主体功能区建设由大陆空间领域拓展到海洋空间领域，对于推动形成陆海统筹、高效协调、可持续发展的国家空间开发格局具有重要促进作用，对于实施海洋强国战略、提高海洋开发能力、转变海洋经济发展方式、保护海洋生态环境、维护国家海洋权益等具有重要战略意义。该规划提出，要针对内水和领海、专属经济区和大陆架及其他管辖海域等的不同特点，根据不同海域资源环境承载能力、现有开发强度和发展潜力，合理确定不同海域主体功能，科学谋划海洋开发，调整开发内容，规范开发秩序，提高开发能力和效率，着力推动海洋开发方式向循环利用型转变，实现可持续开发利用，构建陆海协调、人海和谐的海洋空间开发格局。该规划具体提出了到 2020 年落实海洋主体功能区的目标。一是海洋空间利用格局清晰合理。坚持点上开发、面上保护，形成“一带九区多点”海洋开发格局、“一带一链多点”海洋生态安全格局、以传统渔场和海水养殖区等为主体的海洋水产品保障格局、储近用远的海洋油气资源开发格局。二是海洋空间利用效率提高。沿海产业与城镇建设用海集约化程度、海域利用立体化和多元化程度、港口利用效率等明显提高，海洋水产品养殖单产水平稳步提升，单位岸线和单位海域面积产业增加值大幅增长。三是海洋可持续发展能力提升。海洋生态系统健康状况得到改善，海洋生态服务功能得到增强，大陆自然岸线保有率不低于 35%，海洋保护区占管辖海域面积比重增加到 5%，沿海岸线受损生态得到修复与整治。入海主要污染物总量得到有效控制，近岸海域水质总体保持稳定。海洋灾害预警预报和防灾减灾能力明显提升，应对气候变化能力进一步增强。

在完善制度顶层设计的同时，试点示范工作也在全国范围内广泛开展。2013 年，国家发展和改革委员会、环境保护部颁布《关于开展国家主体功能区建设试点示范工作的通知》（以下简称《通知》），对开展国家主体功能区建设试点示范工作进行部署，决定以国家重点生态功能区为主体，选择部分市县开展国家主体功能区建设试点示范工作。《通知》明确了试点示范的主要任务：一是保护优先，探索如何更好地增强生态产品供给能力；二是绿色发展，探索如何更好地发展壮大特色生态经济；三是成果共享，探索如何更好地在生态保护和发展中改善民生；四是优化格局，探索如何更好地完善空间结构和布局；五是完善制度，探索如何更好地建立国土空间开发保护制度。根据《通知》的要求，各地积极开展国家主体功能区建设，创新工作方法，构建科学合理的城市化格局、农业发展格局、生态安全格局，从而推动生态文明建设。在这一过程中，涌现出诸多先进地区。

北京市延庆县于 2015 年被批准为国家主体功能区建设试点示范县，作为首都生态涵养发展区，延庆县一直坚持生态立县，坚定不移地走生产发展、生活富裕、生态良好的生态文明发展之路，取得显著成绩。首先，准确定位，打造现代化生态农业体系，着力推进绿色发展、循环发展、低碳发展。延庆县大力调整农业产业结构,逐步实施城、镇、村、企等循环经济示范工程,使延庆农业体系逐步立体,形成都市型现代生态农业、新能源环保产业和生态旅游业三产融合的现代农业产业体系,促进了三次产业深度融合发展。其次,转型优化,发展生态友好型工业。延庆县依托土地价格低、劳动力成本低、环境质量高的"两低一高"优势,按照首都生态涵养发展区功能定位,着重引进和发展高端、高效、低能耗、无污染的生态友好型战略性新兴产业,杜绝高能耗、有污染企业入驻,以高新技术企业和传统产业的高新技术改造构筑延庆生态工业的产业结构,统筹生态保护和经济发展,走出了一条符合延庆特点的工业化道路,已基本形成以新能源和节能环保产业为主导,基础新材料、生物医药以及都市产业竞相发展的产业格局,聚集了一批优势企业及园区。再次,大地园林化,建设生态园林新城。高度重视绿化造林工作,把绿化美化与本地经济发展相结合、与改善整体环境质量相结合、与维护和服务首都大环境建设相结合,坚持宣传发动与行政推动并举、资金保证与责任到位并抓、全民义务植树与重点工程造林并行、生态建设与产业发展并上、造林与育林并重,实现"生态景观化、大地园林化"的目标。此外,大事引领,发展生态旅游产业。近年来,延庆县重视生态旅游工作,改革创新,建设示范县、完善服务,提升接待力、转型升级,实现品牌化、大事引领,建设大项目、产业融合,促进三产合一。最后,建章立制,完善生态文明制度体系。延庆县制定了诸多可操作性强的制度来落实生态文明的各项具体要求,规范、约束、引导人的各种环境行为,并齐抓共管,有效形成制度建设合力。

黑龙江省同江市在落实主体功能区战略中也作出新尝试。同江市属于国家重点生态功能区,同时也是国家发展和改革委员会、国土资源部、环境保护部及住房和城乡建设部联合选定的全国28个"多规合一"试点市县之一。近几年,作为技术支持单位,黑龙江省测绘科学研究所按照主体功能区战略要求,以同江市为示范区,应用地理国情普查和监测数据成果,将地形地势、交通干线影响、区位优势、人口聚集度、经济发展水平等同江市空间开发评价结果进行叠加分析和分级分析,得出发展适宜性评价结果,同时根据现状地表覆盖分类分析结果,在同江市政府组织下,进行了国土、住建、环保等多家不同空间管制分区衔接和协调,合理划分区域城镇、农业、生态三类空间，进而划定城镇发展最大边界、农业和生态保护最小边界、近期城市建设边界，明确各类空间及边界与政府行动之间的关系，推动同江市实现经济社会发展规划、城乡规划、土地利用规划、生态环境保护规划等“多规合一”，最终形成同江市全市一本规划、一张蓝图。三类空间的划分使市县领导能清楚了解自己的一亩三分地，在规划决策中，采用地理空间关联方法，切实做到发展与布局，开发与保护融为一体。围绕生态文明制度建设，近几年同江市会同黑龙江省测绘科学研究所开展了自然生态空间一张图生产试验，推进市县空间规划编制的精准落地。在试验工作中，采用空间数据处理技术，在自然生态空间一张图生产试验数据的基础上，将各类规划进行空间、时间等的一致性处理，形成坐标统一、空间位置合理的规划数据成果；结合空间开发负面清单和三类空间的划分结果，与环保部门合作开展示范区、重要生态功能区、生态敏感区、脆弱区及禁止开发区生态保护红线划定，构建示范区生态保护空间格局，形成示范区生态保护红线划定成果图件；通过部门之间的协调，解决各种规划之间存在的矛盾，无法通过部门协调解决的，通过地方政府决策干预，确定规划类型；通过与生态保护红线、各种空间规划布局的协调，修正三类空间以及空间区域的发展布局。这对主体功能区监测体系的建立具有极大的启示和借鉴意义。

二、主体功能区划战略的主体架构与内容

（一）主体功能区的内涵与特征

认识主体功能区首先要清楚其内涵本质，因此，主体功能区一经提出来其内涵就成为学者们研究的一个热点问题。高国力认为，主体功能区是不同于一般功能区，也不同于特殊功能区的，而是根据区域发展基础、资源环境承载能力以及在不同层次区域中的战略地位等，对区域发展理念、方向和

模式加以确定的类型区,突出区域发展的总体要求。① 孙姗姗与朱传耿认为,主体功能区是根据不同区域的资源环境承载能力和发展潜力,按区域分工和协调发展的原则划定的具有某种主体功能的规划区域,主要是解决人与自然的和谐发展问题,并可作为国家区域调控的地域单元。②

上述学者们的观点基本上都是来自于国家"十一五"规划纲要中对主体功能区的界定,从不同的角度解读了主体功能区内涵的一个或多个方面。有的解释侧重于主体功能区的特殊功能性,强调其在区域经济发展中所起到的战略地位,但是却忽略了主体功能区是一种地域空间单元的基本性质。有的从划分的依据来定义主体功能区,但却忽略了对主体功能区的功能和作用的概括。对主体功能区下定义必须从其基本内涵的分析入手,并以此为基础高度概括其在区域经济发展中的地位和所起的作用。结合我国学者对主体功能区的认识,本书认为,主体功能区的基本内涵表现在主体功能区是根据区域发展基础、资源环境能力以及不同层次区域中的战略地位等,对区域发展理念、方向和模式加以确定,突出区域发展的总体要求的一种功能定位。这种功能定位是超越一般功能和特殊功能基础之上的定位,但是又不排斥一般功能和特殊功能的存在和发挥。

根据空间管理的要求和能力,主体功能区可以从不同空间尺度进行划分,既可以有以市县为基本单元的主体功能区,也可以有以乡镇为基本单元的主体功能区。其类型、边界和范围在较长时期内应该保持稳定,但可以随着区域发展基础、资源环境承载能力以及在不同层次区域中的战略地位等因素发生变化而调整。主体功能区中的各类开发区中的"开发"主要是指大规模工业化和城镇化的人类活动。优化开发是指在加快经济社会发展的同时,更加注重经济增长的方式、质量和效益,实现又好又快的发展。重点开发并不是指所有方面都要重点开发,而是重点开发那些维护区域主体功能

---

① 高国力:《如何认识我国主体功能区划及其内涵特征》,《中国发展观察》2007 年第 3 期。

② 孙姗姗,朱传耿:《论主体功能区对我国区域发展理论的创新》,《现代经济探讨》2006 年第 9 期。

的开发活动。限制开发是指为了维护区域生态功能而进行的保护性开发，对开发的内容、方式和强度进行约束。禁止开发也不是指禁止所有的开发活动，而是指禁止那些与区域主体功能定位不符合的开发活动。

由此，我们定义主体功能区为根据资源环境承载能力、现有开发密度和发展潜力，以一定自然地理特征为基础划分出的功能地域，其目的在于赋予特定的地域单元特定的发展理念、方向和模式，实行不同的发展速度、目标、模式和政策，改变空间开发秩序混乱和空间开发结构不合理的状况，促进统筹区域发展和科学发展观的落实和实现，增强经济社会全面协调和可持续发展能力的功能分区。

主体功能区划不同于单一的行政区划、自然区划或者经济区划，是根据资源环境承载能力、现有开发密度和发展潜力，统筹考虑未来我国人口分布、经济布局、国土利用和城镇化格局，将国土空间划分为不同类型的空间单元。主体功能区通过主体功能区划得以形成和落实，主体功能区划依靠主体功能区来支撑和体现。

主体功能区是一个包含划分原则、标准、层级、单元、方案等多方面内容的理论和方法体系，主要具有以下几个方面的特征。

1. 基础性特征

主体功能区是一个重要的理论创新，国家"十一五"规划纲要把推进形成主体功能区作为区域协调发展的重要举措，期望通过主体功能区建设这一基础性战略来推进形成区域协调发展的新格局。

首先，主体功能区划是为政府决策服务的。主体功能区的主体功能定位决定了区域在国土空间开发的分工定位，也决定了政府从宏观层面为区域制定的国民经济和社会发展战略和规划必须服从于区域的主体功能定位，为主体功能的发挥提供服务。

其次，主体功能区以区域的资源环境承载能力为基础，综合考虑区域的经济、自然与社会文化属性，不仅注重社会经济活动，而且也关注区域的社会文化环境与自然生态环境。区域的主体功能定位一经确定后，区域生态功能区划和其他经济区划包括区域的产业结构、城镇建设和人口布局等专项性区划就必须以其主体功能区划为基础。

最后,主体功能定位规范了地方政府行为,促进实现科学行政、民主行政和依法行政,能提高区域政策的有效性和针对性,实现产业政策区域化和区域政策产业化。

因此,主体功能区划是区域综合经济区划、人口区划、产业区划、国土整治区划、生态功能区划等其他区划的基础与依据。

2. 综合性特征

主体功能区建设的目的之一就是要解决当前社会经济中各部门、各地区之间的矛盾,协调好经济发展方方面面的关系,这要求主体功能区必须综合考虑各方面的因素,决定了主体功能区的综合性特征。

内容的综合性。主体功能区建设具体涉及自然、社会、经济、人民生活领域,还涉及工业、农业、建筑、交通运输、商业贸易等部门,需要对影响规划布局的自然、技术、社会、经济等因素进行综合分析,对经济效益、生态效益和社会效益进行综合论证。

规划方法的综合性。主体功能区划区别于过去的一般经济区划就在于综合评价,总体论证与专项研究的互为补充,静态与动态、定性与定量分析相结合的分析方式,因此决定了其规划方案的决策是多方向、多目标、多方案比较筛选的结果。

主体功能区划队伍的多专业背景。我国过去承担规划的人员主要出身建筑、工程技术和地理专业背景,但是主体功能区划已经跳出了单一经济区划的范畴,综合了经济发展、科学发展观以及可持续发展等理论,这要求经济学、社会学、环境学、法学、管理学等专业出身的人员逐步加入规划队伍。

3. 战略性特征

主体功能区建设事关国土空间的长远发展布局,主体功能区划形成以后,便成为国民经济和社会发展总体规划、城市规划、土地利用规划、环境保护规划、水资源综合规划等空间开发和布局的基本依据。只有在一个长的时期内保持相对稳定的功能定位才能在国土空间长远发展过程中起到指导作用,因而主体功能区是一个一经确定就会长期发挥作用的战略性方案。

(二)主体功能区的类型与功能

1. 主体功能区的类型

在西方国家,对空间开发都是有严格限制的。一般地讲,各国对自然保护区都是禁止开发的,对生态脆弱的地区都有各种开发限制,对经济过密的地区则着重进行优化调整。如美国的标准区域划分、欧盟的标准地区以及荷兰的第五次空间规划。我国在借鉴国际经验的基础上结合实际情况提出了主体功能区的四类功能区划分类型。

(1)优化开发区

在国家发改委提出的“十一五”规划思路中,最早对这个类型定位的是优化整合区。所谓优化整合就是对空间在改良基础上进行调整融合,这包括两个层次上的含义,一是对区域内各空间要素的优化整合,二是对区域之间空间要素的优化整合。前者强调整体秩序的建立,而后者则着眼于精神内涵的契合或形式上的呼应。

在这一构想中,优化整合是针对珠三角、长三角等我国相对经济发达地区来说的。但是就目前这些地区的情况来看,还没有达到优化整合或优化调整的阶段,采用优化整合的概念不够准确。因为这些地区今后必将面临优化升级和开发或者再开发两大任务,因此在“十一五”规划纲要中,将优化整合改为优化开发区是合理而贴切的。

因而,优化开发区是国土开发密度已经较高、资源环境承载能力开始减弱的区域。要改变依靠大量占用土地、大量消耗能源和大量排放污染实现经济较快增长的模式,把提高增长质量和效益放在首位,提升参与全球分工与竞争的层次,继续成为带动全国经济社会发展的龙头和我国参与经济全球化的主体区域。

(2)重点开发区

重点开发区是指资源环境承载能力较强、经济和人口集聚条件较好的区域。要充实基础设施建设,改善投资创业环境,促进产业集群发展,壮大经济规模,加快工业化和城镇化,承接优化开发区域的产业转移,承接限制开发区域和禁止开发区域的人口转移,逐步成为支撑全国经济发展和人口集聚的重要载体。

(3)限制开发区

国家发改委的最初构想将这一类型区域的功能定位为生态脆弱区,即在认为或自然因素的影响下,生态条件已成为社会经济继续发展的限制因素或社会经济按目前的模式继续发展时将威胁到生态安全的区域。生态脆弱区是自然区域与行政区域的一个综合体现,只能说是我国众多区域情况中的一种特例,并不能代表一系列的区域,因此生态脆弱区不是普遍性的代表从而不能够成为主体功能区划中的一个功能类型分区。

在"十一五"规划纲要中对这一类型的区域重新定义,提出资源环境承载能力较弱、大规模集聚经济和人口条件不够好并关系全国或较大区域范围生态安全的区域,应因地制宜发展资源环境可承载的特色产业,逐步成为区域或全国性的重要生态功能区。具体又可分为三种不同情况:一是生态环境脆弱地区,如西北河西走廊、阿拉善等荒漠化地区,西南石漠化地区等;二是各类自然保护区的周边地区;三是其他限制开发的地区,如水源保护地、泄洪区等。将这一类型的区域定位为限制开发区,所涵盖的地域比之生态脆弱区更为广泛、更具有普遍的代表性,符合主体功能区划的功能区划分的要求。

(4)禁止开发区

同样在最初的构想中,国家发改委提出的第四类区域是自然保护区域。这样的提法也是比较狭隘的,因此在"十一五"规划纲要中改变了这一提法,将依法设立的各类自然文化保护区域定位为禁止开发区,包括有代表性的自然生态系统保护区,珍稀濒危野生动植物物种的天然集中分布区,有特殊价值的自然遗迹所在地和文化遗址。并且明文规定全国31处世界文化自然遗产、138个国家地质公园、187个国家重点风景名胜区、243个国家级自然保护区以及565个国家森林公园都是禁止开发区的范畴。

2. 主体功能区的功能及定位

划分主体功能区的目的就是要赋予各区域不同的功能定位，围绕区域的主体功能定位制定相应的环境和经济政策，形成各具特色、分工合理的全国经济新格局。有鉴于此，清楚明了各功能区的主体功能，是制订主体功能区划分的原则和标准的前提，也是制订相应区域发展政策的基础。主体功能区的功能就是在各功能区划定以后，人为地赋予其一定的不同于其他区域的特定功能，在社会经济中扮演独特的角色，履行特殊的职能。

目前对各主体功能区的功能定位研究普遍采用了“十一五”规划纲要第二十章对各功能分区发展方向的定位：优化开发区的功能在于提升参与全球分工与竞争的层次，继续成为带动全国经济社会发展的龙头和我国参与经济全球化的主体区域；重点开发区的功能承接优化开发区域的产业转移，承接限制开发区域和禁止开发区域的人口转移，成为支撑全国经济发展和人口集聚的重要载体；限制开发区的功能在于加强生态修复和环境保护，引导超载人口逐步有序转移，逐步成为全国或区域性的重要生态功能区；禁止开发区依据法律法规和相关的规划实行强制性保护，控制人为因素对自然生态的干扰，严禁不符合禁止开发区主体功能定位的开发活动。明确各功能分区的功能定位，在主体功能区划分确定后，根据其功能定位制定适合该区域的经济政策具有很大的意义。各主体功能区在定位上主要体现在以下方面。

（1）优化开发区

优化开发就是要求把提高增长质量和效益放在首位，保持经济持续增长，提升参与全球分工与竞争的层次，率先提高自主创新能力，率先实现经济结构优化升级和发展方式转变，率先完善社会主义市场经济体制。

这类区域重点是提高工业化和城市化的质量，提升经济发展层次和综合竞争力，优化和改善空间结构，创造良好的人居环境，防止经济过度集聚，避免出现“膨胀病”，促进区域可持续发展。因此这类区域必须做到加大科技投入，全面提高自主创新能力，努力提高产业的技术水平，以发展循环经济为导向，促进科技进步，化解资源环境瓶颈制约，提高经济外向化水平，提升参与全球竞争的层次，成为带动全国经济发展的龙头和我国参与经济全球化的主体，提高经济效益，增强区域的人口承载能力，带动全国产业结构优化升级，将技术成熟的产业、劳动力密集型和资源开发型产业有序地向重点开发区转移，以高新技术产业为主导，重点发展技术和知识含量高的制造业和现代服务业。因此，优化开发区的主体功能应该从以下几个方面来定位。

通过产业结构的优化升级促进综合竞争能力。优化开发区以自主创新促进工业结构的优化升级、促进先进制造业加快发展，以现代服务业加快发展促进三大产业比例的优化调整。优化开发区内的产业结构主要为高新技术产业和现代服务业，尤其是现代服务业在相当程度上把工业中研发、设计、服务等内容包涵在内，成为一个国家产业竞争力的重要组成部分，通过发展交通运输业、现代物流业、金融服务业、信息服务业和商务服务业等提升区域综合竞争能力。

培育和发展产业集群。产业集群的发展分为三个阶段进行企业地理集中:通过共用基础设施、共享劳动力市场等降低生产成本来获取竞争优势的初级阶段;同行业企业以产业关联为纽带，通过加强生产经济联系以获取竞争优势的中级阶段;因为区域创新体系完善，企业依靠创新优势获取竞争优势的高级阶段。优化开发区对区域产业集群的发展阶段给予准确判断，根据不同阶段的特点、不同的发展需求，制定相应的政策。从培育要素市场加快产业集聚，创新项目机制增强产业集聚，培养龙头企业带动产业集聚，创造区域品牌引导产业集聚，努力扩大开放扩展产业集聚等方面壮大产业集群的规模。优化集群发展的制度环境、产业链的构建延伸等方面提高产业集群的发展质量，同时推进工业集中区专业化发展，以增强产业集群竞争力，在推进循环经济发展过程中促进产业集群档次升级。

提升区域内资源环境的承载能力。通过产业转移、科技进步、发展循环经济，建设资源节约型和环境友好型社会等措施，减少资源环境总消费，同时加大对改善资源环境承载能力的投入，进一步提升资源环境承载能力。

(2)重点开发区

提出重点开发区域，既是落实区域发展总体战略，拓展发展空间，促进区域协调发展的需要，也是避免经济发展过于依赖少数区域，减轻其人口、资源、环境压力的需要。重点开发区域也不是全部国土都要开发，必须控制好开发强度，在集聚经济的同时，也必须集聚相应规模的人口，在推进工业化和城镇化的同时，要切实保护好耕地，降低资源消耗，减少对生态环境的损害。

重点开发区域要成为集聚经济和人口的重要区域，成为支撑全国经济发展的重要增长极。要在优化结构、提高效益、节约资源、保护环境的基础上加快经济发展，推进工业化和城镇化，承接优化开发区域的产业转移，承接限制开发和禁止开发区域的人口转移。同时要区分近期、中期和远期的开发时序，对目前尚不需要开发的区域，要作为预留发展区域予以必要的保护。

重点开发区的功能定位：区域集聚功能。重点开发区要成为吸纳优化开发区的成熟技术和限制开发区以及禁止开发区的人口转移的重要载体，经济活动在这一区域的空间集聚要有利于部门、行业及企业分工的进一步细化和专业化程度的提高，从而带来更高的劳动生产率和生产成本的大幅度降低。要做到促进城市规模的扩大，给城市社会经济各方面带来利益，从而形成城市经济规模效益、城市社会规模效益、城市环境规模效益等，要有利于形成高效益的基础设施和公共服务网络，形成巨大的经济效应。

区域辐射功能。产业和人口大量在重点开发区集聚促进了该区域基础设施建设的发展，进一步提升了区域的人口承载能力，工业化和城市化进程得以加快，城市规模扩大，成为区域社会经济发展的枢纽和空间集聚地，在区域经济的规模、性质、发展等方面起着核心和主导作用，通过区域辐射与区域资源共享、优势互补，实现与区域的一体化发展。

提高经济发展质量。重点开发区域要以构建、延伸循环产业链为基本导向，吸纳优化开发区转移出来的技术成熟产业、资源密集型产业，吸纳限制开发区、禁止开发区转移出来的人口和无法长期承载的产业，在短时间内形成了一个大的经济总量，同时提高了区域经济的发展质量。

(3)限制开发区

限制开发地区在生态系统中具有重要且不可替代的功能，因此，关系全国甚至更大区域范围的生态安全。特别是西部的很多生态脆弱地区大都位于我国大江、大河上游,该地区严重的水土流失、土质沙化和地质灾害等生态环境问题,不仅妨碍了当地的经济社会发展,也对中下游的我国中部和东部地区的经济社会发展构成严重威胁。

限制开发区域,既是从全局上遏制生态环境恶化趋势和解决耕地减少过多过快问题的迫切需要,也是从根本上提高这些区域人民生活水平的长远之计。限制开发区域应该主要是限制大规模、高强度的工业化和城镇化的开发活动,而不是限制其资源环境可承载的产业发展,更不是限制社会发展。同时,应该通过相应的财政补偿,使其公共服务和生活条件得到改善。通过提高人口受教育水平,人口自愿并有能力转移到其他区域,减轻人口压力和就业压力。

限制开发区域要成为保障国家农产品生产安全的重要基地,保障国家生态安全的重要区域。农业地区要以发展农业为首要任务,切实保护好耕地,着力提高农业综合生产能力。生态地区要以生态修复和环境保护为首要任务,增强水源涵养、水土保持、防风固沙、维护生物多样性等的能力。要在保护和发挥农业功能、生态功能的前提下,适度发展矿产资源开采、旅游、农林产品加工以及其他生态型产业。坚持点状开发,严格控制开发强度,在现有基础上集约建设城镇,重点增强城镇的公共服务功能,引导农村人口和生态地区超载人口逐步有序转移。严格保护自然植被,禁止过度放牧、无序采矿、毁林开荒、开垦草地和湿地等行为。

(4)禁止开发区

禁止开发区并不是要禁止人类活动、绝对的不能发展,其功能在于依据法律法规规定和相关规划实施强制性保护,保持区域的原真性、完整性,控制人为因素对自然生态的干扰,严禁不符合主体功能定位的开发活动,引导人口逐步有序的转移。

(三)推进主体功能区战略的总体思路及构想

明确思路是推进主体功能区战略的前提。正确的思路是落实主体功能区战略的认识论和方法论基础。推进主体功能区战略的总体思路概括为如下几个方面。

1. 坚持市场调节与政府调控相结合

既要充分发挥市场配置资源的基础性作用，又要强化政府引导和管控，促进国土空间开发格局的优化。要统筹国土空间开发、保护和整治，完善基础支撑体系，引导人口流动、城乡建设和产业布局，推进重点区域开发和国土均衡发展。加强资源开发利用调控，控制开发强度，调整空间结构，提升国土空间利用效率。

2. 坚持国土开发与资源环境承载能力相匹配

树立尊重自然、顺应自然、保护自然的生态文明理念，以不超过资源环境承载能力为前提，科学开发利用国土。要根据资源禀赋、生态条件和环境容量，明确国土空间开发的限制性和适宜性，确定国土开发、保护和整治的空间格局，引导人口和产业向资源环境承载能力较高的区域集聚，促进人口资源环境相协调。

3. 坚持以集聚开发促进均衡发展

兼顾效率与公平，在继续鼓励有条件地区率先发展的同时，通过公共资源统筹配置和要素平等交换，促进区域均衡发展和城乡协调发展。要加强区域合作和城乡统筹，带动周边地区共同发展，促进城乡一体化发展；加快边疆地区开发开放，加大扶持力度，促进欠发达地区加快发展；推进公益性基础设施和环境保护设施建设，优先配置公共教育、医疗卫生、就业服务、社会保障和养老服务等民生设施空间，促进基本公共服务均等化。

4. 坚持以点上开发促进面上保护

坚持在开发中保护、在保护中开发，促进经济社会生态效益相统一。要以集聚开发为重点，最大限度地发挥城市和工业集聚效益，充分提升有限开发空间的利用效率和承载能力；在国土开发与资源环境相匹配的前提下，优化产业和城市布局，保持并进一步提高国家竞争力；针对不同地区国土空间开发特点，明确保护主题，对开发集聚区和辐射影响区域实行分类分级保护，促进国土全域保护。

5. 坚持节约优先促进资源高效利用

坚持节约资源的基本国策，落实节约优先战略，全面实行总量控制、供需双向调节和差别化管理，大幅度提高资源利用效率。要加大资源节约、生态建设和环境保护力度，形成有利于节约资源和保护环境的空间格局、产业结构、生产方式、生活方式，从源头上扭转资源紧缺和生态环境恶化的趋势，增强国土可持续发展能力。

6. 坚持综合整治提升国土功能

遵循资源环境要素的内在联系和客观规律，着力解决国土空间功能退化和质量下降等问题。要大力推进国土综合整治，优化国土空间结构，提高空间利用效率，修复受损国土的生产、生活、生态功能，提升生态系统活力和人居环境质量，建设人与自然和谐共处、良性循环、持续繁荣的国土。

7. 坚持陆海统筹促进国土全域立体开发

树立大国土理念，推进陆地、海洋、领空、地下和海洋深部全域立体开发。要充分发挥海洋国工作为经济空间、战略通道、资源基地、安全屏障的重要作用，从发展定位、产业布局、资源开发、环境保护和防灾减灾等方面构建协同共治、良性互动的陆海开发格局；加强领空、地下和海洋深部空间开发，提升国土空间整体利用效率和效益，维护国家领空和海洋权益。

优化国土空间格局，落实主体功能区战略的构想是：以资源环境承载力为基础，立足区域发展基础和比较优势，统筹推进国土集聚开发、分类保护与综合整治，加快构建安全、和谐、开放、富有竞争力和可持续发展的美丽国土。具体从开发、保护、整治三个角度而言主要包括以下三方面。

1. 推进国土集聚开发

首先，构建“四横四纵”为主干、“三级中心”为支撑的工业化城市化格局。着力建设以陇海—兰新、京兰、沿江和沪昆为4条横轴，沿海、京哈—京广、京九和包昆为4条纵轴，以人口、产业和城市密集的中心集聚区为主要支撑，以开发轴带上其他城市化和工业化地区为重要组成的集聚开发格局。推进京津冀、长江三角洲、珠江三角洲优化开发，加速提升长江中游和成渝地区集聚发展水平，形成5个一级中心集聚区，成为国家经济重要发展极，引领参与国际合作与竞争；推进山东半岛、海峡西岸、辽中南、中原、皖江、关中—天水、哈长、北部湾重点开发，形成8个二级中心集聚区，提高区域经济竞争力；建设10个三级中心集聚区，培养新的区域经济发展极；加快培育边境中心，强化对外综合通道功能，构筑开放型经济新格局。

其次，构建七大农产品优势区，形成现代农业空间开发格局。大力建设粮食生产优势区，保障小麦、水稻、玉米、大豆、马铃薯等主要粮食作物稳产增产；稳步发展重点非粮作物优势区，提高棉花、油菜、甘蔗、天然橡胶及优势水果供应保障能力；逐步提升畜牧业优势区，保障肉牛、肉羊、生猪和牛奶有效供应；维护和建设以沿海养殖带、长江黄河流域养殖区、近海海水养殖区和传统渔场为主体的水产品优势区，形成安全、绿色、高品质的水产品供应体系。通过上述措施，逐步建成以东北及内蒙古地区、黄淮海平原、长江流域、西南地区、西北地区、华南及东南沿海和近海海域为主体的七大农产品优势区。

2. 强化国土分类保护

首先，构建“五类三级”国土保护总体格局。以资源环境承载状况为基础，综合不同地区生态功能和开发程度，区分环境质量、人居生态、自然生态、水资源和耕地资源五大资源环境主题，按照保护、维护、修复级别，将陆域国土分为16类保护地区，促进国土全域保护。

其次，依据资源环境主题实施国土分类保护。对人类开发活动强烈、环境问题较为突出的中心集聚区，实行以大气、水和土壤环境质量为主题的保护;对人口产业集聚趋势明显、人居生态环境问题逐步显现的其他中心集聚区,实行以人居生态为主题的保护;对重要生态功能区,实施以自然生态为主题的保护;对水资源供需矛盾较为突出的地区,实施以水资源为主题的保护;对优质耕地集中地区,实施以耕地资源为主题的保护。

再次,依据开发强度实施国土分级保护。围绕“四纵四横”开发格局,对一级中心集聚区中的三大都市圈实施修复,遏制人居生态环境恶化趋势;对其他中心集聚区实施维护,改善人居生态环境;对开发点轴以外地区实施保护,巩固提高生态、生产产品供给能力。

3. 实施国土综合整治

在中心集聚区、耕地集中分布区、重要生态功能区、矿产资源开发集中区、海岸(功能退化)带等“四区一带”开展国土综合整治,促进资源节约、环境保护、生态修复和空间优化,提升国土开发利用与资源环境承载能力匹配程度,提高国土开发效率和效益。京津冀、长江三角洲和珠江三角洲等23个中心集聚区,重点开展城市低效用地再开发和人居环境综合整治;52片耕地集中分布区,重点实施高标准基本农田建设工程;生态脆弱和退化严重的16片重要生态功能区,重点实施生态修复工程;76个矿产资源开发集中区,重点加强矿山环境治理恢复;渤海湾沿岸、苏北沿海、福建沿海、珠江口等海岸带,重点修复受损生态系统。

三、以绩效考核落实主体功能区战略

绩效考核评价政策体系是主体功能区政策体系中的重要组成部分。做好绩效考评政策制定,对促进各级领导干部树立正确的政绩观,落实主体功能区战略具有重要意义。然而,目前我国尚未建立符合主体功能区要求的绩效考核评价体系,相应的考核指标体系和考核办法尚未出台,绩效考核这一“指挥棒”的缺失,导致规划实施缺乏约束力。

在政府绩效评估工作中,我国逐步形成了各具地方特色的绩效评估“六种模式”，即：与目标责任制相结合的政府绩效评估模式；与经济社会发展指标相结合的政府绩效评估模式；以监督验收重点工作为主的政府绩效评估模式；以加强机关效能建设为目标的政府绩效评估模式；以公众评议为主要方式的政府绩效评估模式和政府绩效的第三方评价模式。目前，我国政府绩效评估实践基本都立足于解决本地的实际问题，针对性较强，多年来有效地引导各级政府积极开展经济建设，促进了地方经济社会快速发展。但随着经济快速增长，社会、环境问题日益突出，现行绩效考核体系存在的弊端日益凸显，主要表现在：绩效评价指标体系偏重经济总量和发展速度，对社会发展以及资源环境保护等相关指标所占比重不足；考核过程没有考虑不同类型县（区、市）资源环境禀赋和发展方向的差异；等等。

广西壮族自治区结合自身实际制定科学的考核评价体系，引导不同主体功能区的差异化发展，为我国落实主体功能区战略提供了重要启示。

（一）广西探索绩效考核评价体系的实践历程

改革开放以来，广西经济社会取得了巨大成就，地区生产总值由 1978 年的 76 亿元增长到 2012 年的 13031 亿元，增长了 26.6 倍，显示出发展的潜力和后劲。但同时，伴随着工业化城镇化的快速推进，广西的国土空间开发面临着越来越多的挑战。既要满足人口增加、生活改善、产业布局、基础设施建设、城镇规模扩大等对国土空间的巨大需求，又要为保障粮食和基本农产品供给安全守住耕地，还要为保护生态环境和人民身心健康保住并扩大绿色生态空间。推进形成主体功能区，就是要基本形成以重点开发区域为主体的工业化城镇化布局，以限制开发区域为主体的生态建设和农业生产布局，以禁止开发区域为主体的各类保护区布局，呈现国土空间格局更加清晰、生产空间更加集约高效、生活空间更加舒适宜居、生态空间更加山青水碧、人口经济资源环境更加协调的崭新面貌，促进人口、经济和资源环境协调发展。

2012 年 12 月，广西壮族自治区人民政府印发了《广西壮族自治区主体功能区规划》（以下简称《规划》）。《规划》以县域为基本单元，将广西国土空间划分为重点开发区域、农产品主产区、重点生态功能区和禁止开发区域4类,提出了“8项政策+1项考核评价体系”的区域政策体系。广西立足本区实际,发挥空间调控职能,适应主体功能区划要求,努力实现环境保护和经济社会发展“双赢”,率先探索建立主体功能区绩效考核评价体系,对不同主体功能区实行差异化绩效考核,引导不同主体功能区的差异化发展,有效克服了现行绩效考核体系的弊端。

在绩效考评体制机制改革方面,广西结合国家相关要求和地区实践进行了如下一些探索和尝试:修订了原有的“广西科学发展十佳县”考核评价指标体系,改变了以往“一刀切”的考核方法,将74个县(市)分为重点开发区域、农产品主产区、重点生态功能区3类进行评比,按照发展目标和功能定位设置了对应的指标和权重;柳州市将所辖的县(区)分为3个系列,设置了差异性的考评指标;百色市将12个县(区)分为“经济发展和生态保护并重”“生态保护和经济发展并重”两个类型开展差异化绩效考评。

(二)广西主体功能区绩效考核评价体系的建构原则及指标设计

广西充分发挥绩效评价体系“方向标”和“指挥棒”的引导作用,推进广西形成主体功能区,实现不同主体功能区差异化发展。广西主体功能区绩效考核评价体系的建构原则及指标设计对我国主体功能区绩效考核评价体系的建立具有重要的借鉴意义。广西主体功能区绩效考核评价体系的建构原则主要可概括为四个方面。

一是实施差异考核模式,强调目标导向与分类指导。基于主体功能区类型,确立差异化的考核原则,实施差异考核模式,着力解决区域发展不平衡问题、城乡发展不协调问题和发展内生动力不足问题,适当调整完善广西已有的目标考核体系。在指标设定上取消“一刀切”的方式,在指标权重上体现差异,既松绑、又加压,以差异化的考核破解发展的不平衡,引导各县(区、市)在区域发展格局中科学定位,发挥比较优势,走特色化、差异化发展道路,进一步激发竞争发展的活力,构建全区竞相跨越新格局。

二是优化考评指标体系,体现地域特色与发展阶段。充分结合主体功能区规划,优化考核指标体系,实行差异化考核。首先,在指标设定上体现差异。科学设定不同类型主体功能区评价项目和评价内容,既体现考评的指标重点,又立足实际探索具有地方特色、体现广西发展阶段的考评内容。广西在全国范围内属于经济后发地区,以资源型产业为主,贫困问题、多民族聚居等地方特色明显,现阶段迫切需要科学发展、加速发展。其次,在指标权重上体现差异。对同一指标,根据不同的发展目标和功能定位设置指标权重。如对重点开发区域应增加经济发展、社会事业、人民生活等指标权重;对农产品主产区应增加农民人均收入增长指标权重;对重点生态功能区应增加资源指标权重。

三是强化考核可操作性,兼顾指标可得性和前瞻性。坚持考核务实可行,一方面,注重指标数据采集的可行性、运用的可比性、来源的客观性,充分利用现有正式统计数据,避免过多引入定性指标,使各项指标便于量化,易于测算。同时能够在规定的时间内取得各县(区、市)的完整数据,相关部门能对引用数据进行有效的审核把关;另一方面,考虑考核体系的前瞻性,对目前暂未纳入统计口径或监测内容但意义重大的指标,应纳入指标体系,将来可通过完善统计监测体系获取考核数据。

四是衔接现有考核体系,重视结果应用与公众参与。努力实现与广西党政干部实绩考核、政府绩效考核、相关专项考核等现有考核评价体系衔接和融合。加强主体功能区发展绩效考核评价结果的应用,将其作为现行政府绩效评估和干部政绩考核的重要组成,以评促建,促进不同主体功能区差异化、可持续发展。充分体现公众参与,定期公开考核评价内容、程序和结果,听取群众意见,也可适时引入第三方独立机构参与绩效考核,保障群众的知情权、参与权、表达权、监督权。

在以上原则的指导下,广西改革原有的指标评价体系,从指标框架、指标设置和权重确定三个角度,对指标评价体系做出革新,形成助力发展又兼具特色的指标体系。

1. 指标框架

《中共中央关于全面深化改革若干重大问题的决定》提出,“完善发展成果考核评价体系，纠正单纯以经济增长速度评定政绩的偏向，加大资源消耗、环境损害、生态效益、产能过剩、科技创新、安全生产、新增债务等指标的权重，更加重视劳动就业、居民收入、社会保障、人民健康状况”。《规划》要求，“建立符合科学发展观并有利于推进形成主体功能区的绩效评价体系。强化各市县提供公共服务、加强科学管理、增强可持续发展能力等方面的评价，增加开发强度、耕地保有量、环境质量、社会保障覆盖面等评价指标”。因此，对于重点开发区域、农产品主产区和重点生态功能区，均可从四个方面即“经济发展”、“社会事业”、“人民生活”和“资源环境”进行考核评价。

(1)经济发展指标

根据十八届三中全会“以经济建设为中心，发挥经济体制改革牵引作用，推动生产关系同生产力、上层建筑同经济基础相适应，推动经济社会持续健康发展”的要求设置指标，评价地区经济结构、经济质量等经济发展综合水平。

(2)社会事业指标

根据十八届三中全会“实现发展成果更多更公平惠及全体人民，必须加快社会事业改革，解决好人民最关心最直接最现实的利益问题，……创新社会治理，必须着眼于维护最广大人民根本利益，最大限度增加和谐因素，增强社会发展活力，提高社会治理水平，全面推进平安中国建设，维护国家安全，确保人民安居乐业、社会安定有序”的要求设置指标，从以人为本的视角，评估民主法治、公共安全、科教文卫等社会事业发展水平。

(3)人民生活指标

根据十八届三中全会“实现发展成果更多更公平惠及全体人民，必须加快社会事业改革，解决好人民最关心最直接最现实的利益问题，努力为社会提供多样化服务”的要求设置指标，从人民群众最关心最直接最现实的利益问题出发，评估就业、收入、社会保障等体现人民生活综合水平的指标。

(4)资源与生态指标

“紧紧围绕建设美丽中国深化生态文明体制改革，加快建立生态文明制度，健全国土空间开发、资源节约利用、生态环境保护的体制机制，推动形成人与自然和谐发展现代化建设新格局”的要求设置指标，科学地评价自然资源利用、生态建设、环境保护的综合水平。

2. 指标设置

重点开发区域、农产品主产区和重点生态功能区的发展目标和功能定位不同,应分类设置绩效评价指标。依托基本框架,按照《规划》确定的重点开发区域、农产品主产区和重点生态功能区的功能定位和特点,分别建立三类主体功能区发展绩效考核评价指标。

每类主体功能区的评价指标体系均由共性指标和特性指标构成。共性指标是三类主体功能区均要考核的内容,强化各县(区、市)提供公共服务、加强科学管理、增强可持续发展能力等方面的评价内容。同时,根据三类主体功能区功能定位差异,兼顾广西地域特色和发展阶段,分别设计能体现不同类型主体功能区资源禀赋、经济发展和社会发展水平差异,以及各主体功能区可持续发展导向的特性指标。

(1)重点开发区域

实行工业化城镇化水平优先的绩效评价,综合评价经济增长、吸纳人口、质量效益、产业结构、资源消耗、环境保护以及外来人口公共服务覆盖面等。通过评价考核,引导地区充分挖掘工业化、城镇化开发潜力,夯实基础设施,改善投资创业环境,促进产业集群发展。指标体系由32项指标构成。

(2)农产品主产区

限制开发的农产品主产区实行农业发展优先的绩效评价,强化对农产品保障能力的评价,弱化对工业化城镇化等相关经济指标的评价,主要考核农业综合生产能力、农民收入、新农村建设、公共服务等指标。通过评价考核,促进农业发展优先,因地制宜地发展资源环境可承载的特色产业,逐步成为提供农产品的重要产区,以达到保护生态环境的目的。指标体系由30项指标组成。

(3)重点生态功能区

实行生态保护优先的绩效评价,强化对提供生态产品能力的评价,弱化对工业化城镇化等相关经济指标的评价,主要考核大气和水体质量、水土流失和石漠化治理率、森林覆盖率、生物多样性、公共服务等指标,不考核地区生产总值、工业等指标。通过评价考核,促进生态保护优先,因地制宜地发展资源环境可承载的特色产业,逐步成为提供生态产品的主要地区,以达到保护生态环境的目的。指标体系由27项指标组成。

3. 权重确定

广西采取"德尔菲法+层次分析法"确定指标权重,邀请了16位不同行业的专家分别对三类主体功能区指标相对重要性进行打分,运用层次分析法确定了各项指标的权重分值。权重分值基本体现了不同类型主体功能区的发展方向和功能定位,重点开发区域经济发展指标权重大于农产品主产区和重点生态功能区,而在资源环境指标权重方面,则按重点开发区域、农产品主产区、重点生态功能区的顺序递增。

(三)广西主体功能区绩效考核评价体系的意义及重要启示

广西实施差异化绩效考核具有显著意义,归结起来主要有四个方面。

一是符合科学发展观的需要。主体功能区绩效评估是科学发展观在政府管理领域的实践,健全和完善政府绩效评估指标体系是落实科学发展观的关键。将科学发展观的原则要求变成可以量化的目标体系,形成正确的决策导向和工作导向,将为树立和落实科学发展观和正确的政绩观提供有力的支撑。通过绩效评价指标设计,引导政府在经济建设和社会发展中讲成本、重效益、求质量,尽可能以最少的投入获得最大的产出,从而提高政府绩效。

二是有利于推动政府管理机制的改革。实施主体功能区绩效评估体现了新的政绩观,必然推动现有政府管理机制的革新。现行的绩效考核体系对地区GDP增长速度、投资规模和税收情况等方面进行评价,易忽视本地经济资源特点及资源环境承载力等。按照主体功能区定位实施绩效评估,更符合科学发展观与正确的政绩观的要求。

三是增强区域调控的有效性。由于各行政区域的自然资源禀赋和发展条件不尽相同,其承担的主体功能也有所不同。长期以来,对区域绩效评估基本上是按各级行政区划进行。这种评估模式便于行政区域政策操作，有利于调动行政区的积极性，但容易导致不同发展条件的地区之间盲目攀比，对各行政区域发展绩效的评估有失客观。按照主体功能区规划，制定更有针对性的、差别化的绩效评估指标，才能使绩效评估指标更加科学，才能科学引导区域协调发展，增强区域调控的有效性。

四是有利于引导人口和经济合理分布。我国不同区域自然条件差异较大，集聚人口和经济的能力也不同，对不同主体功能区政府绩效评估的内容和侧重点也应不同。因此，应通过主体功能区规划，主动引导人口、经济分布与资源环境承载力相适应，实现人与自然和谐发展。在主体功能区划的基础上，根据各区域的主体功能定位和发展方向确定不同的绩效评估指标体系，将有利于优化资源空间配置，进一步促进人口与经济合理分布。

广西主体功能区发展绩效考核评价体系，针对三类主体功能区提出了差异化的绩效考核评价指标和权重体系，对广西立足本区实际、引导全区落实主体功能区划要求和优化发展、发挥空间调控职能、落实差异化考核和差别化管理、努力实现环境保护和经济社会发展"双赢"具有重大意义，对全国构建符合科学发展观并有利于推进形成主体功能区的绩效评价体系具有较高的参考价值。为促进我国其他省份和地区尽快建立符合科学发展观并有利于推进形成主体功能区的绩效评价体系，需总结广西丰富的创新经验，具体而言有以下五点。

(1)整合现有考核评价体系

地方政府应借鉴有关经验，将建立健全符合科学发展观并有利于推进形成主体功能区的绩效评价体系这一任务纳入体制机制改革重点工作范畴，统筹推进本地区各类考核评价体系整合，充分运用现有考核评价资源能力，改变目前考核评价体系复杂繁多、重复测评等现状，将差异化考核和差别化管理的理念贯彻入相关考核评价体系之中。

(2)完善指标监测分析体系

结合主体功能区绩效考核评价体系的推行情况和本地区统计监测体系建设现状，不断完善评价指标监测分析体系的建设，可考虑由统计部门牵头组织协调有关部门、单位和县(市、区)政府完善考核评价指标统计报表制度,并将考核评价指标的统计调查任务纳入日常统计工作中,保障评价数据可得性。

(3)推进考评信息系统建设

差异化绩效考核要求对信息的把握更全面、更准确。为此,相关地区可结合绩效考核推进情况,建立一套完善的信息系统。逐步整合本地区现有的相关管理信息资源,实现信息共享,有效利用。创新体制、机制,依托各级政府、部门之间的相关工作制度、协调联系制度、重大项目推进制度、日常台账制度等平台,适时汇集多种信息,为差异化绩效考核评价提供参考。

(4)健全结果应用机制

强化"以评促建,以用保评"的原则。要建立尊重考核评价成果的工作制度,防止考核评价和运用脱节。通过实施主体功能区发展绩效考核评价,为不同类型的县(区、市)经济社会发展和生态环境保护提供指导,促进其实现差异化发展、特色化发展、优势化发展。同时,把"考事"和"考人"相结合,把考核结果与对领导班子和领导干部综合考核评价以及公务员考核结合起来,为干部政绩考核提供事前诊断和指导,以使考核和每个公务员的利益结合起来,调动起争先进位的工作积极性和创造性。进而,通过考核结果的充分应用又可以加强地方政府和相关职能部门对主体功能区发展绩效考核评价工作的重视,形成良性循环。

(5)完善考核方式和机制

把年终考核与平时考核结合起来,把定量考核与定性考核结合起来,把政府考核与各界参与结合起来,建立多元化的考核评估方式,适时引入第三方评估方式。重视考核的过程和结果的公开,接受媒体及群众的监督。建立适当的考核申诉及监察机制,从而尽量消除考核过程的人为影响,保证考核过程的公开、透明、公正。

第五章　低碳与循环

——推进低碳发展与循环发展

党的十八大报告提出"着力推进绿色发展、循环发展、低碳发展,形成节约资源和保护环境的空间格局、产业结构、生产方式、生活方式,从源头上扭转生态环境恶化趋势,为人民创造良好生产生活环境,为全球生态安全作出贡献"。2015 年,中共中央、国务院《关于加快推进生态文明建设的意见》(以下简称《意见》)明确提出"协同推进新型工业化、信息化、城镇化、农业现代化和绿色化"。《意见》可谓一次崭新的顶层设计,其中提出的"绿色化"理念,使生态文明建设不仅有了理论上的抓手,也有了实践的方向和路径。

绿色化是我们党在新时期下对生态文明理论的一次创新与突破,它囊括了生产方式、生活方式、社会主义核心价值观等生态文明建设的各个方面,使生态文明建设有了具体的落实方案和路径。绿色化首先是一种生产方式。通过构建科技含量高、资源消耗低、环境污染少的产业结构和生产方式,大幅提高经济绿色化程度,加快发展绿色产业,推动生产方式的绿色化,形成经济社会发展新的增长点。其次,绿色化是一种生活方式。通过生活方式的绿色化,实现生活方式和消费模式向勤俭节约、绿色低碳、文明健康的方向转变,力戒奢侈浪费和不合理消费。第三,绿色化是一种价值观。绿色化就是要树立"绿水青山就是金山银山"的新观念,坚持"生态优势就是经济优势"的新理念,就是要像保护眼睛一样保护生态环境,像对待生命一样对待生态环境。第四,绿色化是发展的整体优化,是指发展方式向着资源节约和环境友好的方向进行优化和转变,最终实现改善环境质量、增进人民福祉的目标。

低碳发展与循环发展是绿色化的落实方案与实施途径,也是实现绿色化的必然要求。低碳发展的核心是低能耗、低排放、低污染,其目的在于减少经济发展对气候变化的负影响。循环发展通过减量化、再利用、资源化建立循环生产体系,以期实现经济发展、资源能源节约、环境友好的共赢。循环发展与低碳发展都是为了协调人与自然的关系,促进社会经济与生态环境的良性互动,实现可持续发展。因此,建设社会主义生态文明,重点就要落实到低碳发展与循环发展,转变生产方式,调整产业结构,实现生产方式绿色化。

一、低碳发展理论与实践

低碳发展的概念的来源于低碳经济,发轫于应对全球气候变化问题。以全球变暖为主要标志的气候变化严重威胁着人类的生存与发展,为了扭转全球变暖的趋势,低碳发展作为一种应对气候变化问题的主要方式被各国政府、学术界、环保组织等各方面关注。关于低碳发展的理论创新不断涌现,以低碳发展为主要方式的实践探索也在各个国家不断展开。

(一)低碳发展提出的背景及其内涵

低碳发展是在温室效应及由此产生的全球气候变暖问题日趋严重的背景下提出的。低碳经济的先声,可追溯到1992年150多个国家制定的《联合国气候变化框架公约》及1997年制定的补充条款——《联合国气候变化框架公约的京都议定书》(又简称《京都议定书》)。《联合国气候变化框架公约》是世界上第一个力图全面控制二氧化碳等温室气体排放,应对全球气候变暖给人类经济和社会带来不利影响的国际公约。"低碳经济"最早见诸2003年的英国能源白皮书《我们能源的未来:创建低碳经济》。2007年7月美国参议院提出了《低碳经济法案》。2007年12月联合国气候变化大会制订了世人关注的应对气候变化的“巴厘岛路线图”，该“路线图”为2009年前应对气候变化谈判的关键议题确立了明确议程，要求发达国家在2020年前将温室气体减排25%至40%，为全球进一步迈向低碳经济起到了积极的作用，具有里程碑意义。

所谓“低碳”，英文为low carbon，意指较低(更低)的温室气体(二氧化碳为主)排放。“低碳经济”英文为Low-Carbon Economy(LCE)或者Low-Fossil-Fuel Economy(LFFE)。低碳经济是指在可持续发展理念指导下，通过技术创新、制度创新、产业转型、新能源开发等多种手段，尽可能地减少煤炭、石油等高碳能源消耗，减少温室气体排放，达到经济社会发展与生态环境保护双赢的一种经济发展形态，是一种新的经济、技术和社会体系。低碳经济有三个基本特点。一是低碳经济相对于高碳经济。发展低碳经济的关键在于降低单位能源消费量的碳排放量(即碳强度)，控制二氧化碳排放量的增长速度。二是低碳经济相对于化石能源为主的经济发展模式。发展低碳经济的关键在于通过能源替代、促进经济增长与由化石能源消费引发的碳排放“脱钩”。三是低碳经济相对于人为碳通量。发展低碳经济的关键在于改变人们的高碳消费倾向和碳偏好，减少碳足迹，实现低碳生存。低碳经济本质上是一场涉及生产模式、生活方式、价值观念和国家权益的全球性能源经济革命。

低碳发展，是以低能耗、低污染、低排放为基础的发展模式，是基于“全球气候变暖”和“温室气体排放”的大背景下，通过降低和控制温室气体排放，避免气候发生灾难性变化，实现人类可持续发展的发展模式。低碳发展的途径是通过人类生产、交换、分配、消费在内的社会再生产全过程，使经济活动低碳化和能源消费生态化；其实质是能源高效利用、清洁能源开发、追求绿色GDP的问题，核心是能源技术和减排技术创新、产业结构和制度创新以及人类生存发展观念的根本性转变。

(二)低碳发展的理论基础及实践

1. 低碳发展的理论研究

低碳发展在进入20世纪末开始被各国重视，其理论研究也不断取得突破，涌现出诸多的成果。对低碳发展的研究，主要集中在三个方面：发展低碳经济的必要性论证与实现方式初探、经济增长与温室气体排放的脱钩研究、温室气体排放与经济增长关系的实证研究。

(1)低碳经济基本理论

1999年，美国著名学者莱斯特·R. 布朗在《生态经济革命——拯救地球和经济的五大步骤》中指出，面对“地球温室化”的威胁，应当尽快从以化石燃料为核心的经济，转变成为以太阳、氢能源为核心的经济；2001年在《生态经济——有利于地球的经济构想》中，他论证了从化石燃料或以碳为基础的经济，向高效的、以氢为基础的经济转变的必要性和紧迫性，重新建构了经济发展零污染排放、无碳能源经济体系；2003年在《B模式——拯救地球延续文明》中，他又明确提出地球气温的加快上升，要求将“碳排放减少一半”，加速向可再生能源和氢能经济的转变。这些思想奠定了低碳经济的基本理论。

(2)环境库兹涅茨曲线(EKC)

环境库兹涅茨曲线(EKC)是1995年由美国普林斯顿大学的经济学家G. 格鲁斯曼和A. 克鲁格提出的。它的含义是：“沿着一个国家的发展轨迹尤其是在工业化的起飞阶段，不可避免地会出现一定程度的环境恶化，在人均收入达到一定水平后，经济发展会有利于环境质量的改善。”通过对人均收入与环境污染指标之间的演变模拟，说明经济发展对环境污染程度的影响。格鲁斯曼和克鲁格认为经济发展和环境压力有如下关系：经济发展对环境污染水平有着很强的影响，在经济发展过程中生态环境会随着经济的增长、人均收入的增加而不可避免地持续恶化，但当人均GDP达到一定水平的时候，环境污染反而会随着人均GDP的进一步提高而下降。人均收入和环境保护的关系是一个倒U型的曲线，这个理论可以说是低碳经济思想来源的基石。

(3)脱钩发展理论

“脱钩发展理论”被运用到经济领域主要是用来分析经济发展与资源消耗之间的相应关系。对经济增长与物质资源消耗之间关系的大量研究表明，一国或一地区工业发展初期，物质资源消耗总量随经济总量的增长而同比增长、甚至更高,在某个特定阶段后会出现经济增长时物质资源消耗并不同步增长而是开始呈下降趋势,出现“倒 U”型,这就是脱钩发展理论。脱钩发展理论为“资源节约型、环境友好型社会”的存在提供了理论基础,证实了低碳经济的可能性。

(4)斯特恩报告

2006 年 10 月 30 日,英国发布了由英国首相与财政大臣委托前世界银行首席经济学家尼古拉斯·斯特恩牵头完成的《气候变化的经济学》(以下简称《斯特恩报告》),对全球变暖可能造成的经济影响作出了具有里程碑意义的评估。《斯特恩报告》以气候科学为基础,用“成本—效益分析”方法对欧盟提出的全球 2℃升温上限加以论证(进行学术和方法论阐释),呼吁各国迅速采取切实可行的行动,尽早向低碳经济转型。报告认为,实现温室气体浓度稳定是一个棘手和复杂的过程,“很难达到温室气体减排速度高于每年 1% 的目标,除非发生经济萧条的情况。即使有些国家采取了显著的减排措施,温室气体的排放也会高于同期的水平”。在全球范围内,“如果没有政策的干预,收入增长和人均排量的长期正比关系将持续下去。打破这种联系需要人们在选择上发生巨大转变,对碳密集型商品和服务定价,或者在科技发展上有重大突破”。只有采取“适当的政策”,才可以改变这种联系。否则,仅靠生产效率并不能消除收入增长所带来的影响。在全球范围内,几乎看不到人们在变富后渴望减排而导致的大量主动减排量。《斯特恩报告》的核心观点主要有三个:一是如果各国政府在未来十年内不采取有效行动遏制温室效应,那么气候变化的总代价和风险相当于每年至少失去全球 GDP 的 5%—20%,相比之下,采取行动的代价可以控制在每年全球 GDP 的 1% 左右;二是在 2050 年以前,要使大气中的温室气体浓度控制在 550PPm 以下,全球温室气体排放必须在今后 10—20 年达到峰值,然后以每年 1%—3% 的速率下降;三是到 2050 年,全球排放必须比现在的水平低大约 25%,即发达国家在 2050 年前把绝对排放量减少 60%—80%,发展中国家在 2050 年的排放与 1990 年相比,增长幅度不应超过 25%。

《斯坦恩报告》从长期发展战略的大视野展望环境与经济的关系,认为积极应对气候变化将有利于促进经济发展,要保全人类赖以生存的地球环境，就必须向低碳经济转型；首次阐述了低碳经济的主要特征，提出了欧盟实现低碳经济战略转型，推动低碳技术创新的政策措施等。因此，一般认为《斯坦恩报告》奠定了欧盟发展低碳经济的战略高度，采取应对气候变化行动的政策基础。

2. 世界各国低碳发展的实践

随着对低碳经济认识的不断丰富与发展，欧美等发达国家的低碳发展的实践探索也取得了许多经验。虽然欧盟、美国、日本等各国的发展情况有所不同，但是纵观其实践也有诸多类似之处，这些国家的低碳发展取得了明显成效。

(1)立法保障低碳发展

为保障和促进低碳发展，很多国家制定了相关法律法规，如英国的《气候变化法案》、美国的《能源政策法》、德国的《可再生能源法》等。

英国的《气候变化法案》(CCA)于2008年正式通过生效，该法案承诺，英国将在2050年将温室气体排放量在1990年基础上减少80%，并确定了今后五年的"碳预算"。这是全球第一个确定温室气体减排目标的法案，使英国成为世界上第一个针对减少温室气体排放、适应气候变化问题，拥有法律约束力的国家。

2005年8月，时任美国总统布什总统签署了《2005国家能源政策法》。其中规定从2005年起，美国开始实施光伏投资税收减免政策：居民或企业法人在住宅和商用建筑屋顶安装光伏系统发电所获收益享受投资税收减免，额度相当于系统安装成本的30%。2007年美国国会又通过《美国能源独立及安全法》，规定到2025年时清洁能源技术和能源效率技术的投资规模将达到1900亿美元，其中900亿美元投入到能源效率和可再生能源领域，600亿美元用于碳捕捉和封存技术，200亿美元用于电动汽车和其他先进技术的机动车，再划拨200亿美元用于基础性的科学研发。奥巴马政府上台后迅速促成了《2009年恢复与再投资法》的通过，规定将划拨约500亿美元用来开发绿色能源和提高能效，其中140亿美元用于可再生能源项目，45亿美元用于改造智能电网，64亿美元用于清洁能源项目，63亿美元用于对提高州一级能效的拨款,50亿美元用于改造家庭住房的越冬防寒性能,45亿美元用于帮助提高联邦政府的建筑能效,1890万美元用于打造“绿色交通”。2009年6月,美国完成了《美国清洁能源与安全法案》,提出了以发展新能源为核心,减少石油消费,增加可再生能源,减少二氧化碳排放,进一步推动节能和提高能效的能源战略框架。该法案规定的减排目标是到2020年,二氧化碳排放量比2005年减少17%,至2050年减少83%。

德国政府通过《可再生能源法》保证可再生能源的地位,对可再生能源发电进行补贴,平衡了可再生能源生产成本高的劣势,使可再生能源得到了快速发展。

(2)激励性财政税收政策

经济激励政策是各国普遍采用的政策,包括税收、补贴、价格和贷款政策等等,低碳经济在一些发达国家所取得的成效离不开政府的这些激励措施。包括各种与能源环境相关的税收、补贴和资助等。芬兰在1990年最早开始征收碳税,此后,瑞典、挪威、荷兰和丹麦也相继开征;法国从1999年开始征收生态税;英国2001年引入以煤炭、天然气和电能的使用量为税基的“气候变化税”;2007年1月起,日本也对石油、煤炭、天然气等化石能源中的碳含量征收环境税。这些税收手段不仅能通过价格杠杆引导低能耗、低排放的生产和生产方式,还起到了增加政府收入,从而为其他节能减排活动筹措资金的作用。

(3)碳排放权交易计划

碳交易市场近年来得到迅速发展,碳交易即政府制定一个行业、部门、地区或国家可能会排放的温室气体的总量上限,然后给予或出售给企业有限额规定的许可证且这个排放许可可以在排放者之间相互交易,如果企业排放的量超出许可证的上限,就必须在公开市场上购买排放配额。在排放限额的基础上进行的直接管制与经济激励相结合的减排手段,一般也称为“限额—交易”(cap-and-trade)制度。限额规定了各企业的最大允许排放量,在没有排放权交易时,企业必须独立承担设备改造、超额罚款等成本,交易通过允许排放超过限额的企业向排放低于限额的企业购买排放额度,可以降低全社会的减排成本。

目前,欧盟、美国、日本等都建立或试行了碳排放交易市场。2005年建立的欧洲联盟排放量交易体系(EUETS)就是强制性的碳交易计划。世界上第一个碳排放交易中心位于澳大利亚新南威尔士州,现在已经成为世界上最大的碳排放交易中心。澳大利亚政府在2010年开始碳排放交易,要求1000家企业购买碳排放许可,并对二氧化碳排放许可制定市场价格,以鼓励企业减少环境污染。日本东京制订了东京都碳捕捉和交易计划,对东京都内的能源消耗大户制定减排指标,若完成不了,就必须购买碳信用来填补不足,这是全世界第一个涵盖城市商业领域二氧化碳排放源的强制性减排计划。

(4)改造传统高碳产业,加强低碳技术创新

纵观各发达国家的低碳实践,它们大多把重点放在改造传统高碳产业,加强低碳技术创新上,但又各具有侧重点。在低碳技术的研发中,欧盟的目标是追求国际领先地位,开发出廉价、清洁、高效和低排放的世界级能源技术。英、德两国将发展低碳发电站技术作为减少二氧化碳排放的关键,为此,英、德国政府调整产业结构,建设示范低碳发电站,加大资助发展清洁煤技术、收集并存储碳分子技术等研究项目。法国着力发展可再生能源,2008年11月,法国环境部公布了一揽子旨在发展可再生能源的计划,该计划包括50项措施,涵盖生物能源、风能、地热能、太阳能以及水力发电等多个领域。美国政府着力发展新能源技术,奥巴马在新一轮财政支出中划出400多亿美元用于新能源的开发,以获得新能源技术研究的重大突破。

(三)我国低碳发展的实践探索

2006年科技部、国家气象局、国家发改委、国家环保总局等六部委联合发布了我国第一部《气候变化国家评估报告》;2007年6月我国正式发布了《中国应对气候变化国家方案》。2008年6月,胡锦涛同志在中央政治局集体学习上强调,必须以对中华民族和全人类长远发展高度负责的精神,充分认识应对气候变化的重要性和紧迫性,坚定不移地走可持续发展道路,采取更加有力的政策措施,全面加强应对气候变化能力建设。2009年9月,胡锦涛同志在联合国气候变化峰会上承诺,中国将进一步把应对气候变化纳入经济社会发展规划,并继续采取强有力的措施,强调要大力发展绿色经济,积极发展低碳经济和循环经济,研发和推广气候友好技术。2009年,清华大

学在国内率先正式成立低碳经济研究院，重点围绕低碳经济、政策及战略开展系统和深入的研究，为中国及全球经济和社会可持续发展出谋划策。党的十八大以来，习近平总书记对生态文明建设作出了一系列重要论述，十八大报告明确提出“着力推进绿色发展、循环发展、低碳发展，形成节约资源和保护环境的空间格局、产业结构、生产方式、生活方式，从源头上扭转生态环境恶化趋势，为人民创造良好生产生活环境，为全球生态安全作出贡献”。

1. 我国推进低碳发展的必要性与紧迫性

气候变化问题深刻影响着人类的生存和发展，我国人口众多、气候条件复杂、生态环境脆弱，是最易遭受气候变化不利影响的国家之一。气候变化对中国农业生产、粮食安全、经济发展、生态保护、水资源利用、公共健康保障都将带来重大威胁。应对气候变化走低碳经济的道路是我国社会经济发展的必然选择。

（1）低碳发展是人类社会的必由之路

2007 年联合国政府间气候变化专门委员会第四次报告得出了接近确定的结论：在过去 50 年间观测到的大部分全球温度的变化有 90% 是由人类活动排放出的大量温室气体造成的。研究表明，地球生态系统自净二氧化碳的能力每年只有 30 亿吨，全球每年约剩下 200 多亿吨残留在大气层中，使地球生态系统不堪重负，直接威胁着人类的生存与发展。因此，控制大气中二氧化碳浓度增加，缓解全球气候变暖，是现代人类得以生存与发展的内在要求和迫切需要。走低碳发展之路是中国应对全球气候问题，担当责任的必然之举。

（2）低碳发展是我国可持续发展的必然要求

我国经济持续高速增长的同时，也带来了环境污染、资源消耗和碳排放总量持续增长、能源缺口持续扩大、石油对外依存度过高等问题，环境恶化和能源短缺将是今后我国发展过程中最大的瓶颈。同时，我国人均能源资源拥有量不高，探明量仅相当于世界人均水平的 51% 左右。据预计，我国资源环境压力在未来 20—30 年内将会很大，可持续发展问题将日益突显，我国走上低碳发展之路已刻不容缓。

(3)低碳是我国生态文明建设的必经之路

低碳发展,就是通过生产方式、生活方式的变革以及社会文化的转型,尽可能减少煤炭、石油等高碳能源消耗,减少温室气体排放,最终达到经济社会发展与生态环境保护的双赢。低碳发展是生态文明建设的具体实践途径,是转变经济发展方式,建设生态文明,建设资源节约型和环境友好型社会重大战略的延伸与扩展,是生态文明建设的必经之路。

(4)低碳发展是调整产业结构和转变经济发展方式的重要途径

低碳发展,可以提高资源、能源的利用效率,降低经济的碳强度,促进我国经济结构和工业结构优化升级。通过发展低碳经济,可以提高可再生能源比重,优化我国能源结构;同时,我国将继续在国际产业分工体系中处于利润"微笑曲线"下端的不利地位,不得不被动接受发达国家主导的国际规则,走低碳发展之路,不仅可以与发达国家共同开发相关技术,还可以直接参与新的国际游戏规则的讨论和制定,以利于我国产业转型升级和中长期发展。

(5)低碳发展是国家博弈的必要结果

低碳发展所代表的未来方向,高度集政治、经济力量于一身的特点,成为新兴市场国家和发达国家博弈的焦点之一。世界各国都积极向低碳发展迈进,英国、日本、欧盟、美国等发达国家纷纷将低碳发展作为国家发展战略,制定相关法规政策和配套措施,大力进行低碳技术研发,运用多种手段引导人们向低碳生活方式转变,积极发展清洁能源。在奥巴马领导下的美国政府,正在试图对某些国家进口的商品征收"碳关税"为威胁,提高在此领域的领导力。毫无疑问,作为生产领域、消费领域和流通领域都处于高碳消耗的我国,必须在碳减排上有所作为,才能及早适应未来低碳经济的环境。

作为发展中国家,我国经济水平相对较低,发展仍然是第一要务。但在目前的发展阶段,我国能源结构以煤为主,经济结构性矛盾仍然突出,增长方式依然粗放,能源资源利用效率较低,能源需求还将继续增长,控制温室气体排放面临巨大压力和特殊困难。走低碳发展之路,也是我国实现科学发展的迫切需要。

首先,减少对进口能源的依赖,确保我国能源安全。

近年来,我国在经济建设快速增长的同时,也付出了巨大的资源和环境代价。有资料显示,我国1亿美元GDP所消耗的能源是12.03万吨标准煤,大约是日本的7.20倍、德国的5.62倍、美国的3.52倍、印度的1.18倍、世界平均水平的3.28倍,能源消费总量占世界能源消费总量的10%左右。能耗过高不仅造成了严重的环境污染,也给我国带来日趋紧张的资源危机。据统计,近十年,中国能源对外依存度在迅猛攀升,中国石油对外依存度已由2000年的30.2%上升至2013年的58.1%,对外依存度直逼61%的红线。我国经济发展如果继续走"高能耗、高污染、高排放"的发展模式,过分依赖化石能源,会使我国在能源需求上进一步受制于人,危及我国的能源安全和经济安全,因此必须将推行低碳经发展模式提到国家战略层面加以认真思考。

其次,从根本上遏制环境和生态恶化的趋势。

据统计,全国大气污染物排放总量多年居高不下,二氧化碳排放量为世界第一,二氧化硫排放量为世界第二,城市空气污染普遍较严重。2015年初,由亚洲开发银行、清华大学联合发布的《迈向环境可持续的未来——中华人民共和国国家环境分析》报告提出,尽管中国政府一直在积极地运用财政和行政手段治理大气污染,但世界上污染最严重的10个城市之中,仍有7个位于中国。中国500个大型城市中,只有不到1%达到世界卫生组织空气质量标准。目前我国日排污水量1.3亿吨左右,七大水系近一半河段严重污染。要从根本上遏制环境和生态恶化的趋势,我国必须采用能够节能减排、有利于环境可持续发展的低碳发展模式,缓解我国可持续发展面临的巨大压力。

最后,使我国在国际贸易和全球气候变化谈判中掌握主动权。

在未来数十年内,我国经济增长、民众生活水平的提升和人口总量的增加必然导致能源消费和碳排放总量的持续增长。按照目前的能耗水平,我国的二氧化碳排放量到2050年将达到每年122亿吨,在国际贸易和全球气候变化谈判中,我国面临巨大的减排压力。欧盟和美国都在酝酿对进口的高碳产品征收碳关税,特别是一些发达国家将中国温室气体排放问题"政治化"后,我国低碳发展的紧迫性更加凸显。

2. 我国推进低碳发展的成效

我国高度重视气候变化问题，明确提出要把应对气候变化纳入国民经济和社会发展规划，大力发展绿色经济，积极发展低碳经济和循环经济。我国已经在尝试有助于低碳发展的各种途径，并取得了积极成效。

(1)确定低碳经济发展的战略与规划

我国一贯高度重视气候变化问题，把积极应对气候变化作为关系经济社会发展全局的重大议题纳入经济社会发展中长期规划。2006 年，我国提出了 2010 年单位国内生产总值能耗比 2005 年下降 20% 左右的约束性指标。2006 年底，科技部、中国气象局、发改委、国家环保总局等六部委联合发布了我国第一部《气候变化国家评估报告》。2007 年 6 月，我国正式制定发布了发展中国家第一个气候发展战略——《中国应对气候变化国家方案》，确定了我国长期应对气候变化的框架。同时，科技部、国家发展改革委等 14 个部委公布了《中国应对气候变化科技专项行动》，以全面提升我国应对气候变化的科技能力。2007 年 9 月，胡锦涛同志在亚太经合组织(APEC)第 15 次领导人会议上，本着对人类、对未来的高度负责态度，明确表示中国要发展低碳经济。党的十七大报告强调："加强应对气候变化能力建设，为保护全球气候作出贡献"。自此，各级政府不断加大投入，开始了低碳发展实践。

2008 年 10 月，国务院新闻办公室发表了《中国应对气候变化政策与行动白皮书》，阐明了气候变化与中国国情、气候变化对中国的影响、应对气候战略目标、减缓气候变化的政策和行动、提高全社会应对气候变化意识、加强气候变化领域国际合作、应对气候变化的体制机制等重大问题的原则立场和各种积极措施。2009 年 11 月，哥本哈根会议前夕，国务院常务会议决定到 2020 年单位国内生产总值温室气体排放比 2005 年下降 40%—45%，作为约束性指标纳入国民经济和社会发展中长期规划，并制定相应的国内统计、监测、考核办法。2011 年 11 月，为使国际社会充分了解中国"十一五"期间应对气候变化采取的政策与行动、取得的积极成效以及"十二五"期间应对气候变化的总体部署及有关谈判立场，国务院发布了《中国应对气候变化的政策与行动(2011)》白皮书。2014 年 9 月，国务院批复《国家应对气候变化规划(2014—2020年)》,进一步明确,通过《规划》实施,到2020年,实现单位国内生产总值二氧化碳排放比2005年下降40%—45%,非化石能源占一次能源消费的比重达到15%左右。从2009年开始连续六年,国务院每年都发布了《中国应对气候变化的政策与行动——年度报告》,总结过去一年中国应对气候变化的新进展。此外,全国各地都在探索适合本地区经济、社会和环境协调发展的道路模式,纷纷制定低碳经济发展规划,以低碳经济理念来指导国民经济和社会发展规划。

(2)形成推进低碳发展的法律政策

我国在推进低碳发展和循环发展过程中,初步建立了法制保障机制。2003年1月全国人大常委会通过《清洁生产促进法》,第一次颁布了石油等3个行业的清洁发展标准。2005年2月,全国人大常委会通过了《可再生能源法》,明确了政府、企业和用户在可再生能源开发利用中的责任和义务,规定了可再生能源的发展规划制度、专项基金制度、财政补贴和税收优惠措施,促进可再生能源的开发和利用,增加非化石燃料在生产和生活中的比重,达到减少碳排放的目的。2007年10月,全国人大常委会修订通过《节约能源法》,将节约资源确定为我国的基本国策,对工业节能、建筑节能、交通运输节能做出详细规定。2007年11月,国务院印发了《节能减排统计监测及考核实施方案和办法》,明确节能减排考核标准。2008年8月,全国人大常委会通过了《循环经济促进法》,保障在生产、流通和消费过程中进行的减量化、再利用、资源化,最大限度减少温室气体的排放。2009年全国人大常委会通过了《关于应对气候变化的决议》,提出要把加强应对气候变化的相关立法作为形成和完善中国特色社会主义法律体系的一项重要任务。2009年《可再生能源法》修正案审议通过,加大了对风能、太阳能光伏等低碳产业的扶持力度。综上所述,我国已基本形成了一个以应对气候变化为中心的法律框架,但没有专门性和综合性的促进低碳经济发展的法律法规。

(3)节能减排措施成效显著

根据国家发改委发布的《中国应对气候变化的政策与行动——2014年度报告》,我国继续通过调整产业结构、节能与提高能效、优化能源结构、增加碳汇、适应气候变化、加强能力建设等综合措施,应对气候变化各项工作取得积极进展,成效显著。2013 年单位国内生产总值二氧化碳排放比 2012 年下降 4.3%,比 2005 年累计下降 28.56%,相当于少排放二氧化碳 25 亿吨。2013 年全国万元 GDP 能耗降低 3.7%,"十二五"前三年,全国单位 GDP 能耗累计下降 9.03%,实现节能约 3.5 亿吨标准煤,相当于少排放二氧化碳 8.4 亿吨以上,产生了良好的经济和社会效益。

(4)低碳发展试点和示范工作取得进展

近年来,国家稳步推进低碳省区和低碳城市试点,积极组织碳排放权交易试点,开展低碳工业园区、低碳社区、低碳交通运输等领域试点示范工作,初步形成了从省区、城市、城镇到园区、社区的全方位低碳发展试点示范工作格局。根据国家发展改革委 2013 年组织开展的 2012 年度控制温室气体排放目标责任试评价考核结果,列入试点的 10 个省(直辖市)2012 年碳强度比 2010 年下降平均幅度约 9.2%,高于全国总体下降幅度。截至 2013 年年底,深圳、上海、北京、广东和天津先后启动了地方碳交易市场,正式上线交易;2014 年第二季度,湖北和重庆相继正式启动上线交易。截至 2014 年 10 月底,7 个试点省市碳交易市场共交易 1375 万吨二氧化碳,累计成交金额突破 5 亿元人民币;配额拍卖合计成交量 1521 万吨,共获得拍卖收入 7.6 亿元人民币。同时,国家发改委正在组织开展国家低碳工业园区、低碳社区、低碳交通运输等试点和低碳城镇示范工作,目前第一批 55 家园区已经通过评审并正式纳入试点,有 26 个低碳城镇项目入选第一批项目库,预计到"十二五"末,全国开展低碳社区试点达到 1000 个左右。

3. 我国低碳发展试点

我国在低碳发展的具体实践主要是国家发改委开展的低碳城市试点。2010 年发改委开展了第一批低碳省区和低碳城市试点工作,2012 年公布了第二批低碳省区和低碳城市试点名单和要求。我国低碳发展的主要目的是应对气候变化,即在发展经济、改善民生的同时,有效控制温室气体排放,妥善应对气候变化,最终建设以低碳排放为特征的产业体系和消费模式。

(1)深圳低碳城市试点

深圳市是国家发展和改革委员会低碳城市的试点城市。为了扎实推进低碳城市建设,深圳制定了《深圳市低碳发展中长期规划(2011—2020年)》提出了低碳发展的八项重点任务,明确了发展目标。

1)培育新兴产业,构建以低碳排放为特征的产业体系。大力发展低碳型新兴产业;巩固低碳优势产业;推进传统产业低碳化;加快培育发展减碳产业。

2)优化能源结构,建设低碳清洁能源保障体系。着力提高清洁能源利用比例;降低能源生产部门的碳排放;推进电网智能化建设。

3)加大节能降耗力度,提高能源利用效率。提高工业能效水平;构建低碳交通网络;推广绿色建筑;降低公共机构能耗;加强节能基础能力建设。

4)推进科技创新,提升低碳发展核心竞争力。建立低碳发展技术体系;制定低碳技术政策和标准;加强低碳创新能力建设。

5)创新体制机制,营造低碳发展环境。完善低碳发展的政策法规;探索低碳发展新机制。

6)挖掘碳汇潜力,增强碳汇能力。加强生态保护与建设;提升森林碳汇能力;构建城市碳汇体系。

7)倡导绿色消费,践行低碳生活。提高全民低碳意识,多领域践行低碳生活。

8)优化城市空间布局,促进城市低碳发展。以低碳理念推进城市空间紧凑发展;加强土地节约集约利用。

深圳低碳城市建设试点主要从产业结构、能源消耗、科技创新、市场机制、提高碳汇、低碳消费等具体内容着手,强调对二氧化碳的减排约束,以减少经济发展中温室气体的排放。

(2)贵阳低碳城市试点

“爽爽贵阳、避暑之都”是贵阳市精心打造的城市名片。近年来,贵阳发挥生态、气候、人文优势,把低碳城市试点建设作为统筹城市经济社会发展和生态文明建设的重要手段,积极推进低碳建筑、低碳交通、低碳社区建设和能源结构调整,倡导绿色低碳的消费模式和生活方式,走上了一条低碳发展道路。

在生产方式上,贵阳积极调整产业结构、转变经济增长方式,推动产业结构优化升级;促进工业结构优化升级;工业技术升级和节能改造;强化重点高耗能行业和企业的能源基础管理,加快节能技术进步;在企业全面推行清洁生产,有效减少产品生产和使用过程中的温室气体排放;发展低碳绿色建筑;构建低碳交通体系和调整能源结构等。

在制度保障上,贵阳以制度创新推动低碳发展,为实现低碳发展目标提供机制基础。包括政府决策机制、跨部门协调机制、资金流转机制、信息共享机制、市民参与机制和舆论监督机制。在地方政府与社会监管能力不断提高的情况下,建立健全能效与排放的法律法规体系,有序设计、实验和实施包括补贴、担保、差别税率、排放贸易等基于市场的减控排经济政策手段,通过逐步制定《节约能源管理条例》、《资源综合利用管理条例》、《循环经济和低碳发展定量考核制度实施办法》、《企业清洁生产审计实施办法》、《促进政府绿色采购以及居民绿色购物实施办法》、《促进资源有效利用实施办法》、《贵阳市民营建筑节能条例》等涉及低碳发展的专门条例、实施办法和管理办法,构架完备的低碳型生态城市建设法规、制度,保障低碳发展目标的顺利实施。

贵阳的低碳城市建设,不仅注重生产方式硬件的转变,更注重制度保障的软件更新。贵阳低碳发展的推动主要以制度进行,通过制定和完善低碳发展、循环发展、清洁生产、节能环保等政策,保障了低碳发展的顺利实施和开展。

二、循环发展理论与实践

随着资源、能源的加速消耗和生态环境的持续恶化,人类的生存和发展遭到了前所未有的严重威胁和挑战。人类不得不进行反思,转变高消耗、高污染的粗放型发展模式,代之以人与自然和谐发展的可持续发展的模式。循环发展已成为21世纪国际社会可持续发展实践中的一个重要趋势,相关理论研究和实践探索也蓬勃兴起。

（一）循环发展的内涵

循环发展的思想萌芽可以追溯到环境保护兴起的20世纪60年代。1962年美国生态学家卡尔逊发表了《寂静的春天》，指出生物界以及人类所面临的危险。循环经济理论是美国经济学家波尔丁在20世纪60年代提出生态经济时谈到的。波尔丁受当时发射的宇宙飞船的启发来分析地球经济的发展，他认为飞船是一个孤立无援、与世隔绝的独立系统，靠不断消耗自身资源存在，最终它将因资源耗尽而毁灭。唯一使之延长寿命的方法就是要实现飞船内的资源循环，尽可能少地排出废物。同理，地球经济系统如同一艘宇宙飞船。尽管地球资源系统大得多，地球寿命也长得多，但是也只有实现对资源循环利用的循环经济，地球才能得以长存。

在20世纪70年代，循环经济的思想只是一种理念，当时人们关心的主要是对污染物的无害化处理。20世纪80年代，人们认识到应采用资源化的方式处理废弃物。20世纪90年代，特别是可持续发展战略成为世界潮流的近些年，环境保护、清洁生产、绿色消费和废弃物的再生利用等才整合为一套系统的以资源循环利用、避免废物产生为特征的循环经济战略。

循环发展是人们对"大规模生产、大规模消费、大规模废弃"的传统经济发展模式深刻反思的产物，是克服环境污染、资源短缺困境，追求可持续发展的一种必然反应和有效尝试，是一种试图有效平衡经济、社会与环境资源之间关系的新型发展模式。而循环发展，又以循环经济为主要载体与实现途径。

循环经济是以"减量化、再利用、资源化"（3R）为原则，以提高资源利用效率为核心，以资源节约、资源综合利用、清洁生产为重点，通过调整结构、技术进步和加强管理等措施，大幅度减少资源消耗、降低废物排放、提高资源生产率，促进资源利用由"资源—产品—废物"线性模式向"资源—产品—废物—再生资源"循环模式转变。循环经济以低投入、低消耗、低排放、高效率（"三低一高"）为基本特征，符合可持续发展理念的经济增长模式。

(二)循环发展理论基础及各国实践

1. 理论基础

循环发展是一种可持续的发展模式,它主张经济与环境的协调发展。循环发展观点及理论的形成经历了漫长的过程,其理论基础主要有生态学理论、生态经济学理论、零排放理论、热力学熵理论、资源价值论等。

(1)生态学理论

生态学指的是研究生物之间以及生物与非生物环境之间的相互关系的学科,其最早由德国生物学家海克尔于1869年提出。生态学在其发展过程中逐渐增加融入了生态系统的观点,把生物与环境的关系总结为三流,即物质流、信息流和能量流。

生态系统原理对循环发展起着主要的指导作用。“生态系统是指在一定的空间内,由生物和非生物通过物质循环、能量流动和信息传递形成的一个功能整体。”①生态系统是一个实时变化的动态系统,具有自我调节功能。在一定的限度内,外界的干扰可以通过反馈机制使系统自我进行调节以恢复到最初的稳定状态。而当外界的干扰超过一定限度时,有限的系统自我调节能力无法使系统恢复到最初的稳定状态。因此,生态系统表现为生态平衡与生态失衡两种状态。

循环发展理论以生态系统原理为指导,认为人类社会是一个社会、经济、自然相互作用的复合生态系统,人与资源、环境矛盾的产生与实质就是人的活动导致这个复合生态系统的失衡。因此,“人类一旦认识和掌握了生态系统的特性并运用科学方法实施管理,就能防止系统的逆向演化,维持其平衡或创造出具有更高的生态效益与经济效益的新系统,建立新的生态平衡”②。

---

① 王军:《循环经济的理论与研究方法》,经济日报出版社2007年版,第33页。

② 王军:《循环经济的理论与研究方法》,经济日报出版社2007年版,第33页。

(2)生态经济学理论

生态学与经济学的密切融合产生了生态经济学。生态经济学主要从总体上研究生态经济系统和生态系统之间的相互关系及其发展规律。生态经济学认为经济活动的目标包括对生态环境的保护,以遏制地球生态环境的恶化;通过开发新能源和新材料,开发节约材料和能源的产品等方式,以防止过度开发导致的资源枯竭,保证整个社会的可持续发展;通过采用各种生态手段,既消除生态危机又满足人类消费需求的增长。

生态经济学有三种理论或方法对循环发展具有指导作用。一是生态经济学认为在资源开发和利用之间,通常存在链状或网状的东西,而长链循环可以使转化环节增多,扩大网状,有利于系统稳定和物质的多次利用,可以提高系统的生产力。二是生态经济学认为生态经济系统中有一个生态阀值。在生态阀值内,系统各因子的相互作用可以保证系统内部能量、物质转化效率的提高;而一旦超过这个阀值,就会出现系统失控、环境破坏与生态平衡等问题。三是价值增值可以通过三种方式实现,即加环增值、减环增值和差异增值。①

(3)零排放理论

零排放,直接翻译就是“零废物”。经过几十年发展,零排放已经成为了一种指导人类走向可持续发展道路的理论体系。零排放理论认为,零排放是一种目标或理念,是工业活动、经济活动和社会活动的终极环境目标。

零排放对于循环经济理论发展具有至关重要的作用。“零排放是市场经济发展的刺激因素,企业必须通过改进传统的生产工艺、提高生产效率才能实现污染物的减量直至零排放,这对调整企业内部生产结构起到了极大的推动作用。零排放通过对生产过程、产品、产品链条和产品网络进行综合性的生命周期评价,要求把对环境的污染减至最小。同时,零排放还刺激社会不断提高原材料的循环利用效率,推动新兴产业的形成,创造新的就业机会。”②由此可见,零排放理论对实现经济、社会、环境的共赢,实现循环发展

① 王军:《循环经济的理论与研究方法》,经济日报出版社2007年版,第34页。

② 王军:《循环经济的理论与研究方法》,经济日报出版社2007年版,第34—35页。

具有巨大的推动作用。

(4)热力学“熵”理论

熵是一个热力学概念,根据热力学第二定律,一个独立系统在不从其外部摄取能量和物质的情况下,熵是绝对不会减少。换句话说,能量在非平衡状态下的分布,熵持续增加,达到平衡状态时就能得到熵的最大价值。

熵被引入经济学之中,用来描述物质的扩散。物质的扩散程度越大,熵就越大,扩散的程度越小,熵就越小。熵的概念的引入使描绘物质熵向热量熵转化过程的一个环节的有机生产成为可能。在有机生产中,机械生产只是在完全循环利用废物中,能将物质熵转化为热量熵。但是,物质上的完全循环是不可能的,人类社会最终会将废物返还给生态系统。“因此,最终排放的废物只有被生态系统所吸收,参与大自然的大循环,才不会产生生态问题。如果最终排放的废弃物只是积累在自然界,没有进入自然循环的环节,那么就会导致严重的生态环境问题。”①

(5)资源价值论

传统的经济和价值观念只注重参与劳动或参与交易的东西的价值,而忽略了环境资源特别是自然资源的价值。将自然资源视为无价物是导致资源浪费和环境污染的根源所在。随着社会经济的发展,大量的资源被肆意开采、挥霍,导致了越来越严重的生态环境问题。越来越多的学者开始意识到自然本身的价值。“资源价值论认为:价值的实质是资源所具有的、得到社会承认的利益属性,价值是由资源形成成本和利益增量两部分构成的。自然资源的价值基础,来源于自然资源的稀缺性、有用性和所有权的垄断性。”②

在循环发展中,环境资源和自然资源都是有价值的。循环发展以综合性指标来衡量发展,以实现社会的可持续发展为目标,重视污染预防和废物循环利用以及资源和能源的节约。资源价值论对我国逐渐完善市场机制和价值规律,建立健全节约资源、充分利用资源的循环发展体系具有重要意义。

① 王军:《循环经济的理论与研究方法》,经济日报出版社2007年版,第33页。

② 王军:《循环经济的理论与研究方法》,经济日报出版社2007年版,第33页。

2. 循环发展的国外实践

对资源的循环利用是实现可持续发展的重要支撑。就循环发展而言，美国、德国和日本走在了世界的前列。三个国家从立法开始，在政府、企业和民众共同参与下，较好地实现了变废为宝。

(1)美国

早在20世纪60年代，美国就已经注意到了废弃物的危害，为此一些州政府开始采取法律措施，强制回收这些废弃物。由于州政府的出面，情况得到逐渐缓解，从而掀起了一场题为"保护美国的美丽"的运动。

在废弃物回收利用方面，美国于1965年制定了《固体废弃物处置法》，并成为第一个以法律形式将废弃物利用确定下来的国家。该法1970年修订为《资源回收法》，1976年经过进一步修订更名为《资源保护及回收法》。其后又分别在1980年、1984年、1988年、1996年进行了四次修订。

该法首次赋予美国联邦环保总署对有害废物从"摇篮到坟墓"全程控制的权力，并构筑了无害废弃物的管理体制，建立了四"R"(Reduction 减量，Reuse 再利用，Recycle 回收，Recovery 重复)原则，将废弃物管理由单纯的清理工作扩及兼具分类回收、减量及资源再利用的综合性规划，也就是资源的再生利用应从产品制造的源头控制开始谋求使用易于回收的资源以减少垃圾制造量，而不是只着重末端废弃物或垃圾的回收。

同时该法还确立并完善了包括信息公开、报告、资源再生、再生示范、科技发展、循环标准、经济刺激与使用优先、职业保护、公民参与和诉讼等诸多与固体废物循环利用相关的法律制度。

在循环使用理念及大量卓有成效的立法帮助下，美国国内的再生资源回收利用工作迅速发展起来，并且得到了国家在技术和资金方面的有力支持。

例如，1990年，美国颁布了《污染预防法》，该法贯彻了成本效益分析理论，从资源减量使用、扩大清洁能源的使用效率、废弃物循环使用及可持续农业四个方面入手，提出用污染预防政策补充和代之以末端治理为主的污染控制政策。

该法明确规定必须对污染产生源做好事先预防或减少污染量，无法回收利用者,也应尽量做好处理工作,至于排放或最终处置则是最后手段。这样既控制污染的产生,又保护资源再生利用以保证资源的永续利用。

同时,为了提高大众的环保意识,美国将每年的11月15日定为“回收利用日”,各州也成立了各式各样的再生物质利用协会和非政府组织,开设网站,列出使用再生物质进行生产的厂商,并举办各种活动,鼓励人们购买使用再生物质的产品。

(2)德国

德国是世界上公认的发展循环经济起步最早、水平最高、法制最完备的国家之一。其发展循环经济的最直接驱动因素在于,采用传统的填埋方式处理废弃物时占地越来越多、费用越来越高。再加上资源的匮乏,促使其为了减轻垃圾处理压力和节约资源而走上了针对废弃物的“循环经济”之路。而这种对废弃物的管理要求又必然涉及生产与流通环节,导致这些环节的“绿色化”。由此可见,德国的循环经济源于垃圾处理,然后逐步扩展至生产和消费领域。有人因此称德国的循环经济为垃圾经济,然后逐步扩展至生产和消费领域。

从德国废弃物法律实践的角度看,联邦政府于1972年制定了《废弃物处理法》,以应对当时生活垃圾和工商业垃圾迅速增长的现实需要。为了加强对废弃物排放后的末端处理,该法确立了无害化和污染者付费原则,并明确了相关主体处理废弃物的责任。随后发生的石油危机促使德国注重利用垃圾中所蕴涵的资源和能源。为此,德国政府于1975年发布了第一个国家废弃物管理计划,确立了应对废弃物的顺序:预防—减少—循环和重复利用—最终处置。

1986年,针对废弃物越来越多的状况,德国政府在对1972年法律进行修订的基础上颁布了《废弃物限制处理法》,规定了预防优先和垃圾处理后重复使用原则,从“怎样处理废弃物”转变为“怎样避免废弃物产生和如何循环利用废弃物”。

1991年,德国政府制定了《包装条例》,要求相关主体承担对包装物进行回收的义务,并设定了包装物再生循环利用的目标。

1996年出台的《循环经济和废弃物处置法》是德国循环经济法律体系的

核心。该法明确规定废弃物的生产者、拥有者和处置者担负着维持循环经济发展的最主要责任;明确规定废弃物管理处置的基本原则和做法:首先是尽量避免和减少废弃物的产生,其次是对垃圾进行最大限度的再利用,在确定无法再利用的时候才考虑进行销毁等清除处理。根据《循环经济和废弃物处置法》,应当按照循环经济之要求进行回收利用的有包装废弃物、废车辆、废旧电器、废旧电池、生物废弃物、建筑材料或拆毁废墟、废地毯和纺织物以及废弃木材等。相应地,德国政府根据各个行业的不同情况,分别制定了促进相应行业发展循环经济的法规,比如《饮料包装押金规定》、《废旧汽车处理规定》、《废旧电池处理规定》以及《废木料处理办法》等。

(3)日本

日本是另一个世界上公认的发展循环经济、建设循环型社会水平较高的国家,相关法律法规可以分为三个层面:第一层面为一部基本法,即《促进建立循环型社会基本法》;第二层面为两部综合性法律,即《固体废弃物管理和公共清洁法》和《促进资源有效利用法》;第三层面是根据各种产品的性质制定的特别法律法规,包括《促进容器与包装分类回收法》、《家用电器回收法》、《建筑材料回收法》、《食品回收法》以及《绿色采购法》等。

日本循环经济、循环型社会的提出和不断发展,同样是由于垃圾排放量不断增加导致填埋场日趋饱和以及资源严重短缺而不得不采取的行动。长期以来,日本经济发展一直沿用大规模生产、大规模消费、大规模废弃的传统模式。20 世纪 70 年代以来,全国废弃物排放量一直呈增长的趋势,居高不下,急剧增加的废弃物对于处理场地的需求不断增大,导致政府废弃物管理政策的强化。1991 年,日本国会修订了 70 年代颁布的《废弃物处理法》,增加了生活垃圾分类收集和循环利用等内容,并将其作为国民的义务以法律的形式固定下来。同年,国会还通过了《资源有效利用促进法》,要求工业部门避免废弃物的产生,并在加工的全过程对废弃物进行再利用和资源化。

虽然上述法律大大促进了日本垃圾资源化程度的提高和直接填埋数量的不断减少,但随着经济社会的不断发展,生活垃圾的总排放量仍呈增长趋势,垃圾填埋场不足的问题日益突出。在此形势下,日本通产省产业结构审议会于 1999 年 7 月发布了一份题为《建立循环经济体系》的报告,指出环境与资源是制约是21世纪日本经济持续发展所面临的最大难题;为了在21世纪继续保持世界经济强国的地位,就必须打破现有的传统经济发展模式,建立循环经济体系;而实现循环经济发展目标、建立循环型社会的核心对策,是转变观念,将传统的废弃物重新定义为"循环型资源",并且对废弃物实行以"减量化、再利用和资源化"为原则的综合性管理措施。

为了促进循环经济的发展,日本国会于2000年前后先后通过了《促进建立循环型社会基本法》、《固体废弃物管理和公共清洁法》、《促进资源有效利用法》、《建筑材料回收法》、《食品回收法》、《促进容器与包装分类回收法》、《家用电器回收法》以及《绿色采购法》等多部法律。这些法律共同构成了日本循环经济法律体系。根据《促进建立循环型社会基本法》第二条,所谓的"循环型社会"是指,通过抑制产品成为废弃物,当产品成为可循环资源(指废弃物中有用的物质)时则促进产品的适当循环(指再利用、资源化以及热回收),并确保不可循环的回收资源得到适当处置,从而使自然资源的消耗受到抑制,环境负荷得到削减的社会形态。

在德国和日本针对废弃物的所谓"循环经济/循环型社会"实践之外,各自还进行着,或者已经进行了大量的产业生态化实践。例如,德国在世界上最早针对产品实施"蓝天使"计划,其经济增长转变的重要特征之一就是生产领域的生态化。而在日本,资源的压力,特别是20世纪70年代石油危机的压力,大大促进了全国工业生产资源效率和能源效率的提高,明显提升了经济发展的质量和产品的国际竞争力。

(三)我国推进循环发展的探索

"十一五"以来,通过发展循环经济,我国单位国内生产总值能耗、物耗、水耗大幅度降低,资源循环利用产业规模不断扩大,资源产出率有所提高,初步扭转了工业化、城镇化发展阶段资源消耗强度大幅上升的势头,促进了结构优化升级和发展方式转变,为保持经济平稳较快发展提供了有力支撑,为改变"大量生产、大量消费、大量废弃"的传统增长方式和消费模式探索出了可行路径。

1. 我国推进循环发展的必要性与紧迫性

改革开放以来，我国在实现经济快速发展的同时，也付出了很大的资源和环境代价，经济发展与资源环境的矛盾也日趋尖锐，这些问题与我国资源利用效率相对低下密切相关，资源的限制越来越成为中国经济继续前进的瓶颈制约。作为一种全新的经济发展模式，发展循环经济将促进以最小的资源消耗、最少的废物排放和最小的环境代价来换取最大的经济效益。发展循环经济是我国的一项重大战略决策，是落实党的十八大推进生态文明建设战略部署的重大举措，是加快转变经济发展方式，建设资源节约型、环境友好型社会，实现可持续发展的必然选择。

中国是全球最大的发展中国家，人口众多，能源资源匮乏，气候条件复杂，生态环境脆弱，尚未完成工业化和城镇化的历史任务，发展很不平衡。党的十八大报告提出：在发展平衡性、协调性、可持续性明显增强的基础上，实现国内生产总值和城乡居民人均收入比2010年翻一番，确保到2020年实现全面建成小康社会宏伟目标。当前，我国已进入全面建成小康社会的决定性阶段，资源和环境问题已成为全面建成小康社会目标全过程的硬约束，随着工业化、城镇化和农业现代化持续推进，我国能源资源需求将呈刚性增长，废弃物产生量将不断增加，经济增长与资源环境之间的矛盾更加突出，发展循环经济的要求更为迫切。

2. 我国推进循环发展的成效

2015年，国家统计局首次发布循环经济指数。首次公布的循环经济指数以2005年为基础开始计算，涵盖了资源消耗、废物排放、污染物处置、废物回用四个方面。从2005年开始，我国循环经济发展指数平均每年提高4个点，循环经济发展取得了明显的成效。

（1）确定循环发展的战略与规划

循环经济概念自上世纪末引入中国，大致经历了三个发展阶段。第一个阶段是理念倡导阶段（20世纪末到2002年）。第二个阶段是思想形成阶段（2002—2009年）。2003年12月，国家发改委正式发布了《节能中长期专项规划》;2005 年 7 月,国务院发布《国务院关于加快发展循环经济的若干意见》,提出必须大力发展循环经济,按照“减量化、再利用、资源化”原则,采取各种有效措施,以尽可能少的资源消耗和尽可能小的环境代价,取得最大的经济产出和最少的废物排放,实现经济、环境和社会效益相统一,建设资源节约型和环境友好型社会;2007 年 8 月,为合理开发利用可再生能源资源,促进能源资源节约和环境保护,国家发改委组织制定了《国家可再生能源中长期发展规划》;2007 年,党的十七大报告专门强调:“循环经济形成较大规模,可再生能源比重显著上升”。第三个阶段是全面推动阶段(2009 年以后)。随着《循环经济促进法》于 2009 年 1 月 1 日起施行,我国循环经济进入法制化推动轨道;2012 年 12 月,国务院常务会议讨论通过《“十二五”循环经济发展规划》,会议指出,发展循环经济是我国经济社会发展的重大战略任务,是推进生态文明建设、实现可持续发展的重要途径和基本方式。今后一个时期,要围绕提高资源产出率,健全激励约束机制,积极构建循环型产业体系,推动再生资源利用产业化,推行绿色消费,加快形成覆盖全社会的资源循环利用体系。2013 年,国务院下发了《循环经济发展战略及近期行动计划》,标志着我国发展循环经济进入了一个全面推动阶段。

(2)形成推进循环发展的法律政策

在推进循环发展立法方面,主要体现在两个基本法律,一是 2002 年 6 月全国人大常委会通过,2003 年 1 月 1 日起实施的《清洁生产促进法》;二是 2008 年 8 月全国人大常委会通过,2009 年 1 月 1 日起实施的《循环经济促进法》。同时,国务院还颁布了《废弃电器电子产品回收处理管理条例》、《再生资源回收管理办法》等多项与循环经济相关的法规规章。

此外,我国立法部门还于 2013 年修订颁发了《中华人民共和国煤炭法》、2014 修订颁发了《中华人民共和国环境保护法》、2015 修订颁发了《中华人民共和国大气污染防治法》等国家行政法规,强化清洁能源、低碳能源开发和利用的鼓励政策,初步形成了适应我国国情的低碳发展和循环经发展的政策法规,为我国低碳经济发展和循环经济发展提供了基本政策法律保障。

(3)循环经济发展取得全面突破

国务院 2013 年发布的《循环经济发展战略及近期行动计划》文件指出,

近年来，各地区、各部门大力推动循环经济发展，循环经济理念进一步确立，产业体系逐步完善，发展水平不断提高，经济、社会和环境效益进一步显现。在重点行业、重点领域、产业园区和省市开展的两批国家循环经济试点工作取得明显成效，通过试点，总结凝炼出60多个发展循环经济的模式案例，涌现出一大批循环经济先进典型，探索了符合我国国情的循环经济发展道路。伴随着《循环经济促进法》的正式施行和一系列有关循环经济的法规规章制定，推动循环经济发展的政策与法律法规体系初步建立。发展循环经济的产业体系日趋完善，产业废物综合利用已形成较大规模，产业循环链接不断深化，再生资源回收体系逐步完善，城市矿产资源利用水平得到显著提升，再制造产业化稳步推进，餐厨废弃物资源化利用进入迅速发展阶段。

3. 我国循环发展试点

我国的循环发展具体实践主要是国家发改委开展的“循环经济示范试点”。2005年，国家发展改革委等印发了《关于组织开展循环经济试点(第一批)工作的通知》，开始了我国循环经济试点。2007年又开展了第二批试点。试点范围涉及重点行业(企业)产业园区、重点领域以及省市，共计178家单位。2013年发改委宣布两批国家循环经济示范试点工作结束。

(1)辽宁阜新

阜新市针对煤炭资源枯竭的现实，对城市布局和产业集聚区进行调整与再规划，大力发展循环经济，合理延伸产业链，发展接续产业，形成了多个各具特色的产业园区，推动了产业转型升级。一是依托现有工业基础，积极发展“煤炭—电力—化工”、“煤炭—电力—粉煤灰—建材”、“脱硫石膏—建材”产业；二是利用大量堆存的煤矸石和矿井水资源，大力发展“煤矸石—电力—建材”、“矿井水—资源化—供水”等资源循环利用产业；三是以基地建设为依托，发展农林产品深加工，发展循环型农业，形成了“种植—养殖—加工”、“林业—食用菌—沼气”等产业链，产业规模持续扩大，为下岗职工提供了大量就业机会，接续产业初步形成，产业结构得到优化，就业状况大为改善。

2010年与2005年相比，阜新市在地区生产总值提高163.1%、城镇人均可支配收入提高91%、能源产出率提高46.2%的同时，单位地区生产总值能耗下降32%，单位工业增加值用水量下降62.8%，工业固体废物综合利用率提高30%，二氧化硫和COD排放量均下降17.6%。

阜新市通过发展资源循环利用产业，走出了一条促进资源枯竭型城市转型的循环经济发展模式。对于资源枯竭型城市在转型时期，通过发展循环经济实现产业接续，完成结构优化升级，具有借鉴意义。

(2)浙江宁海

宁海县通过建设工业、农业、生态旅游三大循环经济示范区，实现县域经济的持续发展。一是以宁海湾循环经济示范区为载体，利用电厂产生的粉煤灰、脱硫石膏等，构建了"煤炭—电力—粉煤灰—水泥"、"煤炭—电力—粉煤灰—新型墙材"、"煤炭—电力—脱硫石膏—石膏板"等循环产业链；利用电厂余热，构建了"余热—集中供热"、"温排水—水产养殖"等循环产业链。二是以浙江东海岸农业循环经济示范园区为载体，构建了"农作物秸秆—养殖—沼渣—瓜果菜"循环农业产业链，形成"种植—养殖—加工"一体化的农业循环经济体系。三是以宁海湾生态旅游度假区为载体，用循环经济理念规划建设滨海度假区等，注重废弃物循环利用和节水改造，不断推动一、二、三产业的融合发展。

2010年与2005年相比，地区生产总值提高114.5%，城镇居民人均可支配收入提高76.5%，能源产出率提高37.6%，土地产出率提高115.7%的同时，单位地区生产总值能耗下降28%，工业固体废物综合利用率提高到98.7%，二氧化硫排放量下降25%，COD排放量下降12.2%。

宁海以循环经济示范园区为载体探索出了在资源匮乏型县域循环发展循环经济的道路，对于经济较发达但资源匮乏的县域发展循环经济有较强的推广意义。

(3)青海柴达木

柴达木循环经济试验区是在开发初期，就按循环经济理念规划、设计的大型工业园区。在空间布局上，以区域优势互补，城市分工协作为原则，重点建设格尔木、德令哈、乌兰、大柴旦四个循环经济园区，体现区域内的资源、产品、再生资源整体联动开发、产业间集群共生发展的特色；在产业结构上着力构建"钾资源深度开发的盐湖化工"、"配套盐湖资源开发的油气化工"、"盐湖资源综合利用的有色金属"、"配套盐湖开发为前提的煤炭综合利用"、"可再生能源产业"、"高原特色生物产业"等六大循环经济产业体系。其特点一是融合盐湖化工、石油天然气化工、煤化工、有色金属等产业,提升产业关联度;二是循环利用盐湖化工、氯碱化工、冶炼的副产酸性气体,化害为利;三是综合利用各类无机盐、金属冶炼、煤化工及建材过程中产生的固体废弃物,变废为宝;四是推进水资源在化工、冶炼、新能源等产业的高效利用。该模式提升了园区产业关联度,形成了多种优势资源的高效开发和废弃物的集中资源化利用,实现了水资源在产业体系和城市市政间的循环多级利用。

2010年与2005年相比,柴达木在地区生产总值提高172.1%、资源产出率提高50.6%的同时,单位工业增加值用水量下降71.3%,二氧化硫排放量下降48%,COD排放量下降36.1%。

柴达木探索出了以构建循环型产业体系为核心的资源富集、生态脆弱地区循环经济发展模式。该模式对于资源富集但生态脆弱地区的资源综合开发、产业结构优化具有借鉴意义。

(4)青海西宁

西宁市在全国率先颁布实施了《餐厨垃圾管理条例》,把推进餐厨废弃物资源化利用和无害化处理纳入城市生态建设的总体规划,构建了基本覆盖所有餐厨废弃物产生单位,以特许经营、市场化运作、收运处置一体化为特征的餐厨废弃物资源化利用体系。一是对餐厨废弃物实行强制收集、特许经营,指定专业化公司独家负责对全市餐厨废弃物进行统一收运、集中处理,形成了餐厨废弃物收集、运输、资源化利用一体化运行的模式;二是构建了"餐厨废弃物—生物柴油"、"餐厨废弃物—沼气—有机肥"等循环经济产业链;三是严格执法监管,取缔非法收运、加工餐厨废弃物窝点,并对特许经营企业收运和处置餐厨废弃物的即时处理、全面处理、无害化处理进行严格监管。

2010年,西宁市日处理餐厨废弃物120吨,餐厨废弃物减量化达90%,资源化利用率达到90%左右,2008年以来,累计处置11.6万吨餐厨废弃物。

西宁以特许经营、市场化运作、收运处置一体化为特征的城市餐厨废弃物资源化利用循环经济发展模式对于我国城市构建餐厨废弃物收运、资源化利用、无害化处理体系具有积极借鉴意义。

三、我国推进低碳发展与循环发展面临的问题与挑战

循环发展和低碳发展都是起源于发达国家的发展理念和模式,双方既有联系又有区别。在最终目标上,二者都是要实现人与自然和谐的可持续发展,但循环发展追求的是经济发展、资源能源节约、环境友好三位一体的三赢模式,而低碳发展是聚焦于经济发展与气候变化的双赢上;在实现的途径上,二者都强调通过提高效率和减少排放,但低碳发展强调的是通过改善能源结构、提高能源的效率,减少温室气体的排放,而循环发展强调的是提高所有的资源能源利用效率,减少所有废弃物的排放。从循环发展在世界各国的实践来看,循环发展关注的是提高生产、流通、消费领域所有资源能源的利用效率,所有废弃物排放的最小化,这其中包括温室气体排放的最小化;而低碳发展是新世纪新阶段应对气候变化而催生的经济发展模式,低碳发展的关注点和重点领域在低碳能源和温室气体的减排上,聚焦在气候变化上,这是与发达国家经济发展阶段相对应的。因此也可以认为,低碳发展是循环发展理念在能源领域的延伸,循环发展是推动低碳发展的基础,循环发展的结果必然走向低碳发展。对于处于工业化、城市化过程中的发展中国家来说,循环发展是不可逾越的经济发展阶段。

(一)存在的问题与挑战

循环发展与低碳发展是一项系统工程,虽然我国在节能减排、环境保护等方面取得了较快发展,但相对于发达国家来说,我国的实践还处于试验、示范的初级阶段,普及范围小、深度不够、质量不高,存在以下亟待解决的问题。

1. 传统的经济发展方式导致高耗能和高排放

长期以来中国走的是粗放式的发展之路，对资源和能源依赖性较强，单位 GDP 能耗和主要产品能耗均高于主要能源消费国家的平均水平。虽然我国早在“九五”计划中就提出促进经济增长方式的转变，但粗放式的发展方式至今没有发生根本性的转变。中国目前一次能源结构中绝大部分是化石能源，而二氧化碳主要是化石能源燃烧造成的。伴随中国经济飞速发展，工业化、城镇化加快，对能源的需求和温室气体将持续增加，中国温室气体排放总量将在今后一个相当长时间内保持继续增长的趋势，这对低碳能源技术的发展和环境污染是个极大的挑战。

2. 产业结构不合理

目前我国产业结构不尽合理，一、二、三产业比重失衡，工业特别是重化比重偏高，低能耗的第三产业比重偏低，部分企业工艺装备落后，资源利用率低，有的地区高投入高消耗低效率问题还较为普遍。中国在全球产业分工体系中仍处在低端位置，出口的商品相当一部分为高能耗、高污染的能源密集型商品。改革开放以来，作为发展中国家，中国为了引进了大量外资而对环境标准要求过低，承接了相当一部分发达国家重化工业的转移，使节能减排的国际责任和压力同时也转移到中国，中国在成为“世界制造工厂”的同时不可避免加重了污染排放，在某种意义上讲，中国部分地区已成为“污染避难所”。

3. 技术水平低下制约低碳经济和循环经济的发展

科学技术是发展低碳经济和循环经济的支撑体系，发展低碳经济和循环经济必须依靠科技创新，建立符合中国国情的技术支撑体系。我国作为一个发展中的大国，制约经济发展由“高碳”向“低碳”、由“粗放”向“集约”转变的因素是科技水平低，低碳技术和循环技术的开发和储备不足。无论是废弃物处理、节能降耗技术开发，还是对资源深度开发，都离不开技术和设备投入，没有先进的技术工艺发展，低碳发展和循环发展无从谈起，如在工业废气净化装置、固体废物处理装置、清洁能源替代等具有高科技水平设置的技术研究开发上能力较弱，低碳发展、循环发展的共用技术和核心技术还很欠缺。

4. 节能减排降碳的任务仍然艰巨

由于我国粗放型经济增长方式尚未根本改变，经济增长在很大程度上靠大量消耗资源来实现，不仅浪费大，污染严重，而且资源利用率低，完成“十二五”、“十三五”节能减排降碳目标的任务依旧艰巨。有些单位和地方对节能减排工作的重视度仍不够，个别地区能耗强度和污染排放大幅上升，一些地区能耗强度是全国平均水平的2—3倍，一些落后的技术设备仍在使用，转方式、调结构的任务十分艰巨。近年来雾霾频现，二氧化硫、氮氧化物、烟粉尘等污染物排放量大，环境质量状况不容乐观。节能环保标准还不够完善、财政奖励的激励作用弱化，企业节能改造积极性不高，守法成本高、违法成本低的问题仍未有效解决，违法排污现象屡禁不止。要完成到2020年实现单位国内生产总值二氧化碳排放比2005年下降40%—45%、非化石能源占一次能源消费的比重达到15%左右的目标，任务仍然艰巨。

中国是全球最大的发展中国家，人口众多，能源资源匮乏，气候条件复杂，生态环境脆弱，尚未完成工业化和城镇化的历史任务，发展很不平衡，发展经济、消除贫困、改善民生的任务还十分艰巨。当前，我国已进入全面建成小康社会的决定性阶段，随着工业化、城镇化和农业现代化持续推进，我国能源资源需求将呈刚性增长，废弃物产生量将不断增加，经济增长与资源环境之间的矛盾更加突出。

（二）关于推进低碳发展和循环发展的路径建议

1. 制订国家“十三五”低碳发展和循环发展战略

以《生态文明体制改革总体方案》为指引，借鉴西方发达国家关于低碳经济发展和循环经济发展的成功经验与政策措施，借鉴“十二五”低碳经济发展和循环经济发展的经验教训，同时结合基本国情和国家利益，以协调长期与短期利益、权衡各类政策目标、谋求双赢发展为出发点，制订国家“十三五”低碳发展和循环发展战略，确定阶段目标与优先行动的发展路线图，并与国家的相关发展规划相衔接，进一步硬化考核指标、量化工作任务、强化保障措施，从发挥市场机制、调整优化结构、推动技术进步、加强和改善管理、强化考核和责任追究等全方位进行总体安排、顶层部署，形成我国“十三五”低碳经济发展和循环经济发展蓝图，奠定国家得以长足、健康发展的战略基础。此外，相关部门配合国家规划思路，同步制订国家相关产业政策、法律法规和具体行动方案，建立发展低碳经济和循环经济的长效机制，形成一个具有国家意志、可操作的发展低碳经济和循环经济的总体思路与实施方案。

2. 强化组织落实，构建多元推动机制

一是明晰政府、企业及公众在发展低碳经济和循环经济中的各自角色。政府主要起监督、管理、规范和引导的作用，通过宣传教育，提高全民资源意识，建立绿色生产、适度消费、环境友好和资源可持续利用的社会公共道德准则；通过实施政府绿色采购制度，起到表率和引导作用。企业是发展低碳经济和循环经济的主体，应在技术创新、节能减排降碳、原材料替代、先进工艺设备升级换代、推进清洁生产、促进废水和废物的循环利用等方面发挥主导作用。公众层面应树立低碳环保生活的理念，追求简朴生活方式，从通过追求大量消费寻求富足感中挣脱出来，培养节约是美德的观念，从小事做起，争做低碳环保生活的先行者。

二是建立中央到地方两极推进机制。国务院建立健全发展低碳经济和循环经济组织协调机制，研究有关重大问题，部署重大任务，把握实施进度和效果，进行定期监督检查。地方各级人民政府对本地区发展低碳经济和循环经济工作负总责，切实加强组织领导和统筹协调，建立相应的工作机制，抓紧编制实施本地区低碳经济和循环经济发展规划和年度推进计划，出台配套政策措施，明确任务分工，做到层层有责任，逐级抓落实，形成工作合力。

三是构建多元的经济激励性政策推动机制解决各种瓶颈问题,推动低碳经济和循环经济的全面发展。首先,加大财政资金扶持力度,为企业节能减排降碳提供公共基础设施。政府部门可采取自主投资、公私合营、资金补助、融资支持等方式,对城市污水收集处理、垃圾综合处理与利用、清洁能源生产与利用等基础设施进行规模化的投资。其次,可采用价格调控与补贴相结合的方式,推动企业产能升级与民用设施节能改造,促使企业自主实行节能减排。最后,尽快出台政策优惠、政策性贷款、投资补贴、贷款贴息等措施,逐步建立全方位的创新金融支持体系,加大对低碳经济和循环经济技术研究企业的支持,建立专项基金资金和补贴,加大新能源和可再生能源开发利用的扶持力度,通过财政奖励企业进行技术改造,通过银行信贷支持较有发展前景的低碳发展和循环发展项目,以解决企业各种技术性瓶颈并逐步使其形成完整的技术体系。

3. 加快科技创新,加强国际合作

科技创新是低碳发展和循环发展的动力和核心,低碳经济发展和循环经济发展对技术有着极高的依赖性,只有不断提高科技创新能力和水平,走科技含量高、经济效益好、资源消耗低、环境污染少的发展道路,才能统筹经济增长和环境保护,实现良性循环。针对目前我国企业技术基础薄弱低碳产品在国际市场不具有竞争力的现状,组织高等院校、科研机构和科技创新企业应加强合作,提高自主创新能力,构建技术标准示范企业建设。积极开展替代技术、减量技术、再利用技术、新能源技术、资源化技术、系统化关键技术研究,突破制约低碳经济和循环经济发展的技术瓶颈,促进技术进步和科技成果转化。面向市场开发低碳发展和循环发展急需的应用技术,注重加强节能减排降碳技术的研究和开发,用新技术改造传统产业和落后工艺,开展清洁生产,实现节能降耗,减排增收。抓紧组织实施重大技术推广和应用,鼓励推广风能、太阳能和生物能技术在内的“低碳能源技术”开发应用,加大技术研发的投入,淘汰和关闭浪费资源、污染环境的落后工艺、设备。同时加大技术创新支持力度,用高新技术尤其是信息技术和先进适用技术改造传统产业,推动国民经济产业发展升级,从整体上全面提升节能减排降碳的技术水平。以现有的新能源技术创新与产业发展平台为依托，加强国际技术交流与合作，促进发达国家的技术转让，引入成熟的技术，从而降低成本，缩短技术产业化的时间，实现技术“跨越式”发展。

4. 加快调整产业结构，优化能源结构

一是制定产业准入制度和退出政策，加快推动传统产业改造升级、加快淘汰落后产能，调整高碳产业结构，逐步降低高碳产业，推进工业节能、建筑节能、交通节能，引导商业和民用节能、农业和农村节能减排，力求提高能源利用率，减少污染排放。二是扶持战略性新兴产业和现代服务业发展，加快以信息化带动工业化，以工业化促进信息化，鼓励经济发达地区发挥智力资源和技术层次高的优势，重点发展高附加值、经济效益好、技术含量高、能源和原材料消耗少的密集型产业和服务业，提高技术档次，减少资源浪费和环境污染。三是通过严格控制煤炭消费总量、推动化石能源清洁化利用、大力发展非化石能源等手段优化能源结构。通过增加清洁能源，大力发展太阳能、水能、风能、核能、地热能以及不产生二氧化碳的物质能源，以优势能源替代稀缺能源，以可再生能源替代稀缺能源，逐步提高替代能源结构中的比重，通过产业结构优化升级和技术进步改善能源结构、提高能源效率。

5. 稳步推进低碳发展和循环发展试点和示范

一是在电力、交通、建筑、冶金、化工、石化等能耗高、污染重的行业先行试点，寻求适合我国国情的低碳发展和循环发展之路。二是在东部发达地区和国家重点能源基地选定典型城市进行试验试点，积极打造低碳经济发展区、循环经济发展区、低碳工业园区等。三是开展低碳发展和循环发展的示范带动，逐步总结经验。

第六章　开发与保护

——实施最严格的环境保护

改革开放以来，我国在经济社会快速发展的同时，也付出了很高的资源环境代价，带来一系列新的矛盾和问题。解决这些问题，不仅要树立发展和保护相统一的理念，实现发展与保护的内在统一、相互促进，还要依靠强有力的环境监管执法，以严格的法治保障生态环境，实施最严格的环境保护制度。

一、经济发展与环境保护的辩证关系

（一）现代化进程中经济发展与环境保护之间的矛盾客观存在

环境污染是世界现代化进程中普遍面临的突出问题。最典型的是20世纪30至60年代英美日等国在工业化急剧推进的过程中爆发的“八大公害事件”。改革开放以来，我国工业化进程加快，推行的是赶超式的发展战略。发达国家上百年工业化过程中分阶段出现的环境问题在我国快速发展的30多年中集中出现。呈现出结构型、复合型、压缩型特点的环境问题积聚和爆发出来，严峻的环境形势已影响了广大人民群众的生存、发展和幸福指数的提高。

近年来，我国生态文明建设和环境保护工作取得重大进展和积极成效。但总体上看，环境保护仍滞后于经济社会发展，整体环境形势依然严峻，环境保护面临的压力持续加大。

1. 资源约束趋紧,环境污染严重

近10多年来,我国能源消费以年均8%的高速增长,2010年起,我国已成为世界能源消费第一大国。2013年,中国占世界GDP比重为12%,但能源消费总量占22%、粗钢占44%、水泥占57%。化学需氧量、二氧化硫、温室气体排放量均为世界第一,单位GDP能耗是发达国家的8—10倍。全国约有1.4亿人喝不到干净的水,1/3的城市空气被严重污染,1.5亿亩耕地受污染、四成多耕地退化。从人口密度和工业化带来的环境排污强度看,我国已超过历史上最高的两个国家:德国和日本,分别是它们的2—3倍。①

根据2014年度环境状况公报,全国开展空气质量新标准监测的161个城市中,有145个城市空气质量超标;地表水国控断面中,仍有9.2%丧失水体功能(劣于V类),Ⅰ—Ⅱ类水质比例较上年下降5.7个百分点。从各省区市的情况看,以江苏为例,虽然这些年环境保护力度不断加大,但支撑经济社会高速增长的资源环境约束也日益加剧。耕地资源紧缺,建设用地不断扩张,开发强度已达21%,苏南部分地区已超过30%的国际"警戒线";水域面积减少严重,从1978年到2014年,减少了400多平方公里,衰减率达2.3%;煤炭消费总量大,2014年达2.92亿吨,能源消耗年均增长6.9%;污染物排放量大,2014年化学需氧量、氨氮、二氧化硫和氮氧化物的排放总量分别达110万吨、14.25万吨、90.47万吨和123.26万吨,远超环境容量;水环境质量堪忧,地表水国控断面劣于Ⅲ类水体的比例达54.2%;空气超标情况依然严重,去年PM2.5平均浓度达66微克/立方米,高于珠三角和长三角其他省市。中国环境宏观战略研究指出,当前我国面临的资源环境问题比世界上任何国家都突出,环境压力比任何国家都大,解决起来比任何国家都困难。②

① 陈吉宁:十二届全国人大三次会议答记者问,2015年3月。

② 夏光:《当前环境形势该如何评价》,《中国环境报》2013年7月。

2. 污染事故增多,突发环境事件频发

目前,我国经济发展进入到“增长速度换挡期、结构调整阵痛期、前期刺激政策消化期”的新常态,环境保护也进入到“环境矛盾尖锐、环境风险活跃、群众环境意识升级”三期叠加的新阶段。在这个时期,经济社会发展过程中长期积累的环境风险开始破坏性释放,污染事故和突发环境事件频发。涉及水环境的突发事件高发,全国80%左右的化工、石化项目布设在江河沿岸、人口密集区等敏感区域,仅2014年环保部调度处理的98起重大及敏感突发环境事件中,就有60起涉及水污染。危险废物环境隐患突出,据专家估算,我国危险废物年产生量约为1亿吨,而危废经营单位实际利用处置量只有1500万吨左右,现有危废利用处置能力远不能满足实际需求,加上历史堆存的危险废物数量可能高达上亿吨,构成巨大隐患。传统的霾、水污染等问题尚未得到完全解决,重金属污染、持久性有机污染(POPs)、挥发性有机化合物污染(VOCs)、臭氧污染等新的环境问题相继出现。典型事件如2007年太湖蓝藻爆发和近年来华北许多地区遭受雾霾袭击等。环保“邻避效应”日益凸显,一些环境纠纷与其他社会矛盾交织,成为影响社会稳定的“引爆点”。松花江水污染事件、渤海湾溢油事件、德清血铅事件、大连PX事件、四川什邡事件、浙江镇海事件、江苏启东事件,皆由长期潜伏的环境问题引发。据统计,2000年来,我国每年都发生上千起环境污染事故,环境群体性事件一直保持两位数的增长。以江苏为例,2000年到2014年,全省环保投诉总量由1万多件上升到近10万件,近两年来因环境污染事故导致群众围堵企业的事件每年都在100起左右。一些专家已把环境事件与违法拆迁、劳资纠纷一起,并列为容易引发社会冲突的“三驾马车”。

3. 环保投入严重不足

我国目前面临较严重的工业污染、城市生活污染、生态系统功能失衡、新污染问题和全球环境问题等组成的复合型环境问题,要应对这一复合型环境问题的挑战,所需要的资金投入无疑是相当巨大的。

目前我国环保资金需求较大主要取决于以下几个因素:一是随着工业

化和城市化进程加快及人口持续增加，长期的粗放式经济增长，环境治理总体压力很大；二是污染治理的难度不断加大。过去那些使用简单技术、较少投资就能解决的问题现在已经越来越少，污染的治理难度和对资金的需求程度都有了明显的变化，环境治理的成本不断增大；三是污染的性质发生了显著变化，区域性、流域性、面源、生活性污染逐渐成为新的矛盾，这些污染的解决相对于传统工业的末端治理需要更大规模的环保投资；四是环境投资历史欠账太多。多年来中国在环境污染上的投资远低于应有的基本保障水平，政府环境包袱越背越重。我国的生态环境虽在局部地区有所改善，但总体上仍呈恶化趋势。

然而，目前我国对环境保护的投入相对于需求而言，严重不足。据世界银行测算，“九五”期间环保资金计划数额为4500亿元，实际投入3600亿元，缺口900亿元。“十五”期间仅水污染治理资金就缺口400亿元。因此可以说，我国投入环保资金从总量上而言较少，从占GDP的比重而言也非常低。

年份(时期)	投入环保资金(亿元)	占GDP比例(%)
“七五”	700	0.7
“八五”	2000	0.8
“九五”	3600	1
“十五”	7000	1.2
“十一五”	15300	1.35
发达国家		2—3

环保投入不足的原因主要分为三个方面。首先，在环保资金来源上，缺乏有效的财政制度保障。我国还没有建立起有利于财政投资稳定增长的政策法规体系。尽管我国已经围绕公共财政体制的建立进行了多年改革，但目前还没有建立起有利于财政环保投资稳定增长的政策法规体系，以确保政府对环保的刚性投入，提高财政投资的效率和效益。我国也缺乏系统的环境保护税收筹资政策。我国现行税制中大部分税种的税目、税基、税率的选择都未从环境保护与可持续发展的角度考虑，与国际上已经建立起来的

环保型税收体系覆盖面大、征收力度强、划分细致、易操作的发展趋势还有很大差距。我国还没有设立专门的环境税种。环境税是政府用来保护环境、实施可持续发展战略的有力经济手段,我国目前还没有真正意义上的环境税,只存在与环保有关的税种,即资源税、消费税、城建税、耕地占用税、车船使用税和土地使用税。尽管这些税种的设置为环境保护和削减污染提供了一定的资金,但难以形成稳定的、专门治理生态环境的税收收入来源。

其次,环境保护投入主体不明确,政府与企业(市场)职责分工尚不明晰,多层次投融资机制不健全。随着市场经济体制的逐步建立和企业经营机制的转换,原来由政府独立承担的环保事权,本应在政府、企业和个人之间重新划分,但现在还没有到位。一方面,政府还未退出企业生产投资与经营决策领域;另一方面,"污染者付费原则"的制度基础还不健全,企业生产对环境造成负的外部成本还没有完全内部化。从资金投入方面看,投资主体仍然是由国家和政府充当。而且在资金结构、地区分布等方面还不太合理。比如,环境保护领域的垄断仍未被真正打破。20 世纪 90 年代中期以后,虽然国家对环境保护领域进行了一系列改革,如,推行环境保护产品收费政策、适当提高供水价格、采取多种鼓励各类企业主要是民营企业进入环境保护领域等。但是,行政垄断还没有完全被打破,大量的城市环保产业仍由政府部门和国有资本高度垄断,既不允许国内社会资金的有效介入,又缺乏严格规范、可操作性的管理模式。这一方面使政府背上了沉重的财政负担,另一方面也造成了环境公用事业部门的低效率。我国的经济激励制度体系也很不完善。我国的经济激励制度种类较多,以税收手段、收费制度和财政手段为主体,但缺乏配套措施,并没有起到应有的作用。如,中国人民银行要求金融机构"不符合环保规定的项目不贷款",由于没有配套措施,这项制度并没有得以实施。我国也建立了差别税收政策,但是与发达国家相比,我国的差别税收政策种类较少、应用领域较窄;环境税收制度仍处于初创阶段和理论研究阶段;生态环境补偿费、排污许可证交易、废物加收押金制度、环境资源核算、污染责任保障仍处于起步阶段。排污权交易制度发放了排污许可证,从 1991 年开始,排污权交易试点,并未进入排污权交易的广泛推广阶段。

最后，政府间环境事权划分不清，财力与事权不匹配。环境保护投融资政策设计的基石是明晰的事权和财权。环境污染防治具有明显的外部性，受益和受害往往是在流域、区域范畴内发生，而具体的工程实施载体又是位于确定的行政区域。这造成上下游投资事权不分、政府企业事权不分、中央政府和地方政府事权不分，没有形成分类分级的事权财权划分明细目录，未形成财政资金投入的理论基础，且这往往与转移支付等交织在一起，使政府财政资金尤其是中央政府财政资金投入严重滞后，政府职责缺位。在我国分税制改革过程中，并没有以规范的方式明确各级政府间的事权关系，政府间事权划分不合理，出现政府缺位、错位和越位等现象。目前看来，环保历史欠账多、投入不足是影响污染减排、制约环境保护工作的关键问题，突出表现为治污工程实际供给与需求、环境监管手段与要求两个方面不适应。投入不足的主要原因是地方政府财税支撑条件与环境责任不对等、企业资金筹措渠道不畅、经济政策不完善。财税体制改革时中央和地方财权划分未考虑环境事权因素，中央、地方财税分配体制与中央、地方政府环境事权分配体制反差较大，国有大中型企业利润上缴中央，治污包袱留给地方，许多历史遗留环境问题、企业破产后的污染治理问题都要由事发多年后的当地政府承担，贫困地区、经济欠发达地区财力更难以承担治污投入，“211 环境保护科目”在相当一部分地方处于“有渠无水、有账无钱”状态，地方政府环境责任和财税支持条件不对等。由于中央与地方政府之间的环境保护事权划分不明确，致使环境保护投入重复和缺位并存，各级政府不能很好履行其环保责任。一些应当由中央政府负责、具有国家公共物品性质的环境保护事务，例如跨省流域水环境治理、国家级自然保护区管理、历史遗留污染物处理、国际环境公约履约、核废料处置设施建设、国家环境管理能力建设等，严重缺乏环境财政的支持。如果不及时填补这些市场和地方政府不可能发挥作用的空缺，国家的发展和环境安全就会遭遇严重威胁。同时，一些应当由地方政府负责、具有地方公共物品性质的环境保护事务，例如地方管辖的水环境治理、城市环境基础设施建设、地方环境管理能力建设等，都需要由地方财政安排。但是，由于环境保护事权划分不清，导致地方环境保护财权不到位，地方政府向中央政府“寻租”的现象普遍发生。

（二）经济发展与环境保护可以实现良性互动

党的十八大报告提出生态文明建设是我们党对人类文明形态演进的历史性把握；是中国消除资源环境威胁，实现可持续发展的实践性提升；推进生态文明建设才可能实现中华民族的永续发展。报告指出："加大自然生态系统和环境保护力度。良好生态环境是人和社会持续发展的根本基础。要实施重大生态修复工程，增强生态产品生产能力，推进荒漠化、石漠化、水土流失综合治理，扩大森林、湖泊、湿地面积，保护生物多样性。加快水利建设，增强城乡防洪抗旱排涝能力。加强防灾减灾体系建设，提高气象、地质、地震灾害防御能力。坚持预防为主、综合治理，以解决损害群众健康突出环境问题为重点，强化水、大气、土壤等污染防治。坚持共同但有区别的责任原则、公平原则、各自能力原则，同国际社会一道积极应对全球气候变化。"为此，需要从理念、措施、制度等方面完整系统理解和把握经济发展与环境保护的关系。

在生态文明的视野下，环境保护与经济社会发展不再是一对简单的矛盾关系，两者是有机融合、同构并存的统一体。这里所讲的发展，必然是包括环境保护的发展，是体现着环境保护技术、标准、经济、法律的发展。这里的环境保护是指人类为解决现实或潜在的环境问题，协调人类与环境的关系，保护人类的生存环境、保障经济社会的可持续发展而采取的各种行动的总称，其核心是保障经济社会的可持续发展。在生态文明的视野下，根本不存在离开环境保护的发展，尤其不可能有对立和矛盾于环境保护的发展，环境保护有机地体现在所有发展的全过程和最终结果之中。这样的发展无论其规模多少、速度快慢，在本质上都是内在包含着环境保护的发展。人类实践已经充分证明：发展是有限度的，增长是有极限的，人类必须顺应自然、尊重自然、保护自然，人类的发展应该是适度发展。这个过程就是发展与保护同行、同在的过程，环境保护是所有发展的内在本质要求。同理，也没有脱离于发展之外的纯粹的环境保护，没有绝对的为保护而保护。

习近平总书记考察云南时提出："一定要像保护眼睛一样保护生态环

境，坚决保护好云南的绿水青山、蓝天白云”“在生态环境保护上，一定要算清大账、不能只算小账，要算长远账、不能只算眼前账，要算整体账、不能只算局部账，要算综合账、不能只算单项账，不能因小失大、顾此失彼、寅吃卯粮、急功近利。”总书记的重要讲话，具体而形象生动地阐明了生态文明视野下的环境保护与经济社会发展的内在要求。

1. 经济发展对环境保护具有促进作用

首先，经济的发展能够从根本上实现生态环境保护。一般地讲，在不考虑其他因素的情况下，污染物的潜在发生量和社会总产值是成正比的，但经济发展并没带来污染线性增长。研究表明，污染水平和经济增长之间的关系曲线呈倒U形，即随着经济的发展，污染物的排放量先增加后降低。在国际常用的环境库兹涅茨曲线EKC（Environmental Kuznets Carve）中把经济发展分成三个阶段：第一个阶段是低经济活动时期，产生的污染物较少；第二个阶段是经济起飞时期，此时对资源的消耗量巨大，技术水平不高，利用率低，污染严重；第三个阶段是经济平稳发展时期，经济结构的改变，污染产业停止生产或被转移，技术水平提高，资源利用率提高，同时也积累了较多的资金以进行环境治理，以及人们环保意识的提高，使环境污染减轻。据此，我们可以得出结论：解决污染的根本途径还是要发展经济。

其次，经济发展能够带动科学技术的进步，能够提高资源的利用率，减少污染的产生。经济的发展和科学进步是交织在一起的两个过程。科学技术的进步，会对污染物潜在发生量和社会总产值的比值产生重大的影响。随着经济发展，生态科技正在迅速崛起。生态科技以人与自然的和谐发展为根本目标，它能够提高资源利用效率，优化资源利用结构，减少生产过程的资源和能源消耗以及生产过程中的污染排放，保护生态环境。随着生态科技的发展，节能环保、生物医药等战略性新兴产业逐渐兴起，符合低碳、绿色发展要求的现代化产业化体系构建起来，反过来又促进了环境保护。所以，技术进步可大大降低污染物的潜在发生量和社会总产值的比值，即可以大大降低经济发展本身对环保事业发展的依赖度。由于科学技术不断向前发展，因此技术进步是降低污染物潜在发生量和社会总产值比值的一个长期性因素。

再次,经济发展为保护环境提供充足的资金与设备。环境保护工作需要较大的资金支持。目前许多发达国家甚至一些发展中国家环保投资占GDP的比重超过2.5%,各国环保费用占GDP的比重都有上升趋势。但是我国目前这一比例约为1.5%,据测算,要保证经济的持续增长,而环境状况又不致于迅速恶化,我国环保投资应占GDP的1.5%—2%,要使环境状况逐渐好转,这一比例应在2.5%以上。因此需要大力发展经济。环保设备是减少经济发展产生的污染物的物质保证。从某种意义上说,一个时期环保事业发展的规模有多大,主要取决于该时期内社会拥有环保设备的数量,取决于环保设备制造部门规模的大小。随着经济的发展,环保设备逐渐积累,设备工艺效率提高而价格降低,环保设备制造业逐渐产业化,可以提供更多、更好的环保物资。

此外,经济发展提高了人们的需求层次和对环境保护的关注程度。经济落后时,人们主要关注生理需求这一低层次需求,对良好的生态环境这个高层次的需求往往无暇关注。经济发展带来了国民收入的提高,人们的生理需求得到很好的满足后,就会关注和追求高质量的生活环境。因此,环境保护的意愿和经济发展水平密切相关,它受一定时期内人均国民收入占有水平的影响。经济越发达,人对环境的要求也会越高,人们必然愿意以更高的代价去谋求一个更高水平的环境质量。此外,经济发展提高了人们的知识水平和总体素质,人们保护环境的意识逐渐提高,环境保护的自觉性也逐渐增强,这也有利于生态环境的保护。

最后,经济发展带动国家产业结构的调整,实现对生态环境的保护。污染物的生产量不单单取决于生产总值和技术水平,还取决于生产结构。如果高污染高消耗部门的产值在社会总产值中比重较大,污染物潜在发生量和社会总产值的比值就会上升,反之则会下降。因此,我们要以生产力发展为中心,通过生产力的发展来促进产业结构的调整和经济增长方式的转变,进而实现环境保护事业的发展。

2. 环境保护对经济发展具有促进作用

经济发展是在自然环境的基础上建立和发展起来的，良好的生态环境能降低经济发展的成本，为经济持续发展提供动力支持。反之，环境问题解决不好，就会成为经济发展的瓶颈问题，甚至阻碍经济发展。环境保护对经济发展的作用机理表现为以下几个方面：

首先，保护环境可以减少经济发展的长期成本。假定国民收入分为生产性积累基金、消费基金和环境保护费用，那么在国民收入总量一定时，用于环保的费用越多，则用于生产性积累和消费的数额就越少。短期内，当环保费用的增加部分主要从生产性积累基金中扣除时，它必然会使经济增长速度放慢，从而影响下一时期国民收入的总量，也限制了下一时期增加环保费用的可能性；当环保费用的增加部分主要从消费基金中扣除时，就必然会影响到计划期人民物质产品和劳务的消费量，也会挫伤人民的生产积极性，对下一时期的国民收入产生消极的影响，从而也限制了下一时期增加环保费用的可能性。这就是环保费用过大和经济发展的矛盾。但是从一个较长时期来看，由于环境破坏具有不可逆转的特点，在一个较短的计划期内环保费用过低，必然会加快破坏环境的速度，使累积的环境损害值加大。由于治理累积的环境损害的费用要大大高于防治环境破坏的费用，这样把一个较长的计划期作为整体，环保费用的总量反而更大，而且会引起后续时期经济发展的大幅度下降和波动。

其次，保护环境可以促进资源节约，保证经济发展需要的资源，实现经济可持续发展。自然资源是任何生产的必要条件。如果把环境保护看作是生产和消费过程中的重要环节，建立“资源—产品—废物—再生资源—再生产品”的循环生产新模式，彻底改变传统的“资源—产品—污染排放”的单向线性模式和“先污染，后治理”的末端治理模式，可以解决经济高速发展和环境日益恶化之间的矛盾，使经济得以健康、快速、持续的发展。

循环生产新模式既是环境保护的要求，也是经济可持续发展的基本要求。它的基本特征是“减量化”“再利用”“资源化”。“减量化”是指在生产、流通和消费等过程中减少资源消耗和废物产生。这是从生产的源头充分考虑节省资源、提高单位生产产品对资源的利用率、预防和减少废物的产生。“再利用”是指将废物直接作为产品或者经修复、翻新、再制造后继续作为产品使用，或者将废物的全部或者部分作为其他产品的部件予以使用。这旨在过程中延长产品和服务的时间强度，也就是说，尽可能多次或多种方式地使用产品，以延长产品的使用周期，避免产品过早地成为垃圾，从而节约生产这些产品所需要的各种资源投入，生产者应采取产业群体间的精密分工和高效协作，加大产品到废弃物的转化周期，最大限度的提高产品的使用效率。“资源化”是指将废物直接作为原料进行利用或者对废物进行再生利用。通过把废弃物再次变成资源以减少最终处理量，实现废弃物的最小排放，实现对环境最小程度的污染。

再次，保护环境可以带来直接经济效益。将环境保护纳入经济发展体系之内，将其作为一种产业来经营，同样可以促进经济发展，为国家和企业带来直接经济利益。如污水处理等环保项目和各类环保政策的市场需求很大；废水、废气、废渣的利用不仅能够节约能源，而且能够降低生产成本；达标污水污物的外排可以减少自然水体的污染治理成本。

最后，保护环境可以提高农产品质量，增加农民收入。保护环境可减少对空气、水源、土壤的污染，扩大林地面积，可以改善气候条件和动植物的生长环境，丰富农产品种类，提高农产品的品质，降低农业生产成本，增加农民收入。

二、加强重点领域的治理

（一）水污染防治

1. 我国水污染现状

经过多年的建设，我国水污染防治工作取得了显著的成绩，但水污染形势仍然十分严峻。全国主要流域的Ⅰ—Ⅲ类水质断面占64.2%，劣Ⅴ类占

17.2%,其中,海河流域为重度污染,黄河、淮河、辽河流域为中度污染。湖泊(水库)富营养化问题仍然突出,56个湖(库)的营养状态监测显示,中度富营养的3个,占5.2%;轻度富营养的10个,占17.2%。虽然1995年后国家就启动了对“三河三湖”的治理(三河:辽河、海河、淮河,三湖:太湖、巢湖、滇池),但是这些区域目前仍然处于严重污染的状态。

图表:海河流域为重度污染,黄河、淮河、辽河流域为中度污染

流域分区	评价河长(千米)	分类河长占评价河长百分比(%)					
		I类	II类	III类	IV类	V类	劣V类
全国	189,359	4.6	35.6	24.0	12.9	5.7	17.2
松花江区	13,562	0.8	17.4	39.3	22.1	3.1	17.3
辽河区	4,949	5.6	31.8	11.4	16.0	11.0	24.2
海河区	14,089	1.5	19.3	15.4	5.8	7.0	51.0
黄河区	20,509	2.2	31.4	15.8	14.1	8.0	28.5
淮河区	24,569	0.4	13.6	24.0	26.9	10.7	24.4
长江区	56,702	5.1	39.4	25.9	11.8	5.3	12.5
东南诸河区	6,201	3.4	39.9	29.6	10.9	3.8	12.4
珠江区	19,847	0.3	38.7	34.6	12.1	5.1	9.2
西南诸河区	18,054	6.9	66.2	22.5	1.9	0.6	1.9
西北诸河区	10,876	28.7	59.3	8.0	2.9	0.8	0.3

近几年,中国重大环境污染以及事故频频发生,水污染事故占一半左右。监察部的统计分析,国内近几年每年水污染事故都在1700起以上。2013年1月山西天脊集团发生苯胺泄漏事故,当地政府事后瞒报,导致苯胺污染了漳河下游,影响了山西、河北和河南等多地居民的正常饮水和生活。2012年2月的广西龙江镉污染,2010年7月紫金矿业水污染和吉林松花江哈工污染,都是近几年来影响非常严重的水污染事故。

图表:国内水污染事件频繁发生

2005年11月,吉林松花江苯污染事件;
2006年1月,湖南湘江镉污染事件;
2006年4月,广东吴川水污染事件;
2006年9月,湖南岳阳饮用水源砷超标事件;
2007年12月,贵州都柳江砷污染事件;
2008年1月,湖南辰溪砷污染事件;

2008年3月,广州钟落潭水污染事件;
2008年6月,云南阳宗海砷污染事件;
2008年10月,四川雅安江水污染全城停水;
2009年2月,江苏盐城酚污染事件;
2010年5月,黑龙江巴彦自来水遭受污染;
2010年7月,吉林松花江化工污染;

2010年7月,紫金矿业水污染事件;
2011年6月,广东化州水污染事件;
2011年6月,浙江新安江苯酚污染事件;
2011年7月,四川涪江水污染事件;
2011年8月,江西瑞昌水污染事件;
2011年8月,云南曲靖铬污染事件;

2012年2月,广西龙江镉污染事件;
2012年2月,江铜矿区下游现“癌症村”;
2012年5月,三友化工污染门;
2013年1月,山西长治苯胺泄漏事件;
2013年3月,上海黄浦江大量死猪漂浮;
2013年7月,广西贺江水污染事件;

严重的水资源污染和频发的水污染事件严重破坏我国的水环境平衡，也制约着我国经济社会的可持续发展，亟须出台更严厉的措施进行预防和治理。

2. 水污染治理的政策保障

近年来，国家以改善水环境质量为核心，按照"节水优先、空间均衡、系统治理、两手发力"原则，贯彻"安全、清洁、健康"方针，强化源头控制，水陆统筹、河海兼顾，对江河湖海实施分流域、分区域、分阶段科学治理，系统推进水污染防治、水生态保护和水资源管理。坚持政府市场协同，注重改革创新；坚持全面依法推进，实行最严格环保制度；坚持落实各方责任，严格考核问责；坚持全民参与，推动节水洁水人人有责，形成"政府统领、企业施治、市场驱动、公众参与"的水污染防治新机制，实现环境效益、经济效益与社会效益多赢。在水污染防治方面，政府先后出台《水体污染控制与治理科技重大专项》、《水污染防治行动计划》等措施遏制水污染状况。

水体污染控制与治理科技重大专项（以下简称水专项）是为实现中国经济社会又好又快发展，调整经济结构，转变经济增长方式，缓解我国能源、资源和环境的瓶颈制约，根据《国家中长期科学和技术发展规划纲要（2006—2020 年）》设立的十六个重大科技专项之一，旨在为中国水体污染控制与治理提供强有力的科技支撑，为中国"十一五"期间主要污染物排放总量，化学需氧量减少 10% 的约束性指标的实现提供科技支撑。

根据《国家中长期科学和技术发展规划纲要（2006—2020 年）》要求，按照"自主创新、重点跨越、支撑发展、引领未来"的环境科技指导方针，水专项从理论创新、体制创新、机制创新和集成创新出发，立足中国水污染控制和治理关键科技问题的解决与突破，遵循集中力量解决主要矛盾的原则，选择典型流域开展水污染控制与水环境保护的综合示范。针对解决制约我国社会经济发展的重大水污染科技瓶颈问题，重点突破工业污染源控制与治理、农业面源污染控制与治理、城市污水处理与资源化、水体水质净化与生态修复、饮用水安全保障以及水环境监控预警与管理等水污染控制与治理等关键技术和共性技术。将通过湖泊富营养化控制与治理技术综合示范、河流水污染控制综合整治技术示范、城市水污染控制与水环境综合整治技术示范、饮用水安全保障技术综合示范、流域水环境监控预警技术与综合管理示范、水环境管理与政策研究及示范，实现示范区域水环境质量改善和饮用水安全的目标，有效提高我国流域水污染防治和管理技术水平。

水专项精心设计，循序渐进，将分三个阶段进行组织实施，第一阶段目标主要突破水体"控源减排"关键技术，第二阶段目标主要突破水体"减负修复"关键技术，第三阶段目标主要是突破流域水环境"综合调控"成套关键技术。水专项是建国以来投资最大的水污染治理科技项目，总经费概算三百多亿元，将极大促进我国水污染的防治。

在颁布水专项后，国家又提出《水污染防治行动计划》即水十条。水十条对水污染防治工作作出详细部署。提出水污染防治工作的主要目标："到2020年，全国水环境质量得到阶段性改善，污染严重水体较大幅度减少，饮用水安全保障水平持续提升，地下水超采得到严格控制，地下水污染加剧趋势得到初步遏制，近岸海域环境质量稳中趋好，京津冀、长三角、珠三角等区域水生态环境状况有所好转。到2030年，力争全国水环境质量总体改善，水生态系统功能初步恢复。到本世纪中叶，生态环境质量全面改善，生态系统实现良性循环。"实现主要指标得到有效控制，"到2020年，长江、黄河、珠江、松花江、淮河、海河、辽河等七大重点流域水质优良（达到或优于Ⅲ类）比例总体达到70%以上，地级及以上城市建成区黑臭水体均控制在10%以内，地级及以上城市集中式饮用水水源水质达到或优于Ⅲ类比例总体高于93%，全国地下水质量极差的比例控制在15%左右，近岸海域水质优良（Ⅰ、Ⅱ类）比例达到70%左右。京津冀区域丧失使用功能（劣于Ⅴ类）的水体断面比例下降15个百分点左右，长三角、珠三角区域力争消除丧失使用功能的水体。到2030年，全国七大重点流域水质优良比例总体达到75%以上，城市建成区黑臭水体总体得到消除，城市集中式饮用水水源水质达到或优于Ⅲ类比例总体为95%左右。"水十条的提出为水污染防治提供了制度保障。

3. 水污染治理的案例分析

我国在水污染治理方面有诸多成功案例，发生在2007年的太湖蓝藻暴发事件,既为我们敲响了水生态危机的警钟,也为我们水污染治理提供了借鉴启示。

太湖是我国的第三大淡水湖,面积2338平方公里,平均水深1.89米,是一个典型的平原浅水型淡水湖泊。太湖流域行政区划分属江苏、浙江、上海和安徽三省一市,是我国人口密度最大、大中型城市最集中、工农业生产发达、国内生产总值和人均收入增长最快的地区之一。同时,太湖流域又是我国著名的平原河网地区,河道密度全国最大。水资源在支撑和保障流域经济社会可持续发展中发挥了极其重要的作用,但自上世纪末以来,流域河湖污染十分严重。受河湖污染影响,太湖本身长期受到蓝藻暴发问题的困扰。从1990年到2007年,太湖水体水质不断下降,水体富营养化程度不断加剧,夏秋太湖蓝藻时有暴发,并且进入本世纪以后有加速发展的趋势。

2007年1—5月,太湖流域气温持续偏高,降雨偏少,光照充足,气候条件有利于蓝藻大规模生长。到5月中旬,太湖梅梁湖等湖湾的蓝藻进一步聚集,分布范围扩大,程度加重,随后蓝藻大规模集中死亡、腐烂,先后导致无锡小湾里水厂、贡湖水厂水源地水质严重恶化,水源恶臭、水质发黑,从5月29日开始,居民自来水臭味严重,致使无锡市市区80%的居民无法正常饮用自来水,引发了城市供水危机,一时很多居民抢购纯净水,造成了较大的社会影响。在大规模紧急调引长江清水入湖之后,太湖贡湖水源地水质逐步得到改善,同时,城市供水部门对原水进行应急深度处理,去除水体污染物质。6月3日下午,无锡市出厂自来水的水质基本合格,蓝藻污染导致的臭味基本清除。6月5日,无锡市政府通过媒体正式宣布实现正常供水。

2007年太湖蓝藻事件,拉开了中国有史以来最大规模治湖工程的序幕。6月29日、30日,时任国务院总理温家宝同志调研太湖污染及治理情况,主持召开太湖、巢湖、滇湖三湖治理座谈会,要求全面启动太湖治理。2007年下半年起,国家发改委会同国务院有关部门以及太湖流域江苏、浙江、上海两省一市(以下简称"两省一市")编制了《太湖流域水环境综合治理总体方案》(以下简称《总体方案》)。2008年5月,国务院批复实施了《总体方案》。《总体方案》认真总结了以往太湖污染治理正反两方面的经验,针对流域污染现状和存在的主要问题,提出了"总量控制、浓度考核"的污染控制管理体系，明确了到2012年和2020年的分阶段治理目标，坚持综合治理、统筹规划、突出重点、落实责任，提出了控源、截污、引流、清淤、生态修复以及调整产业结构、工业布局、城乡布局等综合性措施，全面规划了需要实施的项目和工程。

《总体方案》实施七年来，太湖流域水环境综合治理工作取得了全面进展。目前《总体方案》确定的近八成项目已经完工，截至2012年年底已完成投资960亿元，占《总体方案》近期批复投资的90%。根据《总体方案》，在太湖综合治理上，主要采取了如下措施。

(1)加强立法严格执法为太湖治理保驾护航

2007年太湖蓝藻事件之后，太湖流域立法工作取得重大突破。2011年9月16日国务院第604号令公布的《太湖流域管理条例》，开创了我国在国家层面流域性综合立法的先河，将实践中行之有效的各项措施规范化、制度化，通过立法加强了太湖流域的水资源保护和水污染防治工作。地方政府修订或制定的《江苏省太湖水污染防治条例》、《浙江省城镇污水集中处理管理办法》等一批法规文件，为规范流域水环境治理奠定了基础。《江苏省太湖水污染防治条例》规定，江苏省太湖流域实行分级保护，划分为三级保护区。同时，各有关方面加大了对水事违法案件的查处力度和环境执法力度，加强重要水功能区和入河排污口监督管理，防范突发水污染事件和破坏水环境的违法行为发生。

(2)构建有效的协调机制

2008年，国务院批复设立了由国家发改委牵头，国务院有关部门和两省一市人民政府组成的太湖流域水环境综合治理省部际联席会议制度（“省部际联席会议”），协调解决太湖治理工作中出现的重大问题，推动落实《总体方案》各项任务和措施。水利部成立了太湖流域水环境综合治理水利工作协调小组，并召开两省一市分管省领导和水利部门参加的协调会议。两省一市也相应建立完善了区域和行业协调工作机制。如江苏省成立了由省长、市长和部门主要负责人为成员的省太湖水污染防治委员会，并成立了省太湖水污染防治办公室。2007年起，江苏省政府每年召开太湖水污染防治委员会全体（扩大）会议，至今已召开9次，会上与苏南五市和省10个部门签订目标责任书,强化定性和定量考核,省财政每年安排20亿元作为专项引导资金,地方财政新增财力10%—20%专项用于太湖治理。2007年8月无锡市决定由市党政主要负责人分别担任64条河流的“河长”。2008年,江苏省开始在太湖流域推广无锡首创的“河长制”。目前,江苏全省15条主要入湖河流已全面实行“双河长制”。每条河由省、市两级领导共同担任“河长”,“双河长”分工合作,协调解决太湖和河道治理中的问题,一些地方还设立了市、县、镇、村的四级“河长”管理体系,部分重点河流还推行了“断面长制”并根据断面水质检测结果进行定期双向(上下游)补偿,实现了对区域内河流的“无缝覆盖”,强化了对入湖河道水质达标的责任。江苏省建立了太湖流域水质异常波动处置三级联络员制度,形成了信息及时捕捉、快速传递、省环保厅协同督导、责任地方及时排查处置的良性机制,针对水质频繁异常波动断面,组织开展现场排查,有关问题及时通报相关地方政府,召开污染整治联防联控会议,及时化解环境隐患。

(3)持续优化升级产业结构

2007年以来,太湖流域两省一市大力推进产业结构调整和升级,执行高于全国其他地区的13个重点行业特别排放标准和造纸行业水污染物排放新标准,对印染等6个重点行业实行结构调整,关闭污染工厂、企业,通过最严格的环保标准、最严厉的整治手段,倒逼企业减排和地区产业结构调整,加快推进清洁生产。江苏省开展重污染行业专项整治,推进纺织印染行业污染治理。苏锡常三市分别确定以新能源、新材料、节能环保、电子信息、生物医药等为主的战略性新兴产业。两省一市积极推进城市工业布局和农村居住布局调整,将分散的乡镇工业企业向各主题工业园区集中、分散的自然村向城镇和新型社区集中。

(4)强力推动污染治理

自2007年以来,苏、浙、沪两省一市全面加强了太湖流域城镇污水处理厂及排水管网建设。目前江苏省苏南地区城市污水处理率达91%以上,建制镇实现污水处理设施、区域供水和生活垃圾运转处理“三个全覆盖”。浙江省内太湖流域县以上城市污水处理率达到92%以上。目前,太湖流域综合治理区内已全面实施城镇污水处理厂脱磷除氮处理工程,尾水排放全部提标改造执行一级 A 标准，排放尾水尽量进入湿地系统进行处理。

(5)全面建设供水安全保障体系

江苏省按照“备用水源、深度处理、严密监测、预警应急”的供水安全保障体系建设要求，从“水源地”到“水龙头”构筑水源地保护、备用水源地、区域联网供水建设和自来水深度处理等四道安全屏障。以太湖为水源的城市，基本实现了“双源供水”和“自来水深度处理”两个全覆盖。

(6)大规模开展污染底泥疏浚、蓝藻打捞工作

2008 年以来，江苏省在太湖底泥污染比较严重的梅梁湖、竺山湖湖湾区持续实施底泥清淤，已累计完成太湖(包括东太湖)生态清淤 122 平方公里、3669 万立方米的清淤工程量，超额完成了《总体方案》确定的太湖湖体清淤任务。同时，江苏省、浙江省、上海市还大力开展了河道疏浚整治工作。

江苏省太湖蓝藻打捞及处置实现“日产日清”，形成“专业化队伍、机械化打捞、工厂化处理、资源化利用”的产业形态。七年来，江苏省共打捞蓝藻 700 万吨。其中，2014 年打捞蓝藻近 120 万吨，另外还打捞水草 28 万吨。

(7)加速建设流域引排工程

目前，引江济太已成为增加流域水资源有效供给、提高水环境承载能力、应对突发水污染事件的重要举措。此外，《总体方案》确定的 21 项重点水利工程，是进一步提高流域水资源水环境容量、增强水体流动性的重要手段。目前，望亭水利枢纽更新改造、东太湖综合整治工程等 8 项工程已建成或基本建设；新沟河延伸拓浚工程、太嘉河工程等 6 项已开工建设；新孟河延伸拓浚工程、望虞河西岸控制工程、水资源监控与预警系统可研即将批复。

(8)大力推进生态修复

通过湿地和生态防护林项目的建设，有效缓冲、阻隔、吸收和降解各类污染物质。截至 2013 年年底，太湖流域湿地公园总数已达 19 处(其中国家湿地公园 11 处)，新增湿地保护面积 30 多万亩。2007 年太湖蓝藻事件以来，江苏省太湖流域建成生态拦截工程 1400 万平方米，控制性种养水生植物面积 14 万亩，植树造林 42 万亩，保护和恢复湿地 11 万亩。浙江省完成环太湖生态保护带工程、生态河道绿化工程、西溪湿地综合保护等工程建设，建成公益林面积 730 万亩，其中水源涵养林及水土保持林 641 万亩。

2007年太湖蓝藻事件之后,根据《总体方案》,太湖流域进行了有力有效的水环境综合治理,流域河湖水质普遍得到改善,富营养化状态得到明显缓解,太湖水生态正向好的方向发展,主要表现有:

(1)入湖河流水质得到明显改善

通过太湖上游及环湖地区水环境综合治理,入太湖河道水质得到较大的改善。22条主要入太湖河道中,2014年水质为劣Ⅴ类的河流仅剩一条(太滆运河),2007年水质为劣Ⅴ类的河流有12条。

(2)太湖水质得到改善,生态向好的方向发展

自2007年以来,太湖湖体各项主要指标浓度不断降低,富营养化状态有所改善。2014年太湖高锰酸盐指数、氨氮、总磷、总氮指标较2007年均有不同程度的改善,综合营养状态指数由62.3降低到55.8,太湖富营养化程度从中度富营养改善为轻度富营养状态。由于水质改善,2014年5月太湖实地考察发现在梅梁湖出现大量沉水植物——菹草,说明原来污染严重的湖区由于水质改善,湖区透明度增加,已适宜于原在清水环境的沉水植物生长。

(3)流域水功能区水质也得到一定改善

流域水功能区水质也有一定改善,2014年对流域内106个重点水功能区按照全指标(总磷、总氮、粪大肠菌群未参评)年均值法进行评价,重点水功能区水质达标率为38.7%,较2007年上升16.2%。

(4)供水水质得到全面提高

2007年以来,通过对饮用水水源地的建设和保护,流域初步形成了以长江、太湖—太浦河—黄浦江、山丘区水库及钱塘江为主,多源互补互备的流域供水水源布局,提高了以优质水源作为取水水源地的供水比重。

2007年发生的太湖蓝藻事件,产生了较为深远的影响,开启了太湖史上最大规模综合治理的进程。至目前为止,虽然太湖还未彻底解决蓝藻问题,发生较大面积蓝藻的可能性仍然存在,但已在流域水污染防治及富营养化控制方面取得了突破性进展,治理已经初见成效。从太湖蓝藻事件及太湖综合治理中,我们可以得出如下启示:

(1)实现科学发展需要根据环境资源承载能力尽早进行总体规划

太湖蓝藻事件在一定程度上是排放大大超出环境资源承载能力的结

果,实质是太湖流域生态超负荷承载的一次警告。太湖流域年平均水资源总量为176亿立方米,而用水总量已达到354亿立方米,水环境容量十分紧张。正因为太湖流域人口和经济高度密集,水环境容量相对太小,即使城市污水和企业废水处理排放全部达到了国家标准,污染物排放总量仍然大大超出了太湖流域水环境的承载能力。因此,尽管太湖流域的工业污水处理达标率和城市生活污水处理率已远远优于全国平均水平,但与污染物的急剧增加相比,太湖的生态承载能力仍然极其脆弱,湖体富营养化程度仍然十分严重。就全国来说,随着人口的增加和人民生活水平的提高,水资源的需求将呈增长趋势,水资源将成为经济和社会发展中的关键因素。应从我国总体水资源短缺的现实出发,推进经济结构和布局的战略性调整,“量水而行”,在规划产业布局时预先将水资源的约束考虑在内。在水资源条件没有保障的地区,不应盲目扩大城市规模,不应盲目建设小城镇。推而广之,无论是国家的发展还是某个区域的发展,都需要根据环境资源承载能力提前进行总体规划,只有使经济社会发展和环境资源承载能力相协调,才能实现可持续发展,否则就会对生态系统造成很难逆转的破坏,最终经济社会发展也会失去基础。

(2)处理超复杂问题需要系统思维

太湖治理是用系统思维处理超复杂问题的典型样本。太湖蓝藻事件到今天经历了两个阶段。一是紧急应对阶段。这个阶段主要是“治标”,特点是应急性,其经验有早作预案、决策果断、行动迅速、密切协作、信息公开。二是长期治理阶段,这个阶段要“治标”更要“治本”,其特点是系统性、协作性、长期性。太湖治理是一个超复杂的系统工程,《总体方案》是其核心,是一个远近结合、标本兼治的总体规划。《总体方案》的拟定和实施,充分体现了系统思维和系统方法的运用。水的问题看似是发生在水里,但其根源是在岸上,太湖治理绝非只是“治湖”,绝非一城、一省能够完成,需要国家层面的推动,需要自顶向下的设计规划和大量的实施细则,需要水利、环保、建设、农业、渔业、交通等部门和相关各省市的团结协作和密切配合,需要上下游、左右岸、干支流系统治理的整体思维,也需要将太湖治理与调结构、转方向、惠民生辩证统筹起来,把太湖治理放到整个区域乃至国家发展大局和进程中来通盘考虑。

(3)应对长期性问题需要制度保障

太湖治理是一个持续接力、久久为功的长期过程。围绕《总体方案》的实施,中央和地方均出台了一系列的制度为太湖的治理提供保障:从国家层面的《太湖流域管理条例》到各地方立法提供的法律保障,使得太湖治理和管理有法可依,使得各级政府和各部门依法行政的权利、职责和分工得以明确,使得水资源保护措施得以落实;从省部级联席会议制度到治理委员会到河长制等各种制度提供的各级协调机制的保障,使得中央和地方之间、流域与区域之间、区域与区域之间、部门和部门之间有了统一的协商平台和协调渠道;严格的环保标准和监管制度,倒逼流域经济结构转换和产业转型;明确的治理目标和步骤、具体详细的实施项目、中央和地方提供的专项配套资金等,保证太湖治理能够有条不紊地持续进行。太湖治理的成效,表明了制度建设在应对长期性、整体性问题上的极端重要性和高度有效性。推而广之,中国的生态文明建设,同样需要一整套生态文明制度体系来保证其顺利推进。

(二)大气污染治理

1. 大气污染的现状及危害

我国的大气污染状况总体而言较为严重。据统计,截至2014年,全国废气中二氧化硫排放量2043.9万吨。其中,工业二氧化硫排放量为1835.2万吨、城镇生活二氧化硫排放量为208.5万吨。全国废气中氮氧化物排放量2227.4万吨。其中,工业氮氧化物排放量为1545.6万吨、城镇生活氮氧化物排放量为40.7万吨、机动车氮氧化物排放量为640.6万吨。全国废气中烟(粉)尘排放量1278.1万吨。其中,工业烟(粉)尘排放量为1094.6万吨、城镇生活烟尘排放量为123.9万吨、机动车烟(粉)尘排放量为59.4万吨。

大气污染物的来源主要有以下三个方面。1)工业。工业是大气污染的一个重要来源。工业排放到大气中的污染物种类繁多,性质复杂,有烟尘、硫的氧化物、氮的氧化物、有机化合物、卤化物、碳化合物等。其中有的是烟尘，有的是气体。2）生活炉灶与采暖锅炉。城市中大量民用生活炉灶和采暖锅炉需要消耗大量煤炭，煤炭在燃烧过程中要释放大量的灰尘、二氧化硫、二氧化碳、一氧化碳等有害物质污染大气。特别是在冬季采暖时，往往使污染地区烟雾弥漫，呛得人咳嗽，这也是一种不容忽视的污染源。3）交通运输。汽车、火车、飞机、轮船是当代的主要运输工具，它们烧煤或石油产生的废气也是重要的污染物。特别是城市中的汽车，量大而集中，排放的污染物能直接侵袭人的呼吸器官，对城市的空气污染很严重，成为大城市空气的主要污染源之一。汽车排放的废气主要有一氧化碳、二氧化硫、氮氧化物和碳氢化合物等，前三种物质危害性很大。

大气污染的危害主要体现在以下几个方面。1）对人体健康的危害。人需要呼吸空气以维持生命。一个成年人每天呼吸大约2万多次，吸入空气达15—20立方米。因此，被污染了的空气对人体健康有直接的影响。大气污染物对人体的危害是多方面的，主要表现为呼吸道疾病与生理机能障碍，以及眼鼻等黏膜组织受到刺激而患病。比如，1952年12月5—8日英国伦敦发生的煤烟雾事件死亡4000人。人们把这个灾难的烟雾称为“杀人的烟雾”。据分析，这是因为那几天伦敦无风有雾，工厂烟囱和居民取暖排出的废气烟尘弥漫在伦敦市区经久不散，烟尘最高浓度达4.46毫克/立方米，二氧化硫的日平均浓度竟达到3.83毫升/立方米。二氧化硫经过某种化学反应，生成硫酸液沫附着在烟尘上或凝聚在雾滴上，随呼吸进入器官，使人发病或加速慢性病患者的死亡。因此，大气中污染物的浓度很高时，会造成急性污染中毒，或使病状恶化，甚至在几天内夺去几千人的生命。其实，即使大气中污染物浓度不高，但人体成年累月呼吸这种被污染了的空气，也会引起慢性支气管炎、支气管哮喘、肺气肿及肺癌等疾病。2）对植物的危害。大气污染物尤其是二氧化硫、氟化物等对植物的危害是十分严重的。当污染物浓度很高时，会对植物产生急性危害，使植物叶表面产生伤斑，或者直接使叶枯萎脱落；当污染物浓度不高时，会对植物产生慢性危害，使植物叶片褪绿，或者表面上看不见什么危害症状，但植物的生理机能已受到了影响，造成植物产量下降，品质变坏。3）对天气和气候的影响。大气污染物对天气和气候的影响是十分显著的,可以从以下几个方面加以说明。第一,减少到达地面的太阳辐射量:从工厂、发电站、汽车、家庭取暖设备向大气中排放的大量烟尘微粒,使空气变得非常浑浊,遮挡了阳光,使得到达地面的太阳辐射量减少。据观测统计,在大工业城市烟雾不散的日子里,太阳光直接照射到地面的量比没有烟雾的日子减少近40%。大气污染严重的城市,天天如此,就会导致人和动植物因缺乏阳光而生长发育不好。第二,增加大气降水量。从大工业城市排出来的微粒,其中有很多具有水气凝结核的作用。因此,当大气中有其他一些降水条件与之配合的时候,就会出现降水天气。在大工业城市的下风地区,降水量更多。第三,酸雨。有时候,从天空落下的雨水中含有硫酸。这种酸雨是大气中的污染物二氧化硫经过氧化形成硫酸,随自然界的降水下落形成的。硫酸雨能使大片森林和农作物毁坏,能使纸品、纺织品、皮革制品等腐蚀破碎,能使金属的防锈涂料变质而降低保护作用,还会腐蚀、污染建筑物。第四,增高大气温度。在大工业城市上空,由于有大量废热排放到空中,因此,近地面空气的温度比四周郊区要高一些。这种现象在气象学中称做"热岛效应"。第五,对全球气候的影响。近年来,人们逐渐注意到大气污染对全球气候变化的影响问题。经过研究,人们认为在有可能引起气候变化的各种大气污染物质中,二氧化碳具有重大的作用。从地球上无数烟囱和其他种种废气管道排放到大气中的大量二氧化碳,约有50%留在大气里。二氧化碳能吸收来自地面的长波辐射,使近地面层空气温度增高,这叫做"温室效应"。经粗略估算,如果大气中二氧化碳含量增加25%,近地面气温可以增加0.5℃—2℃。如果增加100%,近地面温度可以增高1.5℃—6℃。有专家认为,大气中的二氧化碳含量照现在的速度增加下去,若干年后会使得南北极的冰融化,导致全球的气候异常。

2. 大气污染的防治措施

国家高度重视大气污染防治工作,颁布《大气污染防治行动计划》明确未来大气污染防治工作的目标:"经过五年努力,全国空气质量总体改善,重污染天气较大幅度减少;京津冀、长三角、珠三角等区域空气质量明显好转。力争再用五年或更长时间,逐步消除重污染天气,全国空气质量明显改善。"

就具体指标而言，实现“到2017年，全国地级及以上城市可吸入颗粒物浓度比2012年下降10%以上，优良天数逐年提高；京津冀、长三角、珠三角等区域细颗粒物浓度分别下降25%、20%、15%左右，其中北京市细颗粒物年均浓度控制在60微克/立方米左右”。为实现这一目标，国家出台相关的政策规定。

首先，加大综合治理力度，减少多污染物排放。加强工业企业大气污染综合治理，全面整治燃煤小锅炉，加快推进集中供热、“煤改气”、“煤改电”工程建设；加快重点行业脱硫、脱硝、除尘改造工程建设；深化面源污染治理，综合整治城市扬尘，加强施工扬尘监管，积极推进绿色施工，建设工程施工现场应全封闭设置围挡墙，严禁敞开式作业，施工现场道路应进行地面硬化；推进城市及周边绿化和防风防沙林建设，扩大城市建成区绿地规模；强化移动源污染防治，加强城市交通管理；优化城市功能和布局规划，推广智能交通管理，缓解城市交通拥堵；实施公交优先战略，提高公共交通出行比例，加强步行、自行车交通系统建设。

其次，调整优化产业结构，推动产业转型升级。严控“两高”行业新增产能，修订高耗能、高污染和资源性行业准入条件，明确资源能源节约和污染物排放等指标，有条件的地区要制定符合当地功能定位、严于国家要求的产业准入目录；严格控制“两高”行业新增产能，新、改、扩建项目要实行产能等量或减量置换；加快淘汰落后产能，结合产业发展实际和环境质量状况，进一步提高环保、能耗、安全、质量等标准，分区域明确落后产能淘汰任务，倒逼产业转型升级；坚决停建产能严重过剩行业违规在建项目，认真清理产能严重过剩行业违规在建项目，对未批先建、边批边建、越权核准的违规项目，尚未开工建设的，不准开工，正在建设的，要停止建设。

再次，加快企业技术改造，提高科技创新能力。强化科技研发和推广，加强灰霾、臭氧的形成机理、来源解析、迁移规律和监测预警等研究，为污染治理提供科学支撑；加强大气污染与人群健康关系的研究，支持企业技术中心、国家重点实验室、国家工程实验室建设，推进大型大气光化学模拟仓、大型气溶胶模拟仓等科技基础设施建设；全面推行清洁生产，对钢铁、水泥、化工、石化、有色金属冶炼等重点行业进行清洁生产审核，针对节能减排关键领域和薄弱环节，采用先进适用的技术、工艺和装备，实施清洁生产技术改造；大力发展循环经济，鼓励产业集聚发展，实施园区循环化改造，推进能源梯级利用、水资源循环利用、废物交换利用、土地节约集约利用，促进企业循环式生产、园区循环式发展、产业循环式组合，构建循环型工业体系；大力培育节能环保产业。着力把大气污染治理的政策要求有效转化为节能环保产业发展的市场需求，促进重大环保技术装备、产品的创新开发与产业化应用。

此外，加快调整能源结构，增加清洁能源供应。控制煤炭消费总量，制定国家煤炭消费总量中长期控制目标，实行目标责任管理；加快清洁能源替代利用，加大天然气、煤制天然气、煤层气供应；推进煤炭清洁利用，提高煤炭洗选比例，新建煤矿应同步建设煤炭洗选设施，现有煤矿要加快建设与改造；提高能源使用效率，严格落实节能评估审查制度，新建高耗能项目单位产品（产值）能耗要达到国内先进水平，用能设备达到一级能效标准。

还有，严格节能环保准入，优化产业空间布局。按照主体功能区规划要求，合理确定重点产业发展布局、结构和规模，重大项目原则上布局在优化开发区和重点开发区，所有新、改、扩建项目，必须全部进行环境影响评价，未通过环境影响评价审批的，一律不准开工建设；违规建设的，要依法进行处罚；加强产业政策在产业转移过程中的引导与约束作用，严格限制在生态脆弱或环境敏感地区建设“两高”行业项目；提高节能环保准入门槛，健全重点行业准入条件，公布符合准入条件的企业名单并实施动态管理；严格实施污染物排放总量控制，将二氧化硫、氮氧化物、烟粉尘和挥发性有机物排放是否符合总量控制要求作为建设项目环境影响评价审批的前置条件；科学制定并严格实施城市规划，强化城市空间管制要求和绿地控制要求，规范各类产业园区和城市新城、新区设立和布局，禁止随意调整和修改城市规划，形成有利于大气污染物扩散的城市和区域空间格局。

最后，健全法律法规体系，严格依法监督管理。完善法律法规标准。加快大气污染防治法修订步伐，重点健全总量控制、排污许可、应急预警、法律责任等方面的制度，研究增加对恶意排污、造成重大污染危害的企业及其相关负责人追究刑事责任的内容，加大对违法行为的处罚力度；加快制（修）订重点行业排放标准以及汽车燃料消耗量标准、油品标准、供热计量标准等，完善行业污染防治技术政策和清洁生产评价指标体系；完善国家监察、地方监管、单位负责的环境监管体制，加强对地方人民政府执行环境法律法规和政策的监督。加大环境监测、信息、应急、监察等能力建设力度，达到标准化建设要求；推进联合执法、区域执法、交叉执法等执法机制创新，明确重点，加大力度，严厉打击环境违法行为，对偷排偷放、屡查屡犯的违法企业，要依法停产关闭，对涉嫌环境犯罪的，要依法追究刑事责任。落实执法责任，对监督缺位、执法不力、徇私枉法等行为，监察机关要依法追究有关部门和人员的责任；各级环保部门和企业要主动公开新建项目环境影响评价、企业污染物排放、治污设施运行情况等环境信息，接受社会监督。

（三）土壤污染治理

1. 土壤污染的现状

2014年，环境保护部和国土资源部联合发布《全国土壤污染状况调查公报》的调查结果显示，全国土壤环境状况总体不容乐观，部分地区土壤污染较重，耕地土壤环境质量堪忧，工矿业废弃地土壤环境问题突出。全国土壤总的点位超标率为16.1%，其中轻微、轻度、中度和重度污染点位比例分别为11.2%、2.3%、1.5%和1.1%。南方土壤污染重于北方，长三角、珠三角、东北老工业基地等部分区域土壤污染问题较为突出，西南、中南地区土壤重金属超标范围较大。

从土地利用类型来看，耕地、林地、草地土壤点位超标率分别为19.4%、10%、10.4%。从污染类型看，以无机型为主，超标点位数占全部超标点位的82.8%，有机型次之，复合型污染比重较小。从污染物超标情况看，镉、汞、砷、铜、铅、铬、锌、镍8种无机污染物点位超标率分别为7%、1.6%、2.7%、2.1%、1.5%、1.1%、0.9%、4.8%；六六六（六氯环己烷）、滴滴涕、多环芳烃3类有机污染物点位超标率分别为0.5%、1.9%、1.4%。

在调查的690家重污染企业用地及周边土壤点位中，超标点位占36.3%，主要涉及黑色金属、有色金属、皮革制品、造纸、石油煤炭、化工医药、化纤橡塑、矿物制品、金属制品、电力等行业。调查的工业废弃地中超标点位占34.9%，工业园区中超标点位占29.4%。在调查的188处固体废物处理处置场地中，超标点位占21.3%，以无机污染为主，垃圾焚烧和填埋场有机污染严重。调查的采油区中超标点位占23.6%，矿区中超标点位占33.4%，55个污水灌溉区中有39个存在土壤污染，267条干线公路两侧的1578个土壤点位中超标点位占20.3%。

此外，重金属镉污染加重，全国土地镉含量增幅最多超过50%。据调查结果显示，镉、汞、砷、铜、铅、铬、锌、镍这8种重金属为主的无机物的超标点位，占了全部超标点位的82.8%，其中又以镉污染占大头，达到7%。镉的含量在全国范围内普遍增加，在西南地区和沿海地区增幅超过50%，在华北、东北和西部地区增加10%—40%。

当前的土壤污染日益呈现出以下几个特征。一是具有隐蔽性和滞后性。大气污染和水污染一般都比较直观，通过感官就能察觉。而土壤污染往往要通过土壤样品分析、农作物检测，甚至人畜健康的影响研究才能确定。土壤污染从产生到发现危害通常时间较长。二是土壤污染具有累积性。与大气和水体相比，污染物更难在土壤中迁移、扩散和稀释。因此，污染物容易在土壤中不断累积。三是土壤污染具有不均匀性。由于土壤性质差异较大，而且污染物在土壤中迁移慢，导致土壤中污染物分布不均匀，空间变异性较大。四是土壤污染具有难可逆性。由于重金属难以降解，导致重金属对土壤的污染基本上是一个不可完全逆转的过程。另外，土壤中的许多有机污染物也需要较长的时间才能降解。五是土壤污染治理具有艰巨性。土壤污染一旦发生，仅仅依靠切断污染源的方法则很难恢复。总体来说，治理土壤污染的成本高、周期长、难度大。这些特征决定治理土壤污染是一项长期而艰巨的任务。

2. 我国土壤污染的治理措施

(1)施用化学改良剂，采取生物改良措施，增加土壤环境容量，增强土壤净化能力

向土壤中施用石灰、碱性磷酸盐、氧化铁、碳酸盐和硫化物等化学改良

剂，加速有机物的分解，使重金属固定在土壤中，降低重金属在土壤及土壤植物体的迁移能力，使其转化成为难溶的化合物，减少农作物的吸收，以减轻土壤中重金属的毒害。针对有机物污染，用植物、细菌、真菌联合加速有机物降解。针对无机物污染，利用植物修复可以把一部分重金属从土壤中带走。

增加土壤有机质含量、砂掺粘改良性土壤，增加和改善土壤胶体的种类和数量，增加土壤对有害物质的吸附能力和吸附量，从而减少污染物在土壤中的活性。发现、分离和培养新的微生物品种，以增强生物降解作用。

(2)强化污染土壤环境管理与综合防治，大力发展清洁生产

控制和消除土壤污染源，组织有关部门和科研单位，筛选污染土壤修复实用技术，加强污染土壤修复技术集成，选择有代表性的污灌区农田和污染场地，开展污染土壤治理与修复。重点支持一批国家级重点治理与修复示范工程，为在更大范围内修复土壤污染提供示范、积累经验。合理利用污染土地，严重污染的土壤可改种非食用经济作物或经济林木以减少食品污染。科学地进行污水灌溉，加强土壤污灌区的监测和管理，了解水中污染物的成分、含量及其动态，避免带有不易降解的高残留污染物随机进入土壤。

增施有机肥，提高土壤有机质含量，增强土壤胶体对重金属和农药的吸附能力。强化对农药、化肥、除草剂等农用化学品管理。增施有机肥同时采取防治措施，不仅可以减少对土壤的污染，还能经济有效地消灭病、虫、草害，发挥农药的积极效能。在生产中合理施用农药、化肥，控制化学农药的用量、使用范围、喷施次数和喷施时间，提高喷洒技术，改进农药剂型，严格限制剧毒、高残留农药的使用，大力发展高效、低毒、低残留农药。大力发展生物防治措施。

大力推广闭路循环、无毒工艺，以减少或消除污染物的排放。对工业"三废"进行回收净化处理，化害为利，严格控制污染物的排放量和浓度。大力推广和发展清洁生产。

针对土壤污染物的种类，种植有较强吸收能力的植物，降低有毒物质的含量，或通过生物降解净化土壤，通过改变耕作制度、换土、深翻等手段，施加抑制剂改变污染物质在土壤中的迁移转化方向，减少农作物的吸收，提高

土壤 pH 值,促使镉、汞、铜、锌等形成氢氧化物沉淀。

根据土壤的特性、气候状况和农作物生长发育特点,既要防治病虫害对农作物的威胁,又要把化肥、农药对环境和人体健康的危害限制在最低程度。利用物理、物理化学原理治理污染土壤。大力开展植树造林,提高森林覆盖率,维护森林生态系统平衡。

(3)调控土壤氧化还原条件

调节土壤氧化还原电位,使某些重金属污染物转化为难溶态沉淀物,控制其迁移和转化,降低污染物的危害程度。调节土壤氧化还原电位主要是通过调节土壤水分管理和耕作措施实现。

(4)改变耕作制度,实行翻土和换土

改变耕作制度会引起土壤环境条件的变化,消除某些污染物的危害。对于污染严重的土壤,采取铲除表土和换客土的方法;对于轻度污染的土壤,采取深翻土或换无污染客土的方法。

(5)采用农业生态工程措施

在污染土壤上繁殖非食用的种子、种经济作物,从而减少污染物进入食物链的途径;或利用某些特定的动植物和微生物较快地吸走或降解土壤中的污染物质,从而达到净化土壤的目的。

(6)工程治理

利用物理(机械)、物理化学原理治理污染土壤,是一种最为彻底、稳定、治本的措施,但投资大,适于小面积的重度污染区,主要有隔离法、清洗法、热处理、电化法等。近年来,把其他工业领域特别是污水、大气污染治理技术引入土壤治理,为土壤污染治理研究开辟了新途径。

3. 治理土壤污染的地方实践

我国在治理土壤污染方面也取得较大成绩,积累了宝贵经验。广东省清远市的电子废弃物拆解重金属污染治理便是一个非常成功的案例。

清远市是全国最大的电子废弃物拆解聚集地之一,清城区内的石角、龙塘两镇是电子废弃物拆解的主要聚集区。20 上世纪 70 年代以来,清远市大量企业和散户就开始从事废五金拆解工作,并产生大量拆解废物。据统计,截至2011年，清远市共4个废五金拆解产业聚集区，年处理能力为709万吨；25家国家定点的“废五金”加工利用企业，设计加工利用规模达300万吨；龙塘镇、石角镇废五金拆解散户1441户，从业人员约1.7万人，年拆解“废五金”约46万吨。

由于缺乏有效的行业指导和管理，拆解加工经营分散、技术落后等原因，部分企业和散户将拆解废物违法弃置，日积月累，形成了大量遗留固体废物，严重污染了当地环境，影响当地居民健康。调查显示，龙塘镇和石角镇12个长期拆解电子废弃物的村庄成规模的遗留固体废物堆点共49个，遗留固废总量约24万吨；已发现的污染程度较严重的污染场地共16个，存在重金属、多环芳烃、石油烃、二恶英等污染，局部地块污染严重；调查的272公顷农田土壤中（总共采集土样127个），Cd超标率达到95%，Cu超标率达到82%，Pb、As等其他重金属也存在不同程度的超标。另外，由于地表径流的裹挟作用，遗留固废已对当地的龙塘河等河流造成污染，河水及河流底泥中的重金属严重超标。长期的电子废弃物拆解工作已对当地环境造成较大的影响，其治理工作刻不容缓。

2012年4月13日，清远市人民政府委托环境保护部华南环境科学研究所开展清远市电子废弃物污染环境整治工作。首期工程分为四部分：

（1）电子拆解行业升级工程

该工程主要包括两方面内容：1）清洁生产技术研究；2）公共服务平台建设。其中清洁生产技术研究包括：废旧金属高效分选技术研究及工程示范、废旧塑料再生行业节能减排关键技术研究及工程示范、区域电子拆解行业污染防治技术指南研究；公共服务平台建设主要指构建针对清远市拆解行业的公共服务平台。

（2）固体废物处理工程

该工程主要包括三方面内容：1）遗留固体废物清理工程；2）拆解残渣分选中心；3）废覆铜板残渣资源化利用项目。其中遗留固体废物清理工程主要包括对龙塘镇、石角镇的所有历史遗留拆解残渣、焚烧残渣及分选残渣状况进行调查摸底，并进行清理、收集后统一处理，同时还包括对部分堆点的覆铜板分选残渣进行阻隔工程；拆解残渣分选中心主要内容为对电子废物拆解废渣分选技术进行研究；废覆铜板残渣资源化利用项目主要内容为对覆铜板残渣资源化技术开展研究。

(3)龙塘镇电子垃圾拆解焚烧场地环境综合整治工程

该工程主要是对拆解污染场地土壤修复技术应用开展示范工程，包括遗留场地土壤污染现状与环境风险评估、场地污染土壤固化/稳定化修复技术比对和选择、场地污染土壤淋洗修复技术试验研究、场地污染土壤高级氧化同步去除修复技术试验研究、场地生态恢复技术风险评估试验研究、场地污染土壤生物联合修复技术试验研究和遗留场地污染土壤修复技术示范工程共7项内容。

(4)电子垃圾污染土壤修复工程

该工程主要是对污染农田土壤修复技术应用开展示范工程，包括通过补充调查确定实施修复区域土壤的污染范围、污染程度和环境风险、轻度污染农田土壤修复技术研究与示范、中度污染农田土壤修复技术研究与示范、重度污染农田土壤修复技术研究与示范。

在清远市政府和环境保护部华南环境科学研究所的共同努力下，清远市的电子废弃物污染环境整治工作取得重要成果。

首先，电子拆解行业升级工程，开展了电子废弃物拆解行业散户整治和园区升级改造工作，至2014年底整治关闭了771间散户，并在1家废五金拆解企业、2家废旧塑料再生企业安装了相关实验装置，开展了节能减排技术示范。

其次，固体废物处理工程，清运遗留固废约5198吨，建成1个遗留固废整治示范，自主研发、设计了1条覆铜板分选残渣资源化技术小试示范线。

再次，电子垃圾拆解焚烧场地环境综合整治工程，已建成了遗留污染场地生态修复示范工程、固化/稳定化修复示范工程和淋洗修复示范工程各1项；并自主研发、设计、制造了污染土壤固化/稳定化修复一体化设备1套，处理能力不低于$10m^3$/日，淋洗修复一体化处理设备1套，处理能力不低于$5m^3$/日。

最后，电子垃圾污染农田土壤修复工程，已建成了30亩轻度污染农田修复示范工程，研发了1套轻度污染农田粮食作物安全生产种植模式；建成15亩中度污染农田修复示范工程，研发了1套中度污染农田作物安全生产、土壤净化种植模式；建成15亩重度污染农田修复示范工程，研发了1套重度污染农田生态修复种植模式。

三、进一步推进环境保护的路径探讨

（一）严格落实环评，实行铁腕治污

环境影响评价是对政策、法律、规划、计划以及建设项目等实施后可能造成的环境影响进行分析、预测、论证和评估，提出预防或减轻不良环境影响的对策和措施，进行跟踪监测的方法与制度。

1979年，《中华人民共和国环境保护法（试行）》颁布实施，规定了扩、改、新建工程时，必须要提出环境影响报告书，这是我国环境影响评价制度的正式确立。1980年，《基本建设项目环境保护管理办法》规定了环境影响评价的程序、范围和内容。1998年，《建设项目环境保护管理条例》颁布实施，环评制度的规范化程度进一步提高。2003年，《中华人民共和国环境评价法》，从国家法律的高度确立了环评制度法律地位。2010年，《规划环境影响评价条例》实施，环境保护参与综合决策进入的新阶段。

1. 我国环评制度的基本特点

（1）分类管理

一是建设项目对环境可能造成重大影响的，应当编制环境影响报告书，对建设项目产生的污染和对环境的影响进行全面、详细的评价；二是建设项目对环境可能造成轻度影响的，应当编制环境影响报告表，对建设项目产生的污染和对环境的影响进行分析或者专项评价；三是建设项目对环境影响很小，不需要进行环境影响评价的，应当填报环境影响登记表。

（2）分级审批

将建设项目按投资性质分为政府财政性投资项目和非政府性投资项目，并根据项目的建设规模、环境影响程度，规定了环境影响评价文件分级

审批名录，明确国家环保部门及省级地方政府的审批权限。国家环保部门审批环评文件的建设项目主要是：一是核设施、绝密工程等特殊性质的建设项目，跨省、自治区、直辖市行政区域的建设项目；二是由国务院审批的或者由国务院授权有关部门审批的建设项目。其他建设项目环评文件的审批权限由省级人民政府具体规定。

(3)纳入基本建设程序

实行审批制的建设项目，建设单位应当在报送可行性研究报告前完成环境影响评价文件报批手续；实行核准制的建设项目，建设单位应当在提交项目申请报告前完成环境影响评价文件报批手续；实行备案制的建设项目，建设单位应当在办理备案手续后和项目开工前完成环境影响评价文件报批手续。

(4)纳入基本管理程序

根据《环境影响评价法》，国家环保主管部门设立环境影响评价司，地方环境保护主管部门相继设立环评处，实施环境影响评价工程师制度，有效保障了环境影响报告书的编制质量。

(5)开展公众参与

2006年，原国家环保总局公布了《环境影响评价公众参与暂行管理办法》，是我国环保领域乃至全国的第一部公众参与的规范性文件。文件不仅明确了公众参与环评的权利，而且规定了参与环评的具体范围、程序、方式和期限，有利于保障公众的环境知情权，有利于调动各相关利益方参与的积极性。

2. 我国环评的成效与挑战

我国的环评制度在促进环境保护，推进生态文明建设中起到关键作用，也获得显著成效，归结起来主要包括以下几个方面。

(1)严格环境准入

“十一五”期间，国家环保行政主管部门对不符合要求的822个国家审批重大项目环评文件作出不予受理、暂缓审批或不予审批等决定，涉及投资3.18万亿元，发挥了宏观调控积极作用。以水泥行业为例，通过环评管理，要求新建水泥项目一律实施先进的新型干法工艺，并等量或减量淘汰机立窑等落后产能，鼓励推广余热发电技术和脱除氮氧化物技术，我国新型干法水泥产量比例达到89%，比10年前提高了75个百分点，成为我国水泥生产的主流工艺技术。

（2）促进节能减排

“十一五”我国火电装机规模由4.8亿千瓦增长到7亿千瓦。环评通过“强化措施”、“以新带老”、“区域削减”和“上大压小”，使火电二氧化硫年排放量持续削减，“十一五”末期比“十五”末期削减95万吨。通过实施首钢搬迁，削减北京地区烟粉尘排放量9007吨/年、二氧化硫排放量8626吨/年，促进区域污染物减排和环境质量改善。“十一五”期间，广西共淘汰落后电力126.6万千瓦、水泥892.8万吨、酒精5.7万吨、铁合金31.6万吨、造纸70.45万吨、味精2万吨、柠檬酸1万吨、电石4.68万吨、皮革13万标张。

（3）服务宏观大局

过去十年，约70%的交通、管线建设项目环评从环境保护角度对选址选线进行了不同程度的优化。青藏铁路建设的环境影响评价，对穿过可可西里和“三江源”自然保护区等生态敏感地段的环保工作提出了最严格的保护原则。2006年4月建成通车的“思茅至小勐养高速公路”，通过环评优化了工程选线，建设了野生动物迁徙通道，对保护热带雨林和亚洲象的迁徙发挥了重要作用。“中国石油锦州—郑州成品油管道”唐山段，环评优化选址，避让唐山市饮用水源保护区陡河水库上游汇水区，有效预防了唐山市数百万人口饮水安全的环境污染风险。

（4）为公众参与提供良好的平台

国家环境保护行政主管部门发布《环境信息公开办法（试行）》、《环境影响评价公众参与暂行办法》、《建设项目环境影响报告书简本编制要求》等文件，提高了环评信息公开的规范性和有效性，环评公众参与的程序合法性、形式有效性、对象代表性和结果真实性等方面不断加强。2005年，圆明园整治工程公开举行环境听证，并首次由新闻媒体进行全程网上直播。成渝客专项目充分采纳公众意见，将项目线位向外平移13米，远离居民小区，最大限度减缓噪声和景观问题。

“十二五”时期，我国大部分地区工业化开始进入从中期向中后期转变的阶段，城镇化率超过50%，资源环境约束不断强化，人民群众对良好环境质量的要求日益迫切，环境意识不断提高，给环境保护提出了新的要求。

（1）战略规划环评仍未进入决策前端

一是资源开发规划缺少对环境影响综合考虑。以水电开发为例，根据水电发展“十二五”规划，我国将建设13个大型水电基地。目前，规划中的6个水电基地开发强度已超过50%，长江上游、乌江和红水河的开发强度已经分别达到83%、85%和89%。预计到2020年，全国水电装机预计达到4.2亿千瓦。我国重要江河的生态系统健康面临巨大压力；二是一些领域环评在程序上介入过晚，影响了环评的源头预防作用，环评的作用也受到质疑。如机场建设，需要先将选址报告报民航局审查，经民航局审查并报国务院和中央军委批复后，在国家发改委批复可研前，环评才介入。事实上，这个阶段不存在对选址调整的可能性，环评的作用十分有限，难以从根本上解决布局不合理的问题，只能通过加大措施投入力度来减缓影响，工作十分被动。备受关注的京沈高铁项目也是在选址选线均已确定之后才开展环评，环评只能通过加强污染防治措施来减缓项目建设带来的环境影响。三是累积性环境影响没有得到充分重视。在项目审批上，往往是国家、地方各级主管部门各批各的，缺乏统筹。结果是国家批1个，省级就能批100个，到了市级就批1000个。层层批项目，即便每一个项目的排放都达标，如此众多项目的叠加、累积影响也是巨大的。

（2）违法违规行为屡禁不止

2009年至2011年，全国新增的8亿吨有效水泥产能中，大部分未遵循国务院和环保部相关文件的要求，未经国家环境保护主管部门审批。“先上马，再环评”、“违规建设”等现象屡禁不止。2010年对河北省钢铁行业的调查结果显示，省内共有钢铁企业165家，11个地市均分布有钢铁企业，其中相当一部分未经环评审批。大量高排放的钢铁企业对北京、天津等中心城市形成“包夹”之势，污染物排放强度大，导致PM2.5等大气污染物在周边区域叠加情形加重。又如，大渡河一级支流南桠河流域有规划的为9个电站，而根据现场调研和遥感解译结果，南桠河流域已建成和正在建设的小水电站达到82座。区域开发各自为政,流域开发盲目无序。

(3)环评队伍建设亟待加强

随着法律地位的提高,环评"权力"大了,也逐渐滋生出一些不正之风。"拿人钱财,替人消灾"成为很多环评单位开展业务的潜规则,一些环评单位不能秉持科学态度,一味迎合业主的要求,环评成为了一些高污染、高风险项目的"遮羞布"。环评单位为了经济利益选择放弃职业操守,使环评缺少了一道"把关人"。一些技术评审专家利用环评单位和建设单位急于通过环评评审的心理,"吃完甲方吃乙方",降低了环评的公信力,影响极坏。

3. 进一步提高环评有效性的举措

(1)以战略规划环评助力"经济升级版"

抓紧针对京津冀、长三角、珠三角等重点区域以及钢铁、石化、火电等重点行业开展战略环境评价,全面分析这些区域在不同发展模式下的资源环境空间,及时发现问题,提出对策建议,解决日益突出的区域性、流域性环境问题。以火电行业为例,按照2020年我国的能源消耗量达到50亿吨标准煤测算,至少还得新建近500台火电机组。这些机组如何布局,在哪儿布局,都是大问题,减排压力巨大。党的十八大确立了到2020年全面实现小康社会的总体目标,提出建设美丽中国。如果没有从国家环境保护战略层面对产业发展的顶层设计,届时我国环境质量将不容乐观。

(2)严格环评准入激发产业内生动力

没有核心竞争力的产业可以做大,但难以做强,更难以在全球产业竞争中形成核心竞争力。环评应当从更高的层面帮助设计、规划汽车、炼化等既关系国计民生、又对环境有重大影响的产业,实现从"为经济建设服务"向"对环境质量负责"转变。立足环境质量改善,严格环境准入,通过"以新带老""区域削减",实现污染物的"增产减污",以控制石油化工行业的"三致"物质和冶金行业产生的重金属为突破口,确保环境质量改善,确保人群健康。

(3)严格执法发挥环评"正能量"

首先,各级政府及环保行政主管部门担负着加强环境保护的法律责任,必须切实严格执法，做到“守土有责、守土负责、守土尽责”；其次，明确政府、企业、个人的法律主体责任，确保政府既不“越位”也不“缺位”，企业严格遵循法律法规，形成人人监督环境违法的社会氛围；第三，需要通过改革，确保环评关口前移，进一步加强环评的有效性；第四，创新监管手段，加大对违法行为的监察力度。充分利用航空航天遥感等高科技手段，给环评执法者装上“鹰眼”，使违规上马的项目无处藏身。

(4)以有效的公众参与排除“负能量”

首先，要让老百姓真正参与到环保决策中，把老百姓“乐不乐意”作为项目审批的重要依据之一；其次，要建立权威的环评资讯服务平台，将建设项目环境影响评价信息向全社会公开，解决公众在环境和资源管理中信息不对称的问题；第三，在企业运行后将排污监测结果向当地群众实时公开，调动全社会力量监督建设项目的环境影响，形成政府、企业、社会三方互动的环境管理体系。

(二)发展生态科技，实现经济效益与环境效益双赢

生态科技是以人与自然的和谐发展为根本目标，它能够提高资源利用效率，优化资源利用结构，减少生产过程的资源和能源消耗以及生产过程中的污染排放，保护生态环境。因此，发展生态技术是建设资源节约型、环境友好型社会的重要途径，是建设社会主义生态文明的关键所在。

生态科技有利于实现从源头到末端的防污、治污，从而很好地实现对环境的保护。推进生态科技，发展知识经济，信息经济，最大限度地实现生产非物质化，尽量减少对自然环境的依赖性，减少材料消耗和废弃物的排放。在生产中，则采用清洁生产，循环经济模式，实行从源头采购到废弃产品的回收利用的全程防污、治污的办法，把污染最大限度地消灭在生产过程之中，从而保持了一个空气清新，舒适宜人的自然和人工环境。

生态科技有利于实现能源与资源的节约，并提高了资源的利用价值，从而实现经济效益最大化。生态科技可以节约大量资源、能源。首先与世界发达国家相比，由于技术水平落后，我国的资源利用效率较低，浪费现象极

为严重，采用生态科技，既可以大大降低资源使用成本，提高资源的利用价值，又可以大大提高产品质量；其次，生态科技的采用可以发现新资源或替代资源，大大地拓展了资源利用空间。从水力、畜力的使用到煤、石油、天然气等新能源的开采，从不可再生资源到核能、风能、太阳能等可再生资源的开发利用，人类通过技术进步，在资源史和工业发展史上实现了一次次重大发现，实施了一次次跨越性突破，促进了经济与社会的发展。

生态科技推动经济结构优化和经济增长方式转变，使经济社会向节约型社会与环境友好型社会转变。生态科技在相关产业上的应用所产生的前向、后向、旁侧的扩散和渗透效应，大大地促进了劳动分工，并改变劳动力就业结构，从而也使不同行业的劳动生产率出现差异。另一方面，生态科技，特别是高新技术，如新材料、新能源、新工艺的开发与利用，有利于实现从高能耗、高污染、低产出的传统产业到低能耗、低污染、效益高的新兴产业的更新换代，而这些产业与生态环保产业将成为生态文明建设中的主导产业。

国家应当进一步加大对生态科技的支持力度，重点做好三个方面的工作。

首先，完善生态科技的制度建设，全面激励科技创新。生态科技是生态文明建设的强有力支撑，以可持续发展为根本目标，促进经济效益、社会效益和生态效益的协调增长。技术创新的生态化转向顺应生态文明建设的要求，对实现自然、人和社会的可持续发展有重要意义。但科技创新生态化的作用范围广，且投资大，风险高，导致企业生态技术创新缺乏动力，依赖市场调节有难度，因而它需要政府科技政策的导向和宏观经济政策的激励，建立适应生态科技要求的经制度与管理制度。在全球环保意识逐渐增强的情况下，消费意识更倾向于绿色化，强大的市场需要的拉力带动生态科技创新的飞速发展，企业是市场竞争的主体，为了提高企业在市场中的竞争实力就要进行生态科技创新，因此企业也是生态科技创新的主体。在当今的环保大趋势下，企业有必要在研发、生产、营销的各个环节适应环境保护的需要，实行绿色战略，以有利于生态环境的原则来组织工业和商业活动，为企业创造出竞争优势。政府可以综合使用各种管理和调控手段来强化对企业科技创新的政策支持，这些手段包括法律手段、政治手段、经济手段、宣传教育手段、技术手段等。通过建立有利于生态技术创新实施的各种外部环境,诱导生态技术创新系统内部各要素的生成,主持和引导生态技术创新所需要的诸如科技鉴定和科技评审的社会支持系统的工作,适当地组织与协调生态技术创新的主体之间的交流与合作,监督企业实施生态技术创新,从而启动和推动生态技术创新的实施。

其次,构建完备的生态科技法律体系。现代科技是法制的科技,依法组织和管理科技是实现科技与人、社会和生态环境协调发展的一个根本保证。为了有效防范科技发展和应用中的负面效应,实现科学技术的生态价值,我们既要重视科技法制体系的整体构建和完善,又要突出重点,加强对重大科技发展和应用领域的法律监控。环境保护法是市场经济条件下促使企业开发、应用生态技术最重要、最有效的外部强制力量。我国虽然相继制定和颁布了一系列单项法律法规,但仍然不够健全,因此,要健全环境保护的法律法规,堵塞法律漏洞。并且,我国目前的法规大多数是政策性的,缺少配套的实施细则,可操作性差,在实践中难以执行,还有待于进一步细化。另外,虽然我国目前已经建立了《环境影响评价法》、《清洁生产促进法》及有关环境保护的各种法规,但仍然是基于末端治理或分段治理、过分强调污染发生后的被动措施,应加强源头治理,过程控制。加大环境执法力度,实行环境评价一票否决制。虽然我国制定了各种法律条文,但在具体执行中却疲软无力,有法不依,执法不力,从而使排污企业有恃无恐,技术创新生态化难以落到实处。因此,必须加大环境执法力度,做到执法必严,违法必究,实行环境评价一票否决制,使条例及其配套规章尽快落到实处,迫使企业加速技术创新生态化的进程。

最后,加快生态科技人才队伍建设。人的因素是生产力中最活跃的因素,作为第一生产力的科学技术,人才无疑是其内核,是生态科技创新的载体和关键。世界各国在新兴科技领域中的竞争,实际上是知识和人才的竞争,培养具有高水平的科技创新人才是我国落实生态文明建设的关键问题之一。要切实做到加大科技人才的培养力度,建立一支宏大的科技人才专业队伍。教育与培训是人才培养与开发的主要途径和手段,要优先发展大学教育,充分发挥高校培养人才和聚集人才的作用,在高等院校和科研院所大力培养有关生态科技知识和管理的科技人才,培养出具有创新精神和实践能力的应用型、复合型、研究型科技人才;重视发展继续教育,在科技进步日新月异的今天,一个人所学过的知识,若不进行持续的更新,那么这个人便无法适应社会的变化。调动社会各方力量加强继续教育和在职培训,鼓励并支持高新技术企业采取送出去、请进来等形式加强对人才的培训。同时重视建立继续教育机制,使科技人才的知识得到及时更新。吸引国外生态环境保护和绿色技术领域的专业人才从事我国生态建设工作。采取直接移民、项目合作、相互交流、联合办学、短期服务等多种方式,进一步加大引进海外科技人才和智力的力度,积极做好聘请海外专家来中国服务的工作。

(三)在环保领域加快政府和社会资本合作

政府与社会资本合作模式(以下简称 PPP 模式),是指政府与企业长期合作一系列方式的统称,包含 BOT(建设—经营—转让)、DBFO(设计—建设—融资—经营)、TOT(移交—运营—移交)、PFI (民间主动融资)等多种方式,特别强调合作过程中政企双方的平等地位、利益共享、风险分担、效率提高和保护公众利益。一个 PPP 项目的良性运转需要同时具备三要素:以目标一致为基础的伙伴关系,以合理利润为基础的利益共享机制,以合理边界为基础的风险分担机制。

1. 应进一步完善 PPP 项目的立法

目前出台的《基础设施和公用事业特许经营管理办法》仅为部门规章,其效力层级上存在一定局限,且只提及特许经营,未对外延和内涵更为宽泛的 PPP 与特许经营的区别和适用问题进行规定,对 PPP 项目的保障还比较有限。同时,新修订的《行政诉讼法》和最高院司法解释以及上述管理办法,在程序上将特许经营协议纳入行政诉讼解决的范围,与财政部制定的《政府和社会资本合作项目政府采购管理办法》规定的仲裁或者民事诉讼的解决程序存在不同。这使得特许经营和 PPP 合同的边界区分更加模糊,增加了 PPP 项目的操作难度和不确定性。

因此,建议从加强政府与社会资本间进行合作的角度,一是加强PPP(政府与社会资本合作)的专业立法,将PPP规范上升为法律,促进PPP项目的法律保障;二是在实体法律层面上明确PPP项目合同的定性和争议解决,清晰界定PPP项目平等主体间的合同关系,给予政府和企业平等的法律地位,打消企业对政策连续性等风险的顾虑。以法律形式规范政府与企业的参与方式,构建与《预算法》相衔接的法律制度,对项目的定价、收费、补偿等进行规范。

2. 构建中央和省级两级协调机制

2014年至今,国家部委在PPP项目规范方面进度差距较大。一方面,财政部和发改委分别发布了多份规范PPP项目的政策文件,均自成体系;而另一方面,国土部和银监会等并未出台与之配套的土地和金融改革政策,造成项目实操难题。与此同时,部门地方政府因缺少明确的牵头部门,使得在项目沟通阶段"九龙治水"。

建议构建中央和省级两级协调机制。中央层面的协调机制主要负责协调发改委、财政部和所涉及行业主管部委之间的责权利关系,形成统一的概念定义、内涵解释和操作指南,建立统一的项目平台,并与国家社会信用体系相衔接,定期向社会发布政务诚信记录。省级层面的协调机制,负责明确项目牵头部门,减少企业方沟通界面,用"一个声音"面对社会资本。

3. 灵活运用各类基金降低融资成本

目前,环保PPP项目因其资金沉淀量大、回收期长、项目收益较低,项目利润在一定程度上依赖于更低的融资成本。在现有融资方式中,缺少与PPP项目长周期特点相匹配的中长期资金来源。

建议打通保险基金、社保基金、养老基金进入基础设施投资领域的通道,以环保PPP项目的长期稳定收益保障基金收益。同时,建议将各级政府的环保专项资金作为引导资金,通过PPP模式引入社会资本,共同设立区域或流域生态环境保护PPP基金,支持项目股权和债权融资,实现项目全生命周期的高效管理。

4. 以整体解决方案模式推进 PPP 项目

环保 PPP 项目的规模，是影响单位产品和沟通管理成本的重要因素。目前，环保项目存在个体项目体量小、分布散等特点，传统“一厂一价”的运作方式导致政府和企业的沟通管理成本过高。以往的实践中的已有成功案例，如中节能为江西省内 102 个工业园区创新性地提供污水处理服务，特许期限为 30 年。该 PPP 项目因其兼具最小的管理成本、最少的沟通界面和最低的产品单价，实现了多方共赢。这种以整体解决方案模式推进 PPP 项目值得借鉴。

第七章 体制与机制

——加强生态文明制度建设

制度是一个社会为决定人们的相互关系而人为设定的一些制约，通常分为正式制度和非正式制度两种类型。正式制度主要包含判定各类经济主体的责任、度量衡等规则；非正式制度主要包含道德观念、意识形态、价值信念、伦理规范、风俗习惯等。我们所讲的生态文明制度是指在全社会制定或形成的一切有利于支持、推动和保障生态文明建设的各种引导性、规范性和约束性规定与准则的总和，分为两个层次，包括原则、法律、规章、条例等在内的正式制度和包括伦理、道德、习俗、惯例等在内的非正式制度。制度具有长期性、稳定性、根本性、整体性和指导性的特点。改革开放以来经济的快速发展和环境保护制度方面的滞后导致生态问题日益尖锐，严重影响了人民生活的质量。通过建立和完善生态文明制度体系，可以有效调整环境利益关系，约束人们的行为，改善生态与环境，维护环境公平，推动公众参与，缓解环境问题引发的社会矛盾，促进环境与社会的协同发展。

由我国现代化进程阶段性特点所决定，当代中国生态文明建设具有社会转型时期的鲜明特点。这就要求我们在进行生态文明建设时既要适应经济快速发展，又不能逾越环境承载的底线。生态文明制度体系建设也必须体现这一特点。这就要求现阶段的生态文明制度体系既要规范人们生态方面的行为，使其不能逾越环境承载的底线，同时又能够推动经济的健康发展。通过融入经济、政治、文化和社会管理各方面的生态文明制度体系建设，保障社会朝着生态文明方向良性运行。

改革开放以来，我国初步建立了相关一些生态环境保护方面的法律法规,但缺乏系统性,还没有形成完整的体系。党的十八大将生态文明提高到"五位一体"的高度,我国开始重视生态文明制度建设。十八届三中全会在全面深化改革的论述中明确提出,建立系统完整的生态文明制度体系,用制度保护生态文明。2015年9月国务院颁布的《生态文明体制改革总体方案》明确了生态文明体制改革的目标:"到2020年,构建起由自然资源资产产权制度、国土空间开发保护制度、空间规划体系、资源总量管理和全面节约制度、资源有偿使用和生态补偿制度、环境治理体系、环境治理和生态保护市场体系、生态文明绩效评价考核和责任追究制度等八项制度构成的产权清晰、多元参与、激励约束并重、系统完整的生态文明制度体系,推进生态文明领域国家治理体系和治理能力现代化,努力走向社会主义生态文明新时代。"

生态文明制度体系是一个系统,按照"源头严防、过程严管、后果严惩"的思路,根据《生态文明体制改革总体方案》的制度设计,本章拟从以下几个方面阐述生态文明制度体系建设的路径。

一、源头:自然资源的确权与生态环境监测制度

制度要管住源头。生态文明建设必须从源头上解决以下问题:确立自然资源产权,建立资源有偿使用制度和生态补偿制度,深化资源性产品价格和税费改革,建立反映市场供求和资源稀缺程度、体现生态价值和代际补偿的资源有偿使用制度和生态补偿制度。在此基础上建立市场化机制,用市场化手段开展节能量、碳排放权、排污权、水权交易等。加强对生态环境的监测力度,建立健全生态环境监测网络,基本实现环境质量、重点污染源、生态状况监测全覆盖,监测与监管协同联动,初步建成陆海统筹、天地一体、上下协同、信息共享的生态环境监测网络,使生态环境监测能力与生态文明建设要求相适应。

(一)自然资源资产产权制度

自然资源资产产权制度是保护自然资源、避免无序开发的根本性、基础性制度。党的十八届三中全会明确提出,对水流、森林、山岭、草原、荒地、滩涂等自然生态空间进行统一确权登记,形成归属清晰、权责明确、监管有效的自然资源资产产权制度。

根据联合国环境规划署的定义,自然资源指在以一定的时间和技术条件为前提基础,能产生经济价值,可提高人类当前和未来福利的自然环境要素的总称。一般来说假如获取这个实物的主要工程是收集和纯化,而不是生产,那么这个实物就是一种自然资源。因此,水流、森林、山岭、草原、荒地、滩涂等等,都属于自然资源。同时,作为生态系统和聚居环境的环境资源,如空气、阳光、水体、湿地等也属于自然资源。这就意味着自然资源不仅产生经济价值,还必须实现生态环境价值,兼顾经济与环境的可持续发展。

自然资源要转化为自然资源资产,必须满足三个条件:一是具备稀缺性,可以为人类越来越多的需求带来供给;二是产生效益,包括经济效益、社会效益、生态效益;三是有明确的所有权,只有产权明晰,才能实现转化。自然资源资产同固定资产不同,其中最大区别在于固定资产仅包括劳动价值和稀缺价值两部分,而自然资源资产还包括生态价值。

产权是经济所有制关系的法律表现形式,包括所有权(所有人对于所有物的实际上的占领、控制)、管理权(所有人委托其他主体管理所有物的权利)、使用权(依照物的性能和用途对物加以利用,以满足生产和生活的需要的权能)、收益权(收取由原物产生出来的新增经济价值的权能,新增经济价值包括利息和利润)及处分权(决定财产事实上和法律上的命运的权能)。

因此,可以进行一个界定,即自然资源资产产权是对某一种类型自然资源的所有权以及由此而派生出来的管理权、使用权、收益权、处分权等其他有关权利形态的统称,是对产权权利主体,包括政府部门、组织、企业和个人等,对某一种具体自然资源权利属性的清晰界定。自然资源资产产权包括经济产权,以及易被人们所忽略的环境产权。经济产权也就是资源产权,包括矿藏、水流、海洋、森林、山岭、草原、荒地、滩涂等自然资源产权。环境产权是自然资源资产特有的产权，是对生态系统和聚居环境的产权，如排污权、排放权、固体废弃物的弃置权等。由此可见：产权≠所有权，产权＝所有权＋管理权＋使用权＋……。

我国宪法第九条规定："自然资源的矿藏、水流、森林、山岭、草原、荒地、滩涂等自然资源，都属于国家所有，即全民所有；由法律规定属于集体所有的森林和山岭、草原、荒地、滩涂除外。"这表明我国自然资源的所有权是全民所有或集体所有。但是，具体的使用权、收益权、处分权必须分配给具体的主体来使用，而具体的主体却没有明确规定。长期以来，我国在自然资源的管理问题上存在着产权主体虚位和责任主体虚位等问题，不少自然资源长期处于"无主"状态。具体而言：

一是所有权界定模糊。我国法律规定自然资源属于国家所有。自然资源所有权由国务院代表国家行使，国务院又委托下一级政府代理行使所有权，通过层层委托代理，最终由分管区域内的地方政府代理行使所有权。在实际操作中，地方政府所行使的所有权受到条块的多元分割，通过分权，将部分所有权分给不同的职能部门。按照这种"代理—分权"模式，地方政府作为国有资源所有者代表地位模糊，产权虚置或弱化。二是管理权交叉重叠。自然资源管理不仅涉及各区域行政主管部门，还涉及环保、发改、国土、林业、农业、水利、交通、住建等职能部门，它们都拥有对自然资源的部分管理权，部门之间权责交叉重叠、权责不清，互相推诿、效率低下等现象非常普遍。加上所有权与管理权缺乏明确和分置，多个"裁判员"与"运动员"集于一身，形成地区分割、部门分割、城乡分割、多头管理的"九龙治水"格局。三是使用权缺乏明细规定。法律虽然宏观上规定了自然资源的所有权和管理权，但对自然资源的使用权却没有做出具体规定，在自然资源使用权的归属、权限范围和取得条件等方面缺乏可操作性的法律条文。

对于建立自然资源资产产权制度，《生态文明体制改革总体方案》提出："构建归属清晰、权责明确、监管有效的自然资源资产产权制度，着力解决自然资源所有者不到位、所有权边界模糊等问题。"具体而言，首先，完善自然资源资产管理体制，按照所有者和管理者分开和一件事由一个部门管理的原则，落实全民所有自然资源资产所有权，建立统一行使全民所有自然资源资产所有权人职责的体制。“逐步划清全民所有和集体所有之间的边界，划清全民所有、不同层级政府行使所有权的边界，划清不同集体所有者的边界。推进确权登记法治化。”改变现行的全民所有的水流、森林、山岭、草原、荒地、滩涂等自然资源的所有者代表职能与政府对自然资源的行政监管职能混在一起的状况，把前者从相关的行政管理权力中剥离出来，组建专门机构，代表国家行使对全民所有的自然资源的所有者权利。建立自然资源资产产权统一确权登记制度，对自然资源进行确权登记，实现自然资源所有权者“权、责、利”的有机统一。

其次，建立权责明确的自然资源产权体系。制定权利清单，明确各类自然资源产权主体权利。处理好所有权与使用权的关系，创新自然资源全民所有权和集体所有权的实现形式，除生态功能重要的外，可推动所有权和使用权相分离，明确占有、使用、收益、处分等权利归属关系和权责，适度扩大使用权的出让、转让、出租、抵押、担保、入股等权能。明确国有农场、林场和牧场土地所有者与使用者权能。全面建立覆盖各类全民所有自然资源资产的有偿出让制度，严禁无偿或低价出让。统筹规划，加强自然资源资产交易平台建设。

再次，在明晰产权的基础上，探索建立和完善排污权、碳排放权、节能量交易市场。在污染物排放方面，排污权市场是适应市场经济要求的环境保护措施。排污权交易(pollution rights trading)是指在一定区域内，在污染物排放总量不超过允许排放量的前提下，内部各污染源之间通过货币交换的方式相互调剂排污量，从而达到减少排污量、保护环境的目的。它的主要思想就是建立合法的污染物排放权利即排污权，并允许这种权利像商品那样被买入和卖出，以此来进行污染物的排放控制。排污权交易作为以市场为基础的经济制度安排，其对企业的经济激励在于排污权的卖出方在排污权交易中由于超量减排而使排污权剩余，之后通过出售剩余排污权获得经济回报，这实质是市场对企业环保行为的补偿。买方由于新增排污权不得不付出代价，其支出的费用实质上是环境污染的代价。可以说排污权交易制度不失为实行总量控制的有效手段。在节能减排方面，实现经济可持续发展的关键是节能减排，而不断完善制度建设则是节能减排的首要任务。通过借鉴国外成熟的做法，建立完善的碳排放交易市场；加快国内碳排放市场与国际接轨步伐，建立国际化碳交易所；积极发展和改善碳金融市场。

最后，完善资源产权制度，理顺资源性产品价格形成机制。资源性产品产权市场化改革首要的是价格改革，要以市场为导向，根据资源的稀缺程度建立起有利于资源节约和环境保护的价格体系。建立资源有偿使用制度，完善资源产权制度；重构资源税费和环境税费体系；在市场改革的同时，注重政府对资源性产品价格调节机制的适当干预；建立起有利于资源节约使用、废弃物循环利用的价格体系。

（二）生态环境资源的监测制度

生态环境监测是生态环境保护的基础，是生态文明建设的重要支撑。目前，我国生态环境监测网络存在范围和要素覆盖不全，建设规划、标准规范与信息发布不统一，信息化水平和共享程度不高，监测与监管结合不紧密，监测数据质量有待提高等突出问题，难以满足生态文明建设需要，影响了监测的科学性、权威性和政府公信力，必须加快推进生态环境监测体系。建立国家自然资源管理统一监测体系，就是要查清“资源”的数量、类别、性质、空间分布情况，搞清“有什么、在哪里”；在此基础上进行资产评估，算清“有多少、值多少”；通过确权登记，分清“谁所有、谁管理”；对“资产”变化情况进行定期或动态监测，查明“怎么样、变多少”。为建立国家自然资源管理统一监测体系，国务院办公厅颁发《生态环境监测网络建设方案》（以下简称《方案》）明确生态环境监测网络建设的原则、目标及工作要求。

《方案》明确提出四项基本原则。首先，明晰事权、落实责任，依法明确各方生态环境监测事权，推进部门分工合作，强化监测质量监管，落实政府、企业、社会责任和权利；其次，健全制度、统筹规划，健全生态环境监测法律法规、标准和技术规范体系，统一规划布局监测网络；再次，科学监测、创新驱动，依靠科技创新与技术进步，加强监测科研和综合分析，强化卫星遥感等高新技术、先进装备与系统的应用，提高生态环境监测立体化、自动化、智能化水平；最后，综合集成、测管协同，推进全国生态环境监测数据联网和共享，开展监测大数据分析，实现生态环境监测与监管有效联动。

《办法》明确提出生态环境监测网络建设的目标是，到2020年，全国生态环境监测网络基本实现环境质量、重点污染源、生态状况监测全覆盖，各级各类监测数据系统互联共享，监测预报预警、信息化能力和保障水平明显提升，监测与监管协同联动，初步建成陆海统筹、天地一体、上下协同、信息共享的生态环境监测网络，使生态环境监测能力与生态文明建设要求相适应。

在具体工作方面，《办法》提出五项要求。首先，完善生态环境监测网络的覆盖面。建立统一的环境质量监测网络，统一规划、整合优化环境质量监测点位，建设涵盖大气、水、土壤、噪声、辐射等要素，布局合理、功能完善的全国环境质量监测网络，按照统一的标准规范开展监测和评价，客观、准确反映环境质量状况。健全重点污染源监测制度，重点排污单位必须落实污染物排放自行监测及信息公开的法定责任，严格执行排放标准和相关法律法规的监测要求，国家重点监控排污单位要建设稳定运行的污染物排放在线监测系统，各级环境保护部门要依法开展监督性监测，组织开展面源、移动源等监测与统计工作。加强生态监测系统建设，建立天地一体化的生态遥感监测系统，研制、发射系列化的大气环境监测卫星和环境卫星后续星并组网运行，加强无人机遥感监测和地面生态监测，实现对重要生态功能区、自然保护区等大范围、全天候监测。

其次，加强生态环境监测数据的集成共享。各级环境保护部门以及国土资源、住房城乡建设、交通运输、水利、农业、卫生、林业、气象、海洋等部门和单位获取的环境质量、污染源、生态状况监测数据要实现有效集成、互联共享。国家和地方建立重点污染源监测数据共享与发布机制，重点排污单位要按照环境保护部门要求将自行监测结果及时上传。加快生态环境监测信息传输网络与大数据平台建设，加强生态环境监测数据资源开发与应用，开展大数据关联分析，为生态环境保护决策、管理和执法提供数据支持。依法建立统一的生态环境监测信息发布机制，规范发布内容、流程、权限、渠道等，及时准确发布全国环境质量、重点污染源及生态状况监测信息，提高政府环境信息发布的权威性和公信力,保障公众知情权。

再次,加强环境质量监测及预警。提高空气质量预报和污染预警水平,强化污染源追踪与解析。加强重要水体、水源地、源头区、水源涵养区等水质监测与预报预警。加强土壤中持久性、生物富集性和对人体健康危害大的污染物监测。提高辐射自动监测预警能力。严密监控企业污染排放。完善重点排污单位污染排放自动监测与异常报警机制,提高污染物超标排放、在线监测设备运行和重要核设施流出物异常等信息追踪、捕获与报警能力以及企业排污状况智能化监控水平。增强工业园区环境风险预警与处置能力。提升生态环境风险监测评估与预警能力。定期开展全国生态状况调查与评估,建立生态保护红线监管平台,对重要生态功能区人类干扰、生态破坏等活动进行监测、评估与预警。开展化学品、持久性有机污染物、新型特征污染物及危险废物等环境健康危害因素监测,提高环境风险防控和突发事件应急监测能力。

此外,实现生态环境监测与监管相结合。完善生态环境质量监测与评估指标体系,利用监测与评价结果,为考核问责地方政府落实本行政区域环境质量改善、污染防治、主要污染物排放总量控制、生态保护、核与辐射安全监管等职责任务提供科学依据和技术支撑。实现生态环境监测与执法同步。各级环境保护部门依法履行对排污单位的环境监管职责,依托污染源监测开展监管执法,建立监测与监管执法联动快速响应机制,根据污染物排放和自动报警信息,实施现场同步监测与执法。各级相关部门所属生态环境监测机构、环境监测设备运营维护机构、社会环境监测机构及其负责人要严格按照法律法规要求和技术规范开展监测,健全并落实监测数据质量控制与管理制度,对监测数据的真实性和准确性负责。环境保护部依法建立健全对不同类型生态环境监测机构及环境监测设备运营维护机构的监管制度,制定环境监测数据弄虚作假行为处理办法等规定。各级环境保护部门要加大监测质量核查巡查力度,严肃查处故意违反环境监测技术规范,篡改、伪造监测数据的行为。党政领导干部指使篡改、伪造监测数据的,按照《党政领导干部生态环境损害责任追究办法(试行)》等有关规定严肃处理。

最后,完善生态环境监测制度与保障体系。研究制定环境监测条例、生态环境质量监测网络管理办法、生态环境监测信息发布管理规定等法规、规章。统一大气、地表水、地下水、土壤、海洋、生态、污染源、噪声、振动、辐射等监测布点、监测和评价技术标准规范,并根据工作需要及时修订完善。增强各部门生态环境监测数据的可比性,确保排污单位、各类监测机构的监测活动执行统一的技术标准规范。各级环境保护部门主要承担生态环境质量监测、重点污染源监督性监测、环境执法监测、环境应急监测与预报预警等职能。环境保护部适度上收生态环境质量监测事权,准确掌握、客观评价全国生态环境质量总体状况。重点污染源监督性监测和监管重心下移,加强对地方重点污染源监督性监测的管理。地方各级环境保护部门相应上收生态环境质量监测事权,逐级承担重点污染源监督性监测及环境应急监测等职能。开放服务性监测市场,鼓励社会环境监测机构参与排污单位污染源自行监测、污染源自动监测设施运行维护、生态环境损害评估监测、环境影响评价现状监测、清洁生产审核、企事业单位自主调查等环境监测活动。在基础公益性监测领域积极推进政府购买服务,包括环境质量自动监测站运行维护等。环境保护部要制定相关政策和办法,有序推进环境监测服务社会化、制度化、规范化。推进环境监测新技术和新方法研究,健全生态环境监测技术体系,促进和鼓励高科技产品与技术手段在环境监测领域的推广应用。鼓励国内科研部门和相关企业研发具有自主知识产权的环境监测仪器设备,推进监测仪器设备国产化;在满足需求的条件下优先使用国产设备,促进国产监测仪器产业发展。积极开展国际合作,借鉴监测科技先进经验,提升我国技术创新能力。研究制定环境监测机构编制标准,加强环境监测队伍建设。加快实施生态环境保护人才发展相关规划,不断提高监测人员综合素质和能力水平。完善与生态环境监测网络发展需求相适应的财政保障机制,重点加强生态环境质量监测、监测数据质量控制、卫星和无人机遥感监测、环境应急监测、核与辐射监测等能力建设,提高样品采集、实验室测试分析及现场快速分析测试能力。完善环境保护监测岗位津贴政策。根据生态环境监测事权,将所需经费纳入各级财政预算重点保障。

二、过程：健全基本的环境监管制度

随着环境问题日益突出，现行环境监管制度越来越不适应加快推进生态文明建设的需要。环境监管制度是指在国家政策指导下，依据法律形成的环境保护行政管理的组织架构、权责划分和运行模式的总称。

（一）当前我国环境管理制度的基本情况

改革开放以来，我国逐步重视和加强环境保护与经济发展的协调，到目前为止已初步建立起一套统一监管与部门分工相结合、分级管理、体系相对完备的环境监管体制。

在政策层面，党中央、国务院历来高度重视环境保护工作，对环境保护的认识不断深化。1973 年第一次全国环境保护会议就确定了环境保护“32 字方针”，1983 年第二次全国环境保护会议提出将保护环境作为一项基本国策，2012 年党的十八大进一步将生态文明建设纳入中国特色社会主义事业“五位一体”总布局。

在法制建设层面，我国已初步形成综合性法律和专项法律相结合的环境保护法律体系。2015 年 1 月 1 日开始实施的新修订的环境保护法成为环境保护领域的综合性、基础性法律。截至目前，我国已制定超过 30 部环境保护、污染防治和自然资源保护等方面的法律，另有数以百计的环境行政法规和部门规章，更有不断增加的地方性环境法规，具有中国特色的生态法律文明法律体系基本形成，主要包括环境保护方面的立法、污染防治方面的立法、资源保护方面的立法、生态保护方面的立法及特别方面立法（见下表）。

类别	名称
环境保护立法	1.《中华人民共和国环境保护法》(1989 年 12 月 26 日通过) 2.《中华人民共和国海洋环境保护法 》(1999 年 12 月 29 日通过) 3.《中华人民共和国海岛保护法》(2009 年 12 月 26 日通过)
污染防治立法	4.《中华人民共和国水污染防治法》(2008 年 02 月 28 日通过) 5.《中华人民共和国大气污染防治法》(2000 年 04 月 29 日通过) 6.《中华人民共和国固体废物污染环境防治法》(1995 年 10 月 25 日通过) 7.《中华人民共和国环境噪声污染防治法》(1996 年 10 月 29 日通过) 8.《中华人民共和国放射性污染防治法》(2003 年 06 月 28 日通过)
资源保护立法	9.《中华人民共和国矿产资源法》(1996 年 08 月 29 日通过) 10.《中华人民共和国森林法》(1998 年 04 月 29 日通过) 11.《中华人民共和国水法》(2002 年 08 月 29 日通过) 12.《中华人民共和国草原法》(1985 年 6 月 18 日通过) 13.《中华人民共和国土地管理法》(1986 年 6 月 25 日通过) 14.《中华人民共和国海域使用管理法》(2001 年 10 月 27 日通过) 15.《中华人民共和国渔业法》(1986 年 1 月 20 日) 16.《中华人民共和国煤炭法》(1996 年 8 月 29 日通过) 17.《中华人民共和国专属经济区和大陆架法》(1998 年 06 月 26 日通过)
生态保护立法	18.《中华人民共和国野生动物保护法》(1988 年 11 月 8 日通过) 19.《中华人民共和国水土保持法》(1991 年 06 月 29 日通过) 20.《中华人民共和国防沙治沙法》(2001 年 8 月 31 日通过) 21.《中华人民共和国城乡规划法》(2007 年 10 月 28 日通过) 22.《中华人民共和国文物保护法》(1982 年 11 月 19 日通过)
特别方面立法	23.《中华人民共和国环境影响评价法》(2002 年 10 月 28 日通过) 24.《中华人民共和国清洁生产促进法》(2002 年 06 月 29 日通过) 25.《中华人民共和国可再生能源法》(2005 年 02 月 28 日通过) 26.《中华人民共和国循环经济促进法》(2008 年 08 月 29 日通过) 27.《中华人民共和国节约能源法》(1997 年 11 月 01 日通过) 28.《中华人民共和国标准化法》(1988 年 12 月 29 日通过) 29.《中华人民共和国气象法》(1999 年 10 月 31 日通过)

在机构建设方面，环境保护行政管理机构从无到有、从弱到逐步加强，已基本形成了统一监管与部门分工相结合、中央与地方分级管理的环境保护行政管理组织体系。

（二）当前我国环境管理制度存在的问题

随着环境问题日益突出，按照政策和法律的高标准、严要求，与人民群众对优良生态环境的美好期待相比，现行环境监管体制还存在较大弊端。

一是统一监管与部门分工之间缺乏有效衔接，环境监管职能碎片化，部门之间权限划分不清、相互扯皮。《环境保护法》规定环境保护主管部门对环境保护工作"实施统一监督管理"，又规定有关部门"依据有关法律的规定对资源保护和污染防治等环境保护工作实施监督管理"，没有清晰界定"统一"与"分工"的关系。环境保护法与资源环境各专项法律在法律地位上也是平行的关系，依据据现有法律，环保部门与分管部门的执法地位是平等的，不是监督与被监督的关系。各部门在资源环境保护规划、标准、监测、执法等方面都存在交叉重叠和相互矛盾。因此，环境保护主管部门统一监督管理定位不清，难以发挥综合监管作用，各部门的资源环境保护职责也不能完全落到实处，出现"九龙治水"等弊病也不足为奇。

二是由于政绩考核体制缺陷和监督缺失，地方政府没有真正承担起环境监管的主体责任。现行以经济社会发展综合考核为主的地方政绩考核主要突出经济发展速度和规模，资源消耗和环境质量方面的内容和指标占权重较低。近年来，地方政府的环境保护意识有了很大提高，但主要停留在规划、报告和讲话中，一旦经济发展与生态环境保护发生冲突，地方政府往往保"发展"而舍弃"保护"。在实际工作中，林地占用征用、环境影响评价、规划调整等审批管理很容易变成政府推动经济发展和项目建设的"工具"而不是应该遵循的前提和底线。前些年，以牺牲资源环境为代价发展经济的情况在各地不同程度存在，一些地方甚至以"招商引资""绿色通道"为由出台了一些与环境保护相悖的"土政策"。

三是对解决区域性、流域性、系统性生态环境问题缺乏相应的制度安排。大气污染、水污染具有流动性强、涉及面广的特点，不受行政管辖区域的限制。而现行环境监管机构都是按照行政区划设置，部门监管职责则是按单一环境要素分工的，存在一定的局限性。环境保护部虽然设立了六大区域督查中心，一些省也设立了区域督查机构，但督查职责定位不清、体制运行不畅、监督效果不好。水利部设立的流域管理体制基本上还是沿袭计划管理体制的模式，难以起到有效保护流域资源环境的作用。

四是环境法治建设滞后，还存在许多不适应、不符合环境保护要求的问题。环境监管立法的"软法"问题较为突出，现行资源环境有关法律多为部门立法，强调维护部门权力、弱化监管职责；法律条文中原则性和抽象性规定多，针对性不强、可操作性不足，实施中难以执行。有法不依、执法不严、违法不究现象比较严重，遇到具体问题往往重行政手段轻司法手段，"以罚代刑"现象较为普遍。执法体制权责脱节、多头执法、选择性执法现象仍然存在。行政执法与刑事司法衔接不畅，据不完全统计，2011—2013 年，全国各级法院受理的环境资源类刑事、民事和行政案件加起来一年仅仅约 3 万件，仅占全国法院受理各类案件不足 3‰。部分企业防治污染的主体责任不落实，存在以排污设施"一来就开、一走就关"，排污"一来就停、一走就排"的方式应付和逃避执法监督的现象。

五是环境监察能力十分薄弱，难以承担监管执法的重担。目前省、市、县都建立了环境监察机构，但普遍存在编制数量少、人员素质参差不齐、专业装备不足的问题。根据 2010 年的评估，全国环境监察机构共有 7 万多人，平均到每个环境监察机构实有人数不到 17 人，其中，省、市、县级平均每个机构分别为 31 人、27 人、15 人。而在全国环境监察总人数中，环境保护相关的专业人员不足四分之一。市县环境监察机构是我国环境监管执法的主体，在日常工作中要承担企业现场检查、信访投诉案件现场调查、企业排污申报和收费、行政处罚案件调查取证、企业在线监测数据核查等繁重任务，以现有的能力，无论是在数量上还是质量上都难以完成环境监察的任务。

六是社会和公众参与不足，多元共治的体制机制尚未建立。近年来，我国公众对环境问题的关注度逐步提高，但和发达国家相比较而言，公众参与度还相当低。公众参与环境科普、宣传、教育的多，参与政府决策和社会监督的少。生态环境类公益性社会组织发育不全，全国环保公益组织仅3000多家，其中注册登记的不足千家，在维护公众环境权益方面发挥作用仍然微不足道。此外，公众参与环境保护还缺乏法律、政策和技术方面的有力支撑。

（三）深化环境管理制度改革的建议

深化环境管理制度改革是加强生态文明制度建设的重要环节。深化环境管理制度改革，应界定并厘清统一监管与部门分工的关系、中央与地方分级管理的关系，建立统筹生态保护和严格监管所有污染物排放的环境保护管理制度，加强行政执法与刑事司法的密切衔接，完善公众参与监督机制，实现生态文明建设目标。从近期来看，在现有法律框架不变和监管机构不作大调整的条件下，环境监管改革的重点是加强统筹协调，强化监督检查，确保政令畅通。

一是加强对生态文明建设的领导和统筹协调。着力建立健全落实"各级党委和政府对本地区生态文明建设负总责"，"地方各级人民政府应当对本行政区域的环境质量负责"的领导协调机制。在省、市、县党委政府设立生态文明建设领导小组，鉴于地方环保机构在职能配置、人员编制方面的优势，领导小组办公室可明确设在环境保护主管部门。地方政府明确分管常务的副职负责生态文明建设和环境保护工作。

二是理顺统一监管与部门分工的关系，形成环境监管合力。明确环境保护行政主管部门的生态环境保护牵头和综合监管职责，各部门落实分管领域监管责任。"统一监督考核"，每年由环保部门与其他部门就落实生态环境保护重大部署（如大气、水、土壤污染防治）签订目标责任书，年底对实施情况进行考核。"统一规范监测"，统一监测标准、规范、指标和方法，统一发布监测报告，各部门的监测信息实现互联互通，解决现有条件下环境监测的规范不统一和各自为政问题。"开展联合执法"，比如，针对水环境问题，由环保和水务、海洋等部门开展联合执法。

三是建立健全环境保护"督政体系"。环境保护督政是指上级人民政府及其环保部门依法对下级人民政府及其有关部门履行环保职责、开展环保工作情况进行监督检查，提出处理意见建议，并督促整改落实。要强化环境保护的“党政同责”、“一岗双责”，落实好地方政府环境监管的主体责任，关键是要建立完善督政体系。一是建立国家环境督察制度。设立国家环境总督察并由环境保护部部长担任，督察机构向地方派驻国家环境督察专员，对省级人民政府生态环境保护工作和执法情况进行监督检查。省级人民政府根据自身情况可以建立相应的环境督察制度。二是转变监督思路。由过去“督企”为主向“督政”“督企”结合转变，其中国家、省级层面以督政为主，市、县层级以督企为主。从单一的“查事”向“查事”“查人”并重转变，监督检查的问题不仅要落实到具体项目和企事业单位，还要查明原因，分清具体的责任单位和责任人（包括政府和有关部门）。三是明确督政重点，落实《环境保护督察方案（试行）》，把环境问题突出、环境事件频发、环境保护责任落实不力的地方作为督察的重点对象，重点督察贯彻党中央国务院决策部署、实施环境保护法律法规、执行规划和行动计划、解决突出环境问题、改善环境质量等情况。四是改进督政方式，综合运用督查、考核、通报、约谈、督办、限批、追责、问责等手段和方式，提高督政的综合成效。在考核中强化环境保护的“一票否决”作用，比如，管辖区域内连续两年环境质量下降，发生重大生态破坏和环境污染事件，地方政府及相应的部门在经济社会综合考核时不得评优。

四是针对区域性、流域性的环境问题，建立健全联防联控机制。大气污染防治方面，除京津冀、长三角、珠三角外，应将环北部湾等区域作为特殊环境敏感区域纳入全国大气污染防控重点地区，制定区域大气污染联防联控行动计划和政策措施，确保区域大气环境质量得到逐步改善。针对重点河流、湖泊等流域性的环境问题，可由环保、水利部门牵头，探索建立联防联控机制，统一规划、统一标准、统一监测、联合执法。

五是在“多规合一”中严格落实生态保护红线。当前中央正在28个市县和海南省开展“多规合一”改革试点，北京市在落实城市规划建设“以水定城、以水定地、以水定人、以水定产”的“四定”原则。下一步应总结推广改革试点经验，在解决现有国民经济和社会发展规划、城乡规划、土地利用规划、生态环境保护规划自成体系、内容冲突、缺乏衔接协调等问题的同时，建立以环境容量和资源环境承载力为基础条件的生态、生产、生活空间评价体系，突出规划环评和战略环评的预防作用，将生态保护红线、排放总量、环境准入标准真正落实在“多规合一”的规划文本和“一张图”上、生态环境保护落实在空间管制和行政审批的具体措施中。

六是推进环境保护行政执法与刑事司法的有效衔接。环境保护部门与司法机关建立完善联席会议制度，落实信息交流共享机制，环境保护部门和公安机关联合开展环境监察执法专项行动，建立健全移交移送工作机制。在实际工作中，刑事司法和环境监管部门一定要针对环境保护领域的特点，正视解决当下诉讼成本高、调查取证难以触及司法鉴定方面存在的突出问题，使“有案不移、有案难移”的难题得以破解。

七是有序扩大公众参与。推进环境信息公开，包括企业和政府的环境信息，要明确公开是原则、不公开是例外，最大限度地保障公众的知情权。畅通举报投诉受理、公众意见听取、政策决策听证的渠道，扩大公众的参与权、监督权。鼓励发展环境保护公益社会组织，完善法律和政策环境，通过政府购买服务加大资金支持力度，引导其自身提高专业化服务水平、改善内部管理、开拓资金来源。建立完善环境公益诉讼制度，有序扩大原告资质、改革完善诉讼程序、实施举证责任倒置原则、适当放宽诉讼有效期。

从长远的角度看，应当实现环境管理制度由“治标”向“治本”转变。通过制定或修改法律、改革机构等措施，建立完善强化环境监管的长效机制。

一是加强环境保护法治建设。按照推进生态文明建设和《环境保护法》的要求，加快制定应对气候变化、节约资源能源、国家公园建设保护、生态补偿、土壤污染防治、环境损害赔偿等方面的法律法规，进一步修订大气污染防治、水污染防治、资源保护等方面的法律。针对我国区域性、流域性生态环境问题突出的特点，探索设立跨行政区划的行政执法机构，比如环保部可以在“长三角”地区、京津冀地区，广东省人民政府在“珠三角”地区，试点设立跨行政区域的生态环境执法机构。借鉴海事法院、知识产权法院等经验，设立跨行政区域的资源环境法院，负责审理跨行政区划的资源环境诉讼案件，以利于打破地方保护主义、加强环境资源执法。

二是实行生态环境大部制改革。遵循生态环境保护的客观规律,通过体制创新,建立统筹生态保护和监管所有污染物排放的环境保护管理制度。界定清楚生态环境主管部门和其他部门统一监管与部门分工负责的关系,做到统一规划、统一政策、统一标准、统一监测、统一执法。整合目前散落在国土资源、环境保护、城乡建设、水利、林业、海洋等部门的生态保护职能,统一由新的生态环境主管部门行使。同时,生态环境部门应对所有污染物,包括点源、面源、固定源、移动源等所有污染源,大气、地表水、地下水、海洋、土壤等所有污染介质,实行统一监管。当然,在强调统一监管的同时,更要充分发挥分管部门在执行生态环境保护法律和政策方面的积极性,使"统一监管"与"分工负责"形成合力。

三是合理划分中央与地方的环境管理事权。中央的环境管理事权主要集中在制定法律法规、全国性的规划和政策、环境标准,建设管理国家公园等保护地,对地方进行环境督察,负责跨省级行政区域的污染治理和行政执法等。省级环境管理事权主要是制定地方性法规、规划和优于国家的地方标准,管理省级保护地,对市县进行环境保护督察,负责跨市县的污染治理和行政执法,负责省域范围内的监督性监测等。由于财力有限、人员编制少、专业技术装备不足等,市县环境管理事权应集中在执行法律和政策,建设管辖区域的环境保护设施,加强监察执法,而将目前承担的"督政"和监督性监测职能上交到省一级,以利于解决目前上下级环境职能出现的重叠、真空等问题。

四是改革和充实基层生态环境执法队伍。在完成环境监管机构顶层设计、实施大部制改革的条件下,下一步在市县机构改革中归并森林公安、水务执法、环保执法、海洋环境执法等机构和职能,设立生态环境执法局,专事环境执法。

三、结果:健全环保责任追究与环境损害赔偿制度

制度要关注结果。基于此,生态文明制度建设在结果层面要解决以下

问题：明确环境责任主体，实行环境监管法律制度，健全生态环境保护责任追究制度和环境损害赔偿制度。唯有如此，才能避免“公地悲剧”的发生。

（一）环保责任追究制度

环境保护责任追究制度主要是指党政领导干部因未做好自身职责范围内的环境保护工作，导致其所负责辖区内的环境恶化或出现某种程度的环境事故，从而不受一般追责时效之限制而对其予以终身追究责任的一种机制。环保责任追究制度是一项崭新而重要的生态文明制度，它的提出及探索一直以来备受党中央的重视。

十八大以来，习近平总书记站在坚持和发展中国特色社会主义和实现中华民族伟大复兴中国梦的战略高度，针对生态文明建设提出了一系列新思想、新论断、新要求，多次强调要健全生态环境保护责任追究制度，以坚决的态度和果断的措施遏止生态文明破坏。十八届三中全会《中共中央关于全面深化改革若干重大问题的决定》提出，建立生态环境损害责任终身追究制。十八届四中全会《中共中央关于全面推进依法治国的决定》强调，要按照全面推进依法治国的要求，用严格的法律制度保护生态环境；建立重大决策终身责任追究制度及责任倒查机制。2015 年 5 月，党中央、国务院印发的《关于加快推进生态文明建设的意见》明确要求：“严格责任追究，对违背科学发展要求、造成资源环境生态严重破坏的要记录在案，实行终身追责，不得转任重要职务或提拔使用，已经调离的也要问责。对推动生态文明建设工作不力的，要及时诫勉谈话；对不顾资源和生态环境盲目决策、造成严重后果的，要严肃追究有关人员的领导责任；对履职不力、监管不严、失职渎职的，要依纪依法追究有关人员的监管责任。”2015 年 8 月，由中央组织部、监察部牵头，八部委共同参加，研究制定了《党政领导干部生态环境损害责任追究办法（试行）》（以下简称《办法》）。《办法》的出台和实施，对于加强党政领导干部损害生态环境行为的责任追究，促进各级领导干部牢固树立尊重自然、顺应自然、保护自然的生态文明理念，增强各级领导干部保护生态环境、发展生态环境的责任意识和担当意识，推动生态环境领域的依法治理,不断推进社会主义生态文明建设,都具有十分重要的意义。

《办法》是迄今为止中央制定和实施的第一部生态环境损害责任追究法规。《办法》总共有十九条,主要规定了《办法》适用的党政领导追责对象和范围、损害责任追究原则、4 种领导干部类型下的 25 种追责情形、损害责任追究主要方式以及责任追究结果运用等。根据《办法》,领导干部在经济社会发展决策和生态环境监督、生产经营管理过程中,只要违反有关生态环境保护法律法规和政策,不履行或不正确履行职责造成环境污染和生态破坏,无论是否已调离、提拔或者退休,都要被追究责任。目前,《办法》规定的追责方式主要有 3 种类型:一是诫勉谈话、责令公开道歉;二是组织处理,包括调离岗位、引咎辞职、责令辞职、免职、降职等;三是党纪政纪处分。如果追责对象涉嫌犯罪的,将移送司法机关依法处理。《办法》的核心是追责,关键是问责。概括起来,《办法》主要有以下五大亮点。

一是坚持党政同责。以往的责任追究和环保约谈主要是针对政府领导干部。《办法》将地方党委领导作为追责对象,是一个重大突破,体现了党委、政府对生态文明和环境保护共同担责,落实了两个主体权责一致的原则,抓住了落实环境保护责任制的要害。这也是中国共产党作为执政党,对国家生态文明和世界可持续发展的一种担当责任和勇气的高度体现。

二是坚持差别追责。《办法》在明确党政同责的基本原则下,又清晰了地方党委和政府主要领导、相关地方党委和政府有关领导、政府有关部门领导成员、党政领导干部 4 种类型,根据承担的不同责任实行不同追责情形下的差别责任追究。《办法》规定的 25 种追责情形都是目前党政领导落实生态文明和环境保护责任中表现最突出的问题,因此具有很强的现实性和针对性。

三是坚持联动追责。《办法》提出了生态环境损害责任追究与党政领导考核评价、干部选拔任用晋升等制度的联动性。同时,也对生态环境保护部门、纪律监察机关、组织人事部门之间的关联给予了规定,起到追责的协同效应和示范效果。由中共中央组织部制定和实施《办法》充分体现了《办法》规定的联动追责的可能性和可行性,即把追责落实到问责上,与党政领导干部升迁绝对挂钩。

四是坚持主体追责。《办法》规定了启动和实施主体的追责条款。如果生态环境保护部门、纪律监察机关、组织人事部门发现本《办法》规定的追责情形应当调查而没有调查，应当移送而没有移送，应当追责而没有追责的，将追责有关责任人员的责任。这种规定强化了追责者的主体责任，避免了追责者有意串通保护被追责者的情形。不过，《办法》没有明确界定追责主体没有履行追责的程序。

五是坚持终身追责。《办法》明确规定实行生态环境损害责任终身追究制。只要违背科学发展要求、造成生态环境严重破坏和损害的，不论责任人是否已调离、提拔或者退休，都必须严格追责。这样，将长期对党政领导干部严格履行生态文明和环境保护职责敲响警钟，使得领导干部不得有逃避追责的侥幸心理。

《办法》虽然对增强各级领导干部的责任意识具有重要意义，但它依然是一个框架性、原则性的法规，其操作性仍有待提高。建议国务院生态环境保护和资源管理部门根据《办法》以及地方实践经验，制定具有可操作性的生态环境损害责任追究实施细则。明确执行追责程序和有关部门的职责，建立党政领导生态环境损害责任追究支撑体系，做到科学追责、公正追责、阳光追责。进一步使宣示性条款转向可操作、易落实的制度化措施，使相关的责任追究有法可依、有据可查，将追责范围、追责程序、追责方式和方法等纳入法制框架，为生态环境保护提供制度保障。

（二）环境损害赔偿制度

环境损害是指行为人因污染环境和破坏环境致使他人财产权益、人身权益等遭受损害的现象。作为一种特殊的侵权行为，环境损害具有法律关系主体不对等性、原因行为的价值性、损害过程的复杂性、损害结果的严重性等特征。环境损害赔偿制度是一项环境民事责任制度，它建立的是通过对环境不友好甚至是污染破坏的行为的否定性评价来引导人们不从事这些行为的机制。任何人或者企业，如果不依法履行环境保护义务，可能招致巨额的赔偿。

目前,我国已经建立的环境损害赔偿制度主要包括两个方面的内容。一是传统意义上的环境侵权制度,即某种行为已经造成或者可能造成环境污染或破坏的后果,特定受害人所要求的损害赔偿。对此,《物权法》《侵权责任法》《环境保护法》以及相关法律法规、民事诉讼法对这一制度都做出了相应规定。二是现代意义上的环境损害赔偿制度,即某种行为尚未造成但有环境污染或破坏的高度危险,且没有特定受害人的生态环境本身所遭受的损害的赔偿问题,这是所谓的"环境公益诉讼"制度。2015 年修订的民事诉讼法将环境污染纳入公益诉讼制度,为建立环境公益诉讼制度打下了基础。

目前,我国已经建立了以宪法为指导,民法和环境保护法为原则,环境单行法为主体,部门规章、地方性法规等相配套的环境损害赔偿法律体系。宪法方面,规定宪法为保障国家、社会、集体的利益,禁止任何组织或者个人侵占或者破坏自然资源。民法方面,我国《民法通则》第 124 条规定:"违反国家保护环境法律的规定,污染环境并造成他人损害的,应当依法承担民事责任"。此外,对包括环境污染侵权在内的侵权行为的民事责任做出了原则性规定,还规定了承担环境侵权行为的民事责任的主要方式。《环境保护法》第 41 条规定:"造成环境污染危害的责任人,有义务和责任排除危害,并对因此受到直接损害的单位或个人赔偿损失。完全由于不可抗拒的自然灾害,而且经及时采取合理措施后,仍然不能避免损害后果而造成环境污染损害的,免予承担责任。"第 42 条规定提起诉讼的时效期间为 3 年,从当事人知道或者应当知道受到污染损害时开始计算。《环境影响评价法》的规定第 5 条规定,国家鼓励有关单位、专家和公众以适当方式参与环境评价。《大气污染防治法》的规定第 62 条明确了污染单位有排除妨害和赔偿损失的侵权损害责任等。《侵权责任法》的规定第 66 条明确了环境污染的因果关系推定原则以及免责事由的举证责任分担。第 68 条有一定创新,主要体现在求偿权上。即如果因第三人的过错而造成环境损害的,受害人既可以向加害者请求赔偿,也可以向过错第三人请求赔偿。加害人做出赔偿后,有权向第三人追偿。

我国目前已经建立的环境损害赔偿制度也存在诸多问题,一是对因环境污染所造成的人身损害和直接财产损害、精神损害的赔偿,基本上属于传统的民事损害赔偿制度的范围，注重对“个人”的赔偿。缺乏对环境公益损害、间接财产损害和环境健康损害等对“后代人”、“全人类”的赔偿；二是赔偿的金额过低，几乎无法补偿生态环境修复所需的费用，无法形成对损害主体行为的约束。

而在具体制度完善方面，一是统一归责原则。明确规定环境污染损害责任为严格责任。二是明确责任归属，由危险活动或者非危险活动的经营者或者污染者（包括作为经营者的国家）承担首要赔偿责任。为了保证对受害者的及时和充分赔偿，建立全国性的环境损害赔偿基金制度。借鉴国外的“客观共同说”，完善共同侵权责任制度。三是拓宽赔偿范围，明确规定环境污染损害的赔偿范围包括五大类，即人身损害、财产损害、经济损失、环境损害造成的利润损失、预防措施的费用和环境修复措施的费用，同时还需要对环境损害、环境修复措施等术语的定义进行规定。四是改进责任限制制度，包括完善免责条款，延长诉讼时效，规定责任限额。五是建立责任保险制度，建立危险活动领域的强制性责任保险制度，受害者可以直接向保险人提出赔偿请求或者提起诉讼。对于非危险活动领域，则以自愿保险为原则。六是强化纠纷解决制度。这当中包括：建立专门的环境法庭、建立环境民事公益诉讼制度，拓宽诉讼主体资格、完善举证责任分配制度、建立因果关系推定制度。

四、评价：健全生态文明建设考核评价体系

制度建设要注重评价。基于此，生态文明建设考核评价体系应当改变单纯以 GDP 为中心的考核模式，探索 GEP 考核模式；完善自然资源离任审计制度；制定生态文明建设评估管理办法。

（一）推行 GEP 核算试点工作

长期以来，“国内生产总值（Gross Domestic Product，GDP）”被公认为衡

量人类经济活动成果的核心指标，在我国一度被作为最有力的“指挥棒”。随着经济社会的快速发展，我国居民在物质追求的同时，对资源环境的诉求不断提高。我国的发展也已经从“以资源环境换取GDP增长”向“绿水青山就是金山银山”的发展理念转变。因此，考核评价的指标设计也应该随之发生转变。

1. 单一GDP评价指标的局限性及绿色GDP的提出

在当前的政绩考核体系中，经济发展指标所占比重过大，许多部门和地方政府以GDP为主导的发展观仍然没有从根本上改变。不少地方为抓“政绩”，片面追求GDP增长率，导致经济发展方式粗放，资源消耗高，环境污染严重。这种重经济发展轻环境保护的发展观成为生态文明建设的桎梏，严重阻碍了我国的可持续发展。

始终施行单一的GDP评价机制，显然无法满足当前生态文明建设的需要，因此亟须建立与生态文明建设相匹配的评价指标，从生态的维度提出一套统计核算与考核体系。

自20世纪70年代绿色GDP提出起，我国生态学家在介绍引进国外的概念和理论方法的基础上，进行了大量理论探讨和实践工作，提出了我国绿色GDP计算思路，构建了核算体系，并对中国绿色GDP的核算对策和措施进行了探讨。

绿色GDP是指用以衡量各国扣除自然资产损失后新创造的真实国民财富的总量核算指标。即从现行统计的GDP中，扣除由于环境污染、自然资源退化等因素引起的经济损失成本，从而得出真实的国民财富总量。2004年，国家环保局与国家统计局联合启动了绿色GDP研究项目，并在2006年发布了我国首份也是唯一一份绿色GDP核算报告——《中国绿色国民经济核算研究》。该报告的发布在当时引起了广大民众的关注，极大地提高了全社会的环保意识。

然而，绿色GDP研究经历了一个从热到冷的过程。近几年来，由于技术和体制障碍，绿色GDP改革基本停滞不前。绿色GDP核算除了受到统计方法的制约外，也存在一些外部性干扰。在大部分人眼中，绿色GDP主要是做的是“减法”,即将资源耗减、环境退化、生态破坏以及污染治理等资源环境因素的成本从GDP总值中予以扣除。一旦采取绿色GDP的核算办法,会让一些地区的经济增长数据大大缩水,巨大的反差可能让很多地方政府“面上无光”。因此,地方政府对实施绿色GDP核算的不赞成、不配合也成为推行时的一大阻力。

2. GEP核算的提出及实践探索

2012年,中国科学院生态环境研究中心欧阳志云研究员和IUCN驻华代表朱春全博士等人率先提出了GEP概念。GEP是生态系统生产总值(Gross Ecosystem Production)的英文简称,是指生态系统为人类福祉提供的产品和服务的经济价值总量。不同于绿色GDP,GEP是一套与GDP平行的独立核算体系,GEP不改变GDP的统计核算体系,而是在该体系基础上,从生态维度提出的统计核算体系。GEP的提出不是对GDP的否定,而是希望在发展经济的同时,也不忘守护我们赖以生存的生态环境。GEP统计核算的指标和内容基本与GDP不重复,该指标既尊重了GDP的重要性,更凸显生态的价值。由于GEP是一个与GDP不同的统计核算体系,避免了实施绿色GDP过程的问题,可操作性更强,也更容易为管理部门采纳。

国内报道的第一个GEP核算项目是内蒙古库布其沙漠。研究者分别用GDP和GEP的方式核算了亿利集团二十多年治理库布其沙漠的绿色发展账。从GDP的角度,治沙投资大、周期长、见效慢。但从GEP的角度,生态效益显著,经该项目估算大约创造了300多亿元的生态价值。随后,国内知名生态学家欧阳志云带领的研究团队对贵州省GEP进行了核算,评价了贵州省生态系统为人们福祉所作出的贡献。经核算,贵州省2010年的GEP约为2万亿元,是当年GDP的4.3倍。

2014年,深圳市盐田区城市GEP核算体系研究课题将GEP的内涵进行了拓展,将GEP单纯核算自然生态服务功能上升到自然生态系统服务功能与人居环境系统功能改善相结合,突出了人类在资源环境保护、维持和改善中的能动作用。城市GEP展现了人类活动对自然的影响,体现了复合生态系统产品的生产和服务功能。

GEP 核算的基础是自然资源资产负债表,由于当前该负债表尚处于探索研究阶段,所以推行 GEP 试点还存在如下问题。首先,GEP 核算涉及指标设计的问题。到目前为止,GEP 的概念和内涵范围尚未清晰界定,且受生态系统地域性和复杂性的影响,每个地方的生态系统都有其特点,不同时空条件主导的生态服务表现形式和类别都有所不同,不能以一概全。其次,价格规范问题是 GEP 核算中的重点和难点。特别是在对生态系统服务定价方面,存在价值计算方法多样、价格未能统一等问题。第三,基础数据获取也有不小难度。核算所需数据繁多,涉及范围广、跨度大,部分数据更是现有的统计体系所不能满足的。另外,核算结果应用是现在面临的最大难题。研究的最终目的是为了实践,而当前尚未发布相关的实施政策或制定相应的成果应用方案,这对于在全国各地推行 GEP 核算试点工作造成很大阻碍。除上述技术层面的难度外,也存在着各种主观和客观的因素。从主观意愿来看,GDP 考核实施了多年,部分地方政府的执政观仍停留在"以 GDP 论英雄"上,一时间难以从根本上转变。从客观角度出发,我国某些地区历来以高资源消耗的产业发展为主,生态环境基础较为薄弱,当地政府认为生态效益是他们的"短板",不利于体现他们的政绩,因而不愿意接受生态价值方面的核算和考核。

3. 关于 GEP 核算试点推行的建议

推行 GEP 核算试点是不仅是将生态效益体系化、标准化的勇敢尝试,而且是破解科学发展成果考核难题的一次闯关,是从片面发展走向人与自然可持续发展的现实路径。

为了更好地推动 GEP 统计核算试点工作的开展,针对以上所述问题提出几点建议:一是从国家层面制定推行 GEP 试点的工作方案,制定与 GEP 相适应的实施体制和机制,为 GEP 推行扫除障碍,可根据不同的类型和特点适当选取一些试点地区,鼓励现已开展国家生态文明建设试验的地区参与进来,逐步推动试点制度的发展和完善;二是将 GEP 核算体系纳入我国生态文明建设的重大机制予以研究,并在国土、水利、环保、统计、林业等部门展开研究和试算;三是建立完善的 GEP 核算技术规范,明确核算指标和方法,保证核算的科学性、延续性和可比性；四是建立 GEP 核算因子价格体系，将生态系统服务功能的价值和自然生态、资源环境质量挂钩，针对生态资源环境不同质量等级制定差异化价格，使其能灵敏响应生态资源环境的质量变化；五是加快推进自然资源资产负债表研究，建立完善 GEP 基础数据调查统计体系，拓展现有统计数据范围，将 GEP 核算中所需的自然生态、资源环境数量、质量、功能量等基础信息纳入统计体系；五是制定相关成果应用指南，为 GEP 动态考评机制建设和生态资产管理制度建设提供有益建议；六是启动顶层设计，自上而下逐步引导，对于生态环境基础较好的地区可以生态效益考核为主，经济效益考核为辅，对于生态环境基础较薄弱的地区，不强制将 GEP 指标纳入考核，但建议制定相应生态建设目标，在保证经济发展的同时让生态环境质量得到稳步提高。

（二）编制自然资源资产负债表

中共中央政治局会议审议通过的《关于加快推进生态文明建设的意见》明确提出："要按照国家治理体系和治理能力现代化要求，以资源环境生态红线管控、自然资源资产产权和用途管制、自然资源资产负债表、自然资源资产离任审计、生态环境损害赔偿和责任追究、生态补偿等重大制度为突破口，深化生态文明体制改革。"《生态文明体制改革总体方案》则更详细地指出："探索编制自然资源资产负债表，制定自然资源资产负债表编制指南，构建水资源、土地资源、森林资源等的资产和负债核算方法，建立实物量核算账户，明确分类标准和统计规范，定期评估自然资源资产变化状况。在市县层面开展自然资源资产负债表编制试点，核算主要自然资源实物量账户并公布核算结果。"在编制自然资源资产负债表和合理考虑客观自然因素基础上，对领导干部实行自然资源资产离任审计。"积极探索领导干部自然资源资产离任审计的目标、内容、方法和评价指标体系。以领导干部任期内辖区自然资源资产变化状况为基础，通过审计，客观评价领导干部履行自然资源资产管理责任情况，依法界定领导干部应当承担的责任，加强审计结果运用。"

1. 建立自然资源资产离任审计势在必行

据统计,中国是世界上污染最严重的国家之一,其中江河水系70%受到污染,40%严重污染,流经城市的河流90%以上严重污染;3亿多农民喝不到干净的水,4亿城市人口呼吸不到新鲜空气。5000万亩土地受到严重污染,土壤总超标率占全国土壤面积的16.1%,其中耕地土壤超标率高达近20%。在这样严峻的事实面前,加快自然生态资源环境的保护、加强生态文明建设的重要性、紧迫性不言而喻。推出自然资源资产离任审计,可谓势在必行。

目前,地方自然资源资产审计处在试点阶段,已有部分城市对此进行了有益的探索和实施,但尚未形成可复制的制度和经验。审计工作主要侧重于审查专项资金的使用和管理情况,揭露有无挤占挪用、虚假冒领和损失浪费专项资金等行为,重点关注审计资金管理使用、财务收支情况层面上,没有针对自然资源资产建立专门的审计评价指标和评价体系。自然资源资产离任审计的提出和执行,可有效促进地方政府官员的环境责任意识,使地方官员在对自然资源进行开发利用时,更加重视经济、社会、生态效益协调统一,更加有利于地方经济长期可持续的发展。

2. 建立自然资源资产离任审计考核指标体系面临的问题

自然资源资产离任审计对于全国各级审计机关来说是全新的课题,虽然目前全国已有部分地方的审计机关开始进行探索,但尚未形成可复制推广的制度和经验。建立自然资源资产离任审计考核指标体系,面临着诸多问题。一是地方政府对自身现有自然资源资产家底不清,尚未建立自然资源资产负债表,未实现自然资源资产信息系统的互联互通,这是阻碍构建自然资源资产考核指标体系的主要制约因素。二是由于自然资源资产种类繁多、数量庞大,涉及面广。这对以财会专业为基础的审计人员提出挑战,对于如何科学合理地确定审计重点、审计目标、审计范围;如何正确地分析自然资源资产的现状及存在的问题;如何客观评价各部门制定的生态环境保护机制是否科学合理等等,都需探讨摸索,推进完善。三是如何制定科学合理的生态环境损害赔偿机制和责任追究机制。生态环境问责体系的缺失是我国生态环境破坏的症结所在，由于自然资源资产相关指标权重过低、加之政绩考核体系尚在完善推进过程中，责任追究还难以落实。

3. 对建立科学合理的自然资源离任审计考核指标体系的建议

开展自然资源资产离任审计，就必须建立审计评价体系，如何正确评估自然资源资产，需要建立起一套科学合理的指标和考核体系，这样才能使领导干部在任职期间更加重视生态环境保护，在进行重大决策时能充分考虑生态环境因素。为此，建议有三。

其一，调查摸清地方现有自然资源资产状况。成立专门的调研组，对林业、环保、水保、农粮、国土、矿管、水利、工信等单位和部门涉及自然资源资产的情况进行调查研究，收集相关资料，了解地方自然资源资产分布和管理情况，明确所有权，逐步建立自然资源资产数据库，健全完善自然资源资产负债表。

其二，实现自然资源资产信息系统互联互通。我国的自然资源资产种类繁多，信息庞杂。因此，我们在开展相关离任审计工作时，不仅要联合各相关职能部门，还要联合那些掌握大量自然资源信息的科研单位、社会团体，共同建立规范化、标准化的自然资源信息平台，实现自然资源资产信息的整合，实现各部门之间自然资源资产信息的共享，形成可以综合分析自然资源现状的基础云，为科学合理评价领导干部奠定基础。

其三，建立科学公正合理的生态文明建设考核激励机制。要充分体现公正合理的原则，有三个考核重点。一要尽量减少人为自由裁量权，尽量细化、量化指标，尽量用数据说话，以此体现公正性。例如：对空气质量的考核指标，要采用PM2.5、工业烟尘去除率、工业粉尘去除率等数据指标。对水质量的考核指标，可以采用工业废水排放达标率、城市生活污水集中处理率、水环境监测预警达标率等数据指标。对土壤质量的考核指标，可以采用土壤重金属处理率、退化土地生态恢复率、土壤环境评价制度实施率等数据指标。二要重点激励和表彰那些在保护生态环境工作中，能够结合实际情况，用最小的资金成本达到治理生态环境目的的干部，尤其表彰那些在生态环境治理过程中同时改善了民生状况的干部。例如对于秸秆燃烧这个典型问题,处理方法有多种方式:有直接燃烧的,有将秸秆粉碎直接撒在田间作为土壤肥料的,还有将秸秆综合利用做成工艺品出售的。最后一种方式不仅有效保护了生态环境,而且回笼了资金,更重要的是解决了部分当地民众的就业问题。从这些不同的方法中,可以考察出领导干部心中是否真正为民着想、是否重视生态文明建设。三要严打环境违法行为,彻底落实生态环境问责追究制。达到使各级领导干部对生态环境文明建设的重要性和紧迫性都有清醒认识的目的。要加大对破坏生态文明建设中典型案例的曝光力度,切实落实好新《环境保护法》中规定的惩治措施,即:约谈通报、按日计罚、封查扣押、限产停产、行政拘留等硬措施,以铁腕治污,以达到对空气、水、土壤等生态环境治理的目的。从而,使生态文明建设取得实质性的进展。

(三)制定生态文明建设评估管理办法

1. 制定生态文明建设评估管理办法的必要性

生态文明是我们党在总结经济社会发展经验基础上提出的鲜明理念,生态文明建设是在这个理念指导下保护生态、治理环境的具体行动。要把生态文明理念落实好,把生态文明建设各项任务完成好,研究制定相应的评估管理办法最为重要。

研究制定生态文明建设评估管理办法,就是要规范评估的程序和方法,保证各地评估的客观性和公正性。有了这样一个评估管理办法,就可以更好地引导各地生态文明建设的合理方向,保障不同地区生态文明建设的公平权益,疏导公众积极参与生态文明建设全过程,监督生态文明建设中相关部门的任务落实和责任考核。

2. 当前生态文明建设评估管理的局限

当前,不少部门和地区发布了生态文明建设的考核办法和条例,主要用以考评考核指标完成情况,但大都没有涉及生态文明建设评估的管理责任、评估机构和程序、成果适用和发布等具有顶层设计意义的内容。反映在实践中，就是对生态文明建设的评估不够重视，重建设过程、轻成效管理的现象普遍存在；生态文明建设评估的责任不明，某些地区指定发改委等部门作为评估责任主体的做法效果欠佳；不同地区的评估管理缺乏统一标准，出现自说自话的混乱局面。

3. "管、评、用、知"的评估管理办法

研究制定生态文明建设评估管理办法，应围绕实现"以评估促建设"的目标，按照"管、评、用、知"四个主体的职责和任务，出台相应的实施办法。

"管"，就是谁来负责评估。明确党委或人民政府是评估的责任主体，对评估过程负责并统筹工作计划和措施落实。各地区均应成立由党政一把手任组长的生态文明建设领导小组，下设办公室，定期开展评估工作，进行考核。考核中，既要有政府部门的专家，也要有针对性地邀请相关领域的研究人员，以更好地核对和验证年度评估结果。

"评"，就是谁来进行评估。可以采取购买第三方服务方式，每年委托具有生态文明建设成效评估能力的科研院所或单位开展评估，形成年度评估报告。内容应包括被评估区域的生态文明建设成效评估结果、排名、主要问题分析以及建议等内容。受委托评估单位应严格按照国家规定口径对相关指标进行定期收集、汇总和分析，保证数据来源真实可靠，并通过实地调研、结果验证以及专家评审等多种形式对评估结果进行核定，确保评估结果的公平性、完整性和准确性。

"用"，就是如何运用评估结果。把评估结果纳入党政干部政绩考核体系，对评估排名靠前并通过考核的地区，在项目、资金和转移支付上给予政策倾斜。要把考核成绩作为干部提拔使用的重要参考，宣传和激励先进单位或个人。

"知"，就是让社会了解评估结果。第三方评估报告完成并通过专家评审后，应通过报纸、电视、门户网站等媒体进行发布。上级政府每年应发布下辖行政区生态文明建设成效评估报告和考核结果。进一步拓宽交流沟通渠道，鼓励群众通过网站、移动平台、来信来访等方式，反映评估地区存在的问题，提高参与生态文明建设的主动性、积极性，充分体现"政府主导、群众监督"。

第八章 试点与示范

——生态文明试点及其实践

生态文明建设关系人民福祉，关乎民族未来，是一个贯穿于经济建设、政治建设、文化建设、社会建设全过程和各个方面的系统工程。进入新世纪以来，党对生态文明的认识不断发展与深化。党的十七大首次将生态文明写入党的报告之中，体现党对科学发展以及人与自然关系的新认识；党的十八大将生态文明建设融入了“五位一体”总体布局之中，将“美丽中国”作为未来生态文明建设的宏伟目标；2015 年 9 月 21 日，中共中央、国务院印发《生态文明体制改革总体方案》，阐明了我国生态文明体制改革的指导思想、理念、原则、目标、实施保障等重要内容，提出要加快建立系统完整的生态文明制度体系，为我国生态文明领域改革作出了顶层设计。

生态文明建设既需要高屋建瓴的顶层设计，也需要切实可行的地方实践。自十七大以来，面对资源约束趋紧、环境污染严重、生态系统退化的严峻形势，在党中央的指导与大力推进下，国家发改委、环保部、水利部、农业部、国家海洋局等部委在全国各地开展了形式各样的生态文明试点建设。(详见表 1)这些生态文明试点建设，为我国在处于不同的发展阶段、具有不同的资源禀赋地区提供了有效的经验和借鉴。

表1　生态文明试点汇表

试点名称	推进单位	试点城市
生态文明先行示范区	国家发改委、财政部等六部委	2014年国家发改委正式批复了北京市密云县等55个地区作为生态文明先行示范区建设地区，加上福建、江西两省，共计57个地区。
生态文明示范工程	国家发改委、林业局等	目前已进行两批试点，包括忠县、巫山县、文山州等。
水生态文明城市	水利部	目前已批复两批试点城市，包含苏州、大连、无锡、宁波、湖州等。
全国生态文明建设试点	环保部	目前开展六批，包括延庆县、昆山市、江阴市等
美丽乡村	农业部	2014年正式对外发布中国美丽乡村建设十大模式，为全国的美丽乡村建设提供范本和借鉴。
海洋生态文明示范区	国家海洋局	2012年正是批复了珠海横琴新区、日照市、厦门市等12个海洋生态文明建设示范区
国家公园试点	国家发改委	2015年选定北京、吉林、黑龙江、浙江、福建、湖北、湖南、云南、青海等9省市开展国家公园体制试点，试点时间为3年。

一、生态文明示范工程试点及忠县实践

为深入实施西部大开发战略，探索建设生态文明的有效途径，按照《中共中央国务院关于深入实施西部大开发战略的若干意见》的有关要求，2011年，国家发改委、财政部、国家林业局联合制定了《关于开展西部地区生态文明示范工程试点的实施意见》，决定开展“以科学发展观为指导，以建设资源节约型、环境友好型社会为目标，以加强生态建设和环境保护，调整产业结构，转变发展方式，优化消费模式为根本手段，着力加强生态建设和环境保护，大力开展污染防治和生态修复，加快发展特色优势产业，积极倡导绿色

消费,不断增强资源环境承载能力,逐步形成人与自然和谐发展的生态文化,培育以生态经济为主体的经济发展模式,建立完善的保护自然生态安全的规章制度,促进经济效益、社会效益和生态效益相协调”的生态文明示范工程试点。

2012 年,三部门发文同意内蒙古乌兰察布市等 13 个市(州、盟)和重庆巫山县等 74 个县(市、区、旗、团,名单见附件)开展全国生态文明示范工程试点,重庆忠县位列试点名单之中。成为试点县之后,忠县革新观念、强化规划、调整结构、优化环保、保障机制,终于走出了一条生态保护与经济发展和谐同步的可持续发展之路。

(一)忠县生态文明示范工程试点实践

忠县位于重庆市中部、三峡库区腹心地带,88 公里长江穿境而过,汇合溪河 28 条,辖 27 个乡镇、2 个街道,总面积 2187 平方公里,人口 100.85 万,境内低山起伏,溪河纵横交错,“三山两槽”构成了深丘地貌。忠县是三峡工程移民大县,也是重庆市 18 个扶贫重点县之一。多年来,100 万忠县人尽力开荒种地、围圈养猪、伐木作薪,虽越过了温饱线,却让青山变秃了、绿水变浑了,城市狭小脏乱,2006 年森林覆盖率只有 29%。痛定思痛,忠县下定决心革新发展观念,转变发展方式,提出了建设“渝东北生态涵养发展示范县”的奋斗目标和“特色产业基地、生态品位城市、美丽幸福橘乡”发展定位。

2013 年,忠县提出了极限规划的理念,坚持立足实情、管住未来,推进多规融合,做到你中有我,我中有你,统筹推进经济、社会、生态兼容发展。按照“面上保护、点上发展”的要求,进一步优化城镇空间、生态空间和产业空间布局,将全县 2187 平方公里划分为县城发展区、特色生态工业园区、农产品主产区和生态涵养旅游发展区四个功能区。

面对环境保护与经济发展双重压力,忠县坚持将生态涵养发展理念贯穿于生态文明建设始终,坚持生态涵养与特色发展并重,大力调整产业结构,抓好“生态产业化、产业生态化”这个发展的牛鼻子,坚持一二三产业融合发展,坚持淘汰落后与环境治理并重,走绿色、低碳、循环发展的路子,大力发展特色经济,走出一条生态发展之路。

生态文明建设是一项长期性、系统性的工程,为了持续推进生态文明示范工程,忠县健全生态文明示范工程配套机制、严格源头保护制度、强化监督管理制度、完善信息公开与公众参与制度,从深化生态文明体制改革着手,加快建立系统的生态文明制度体系,用制度保护生态环境。

忠县坚持把生态涵养发展作为首要任务,大力推进生态文明建设的努力逐渐收到了成效。截至2014年,三峡库区长江忠县段清漂率达100%,全县城镇垃圾处理率达90%、污水处理率达76%,长江及主要支流水质保持Ⅱ类标准;全县森林覆盖率达49%,长江两岸森林覆盖率达65%;工业园区污水处理率、垃圾收集率分别提高至92%、90%,万元工业增加值能耗同比下降5.6%,投资8000万元建成三峡库区第一个综合处理生活垃圾环保一体化项目,已于2015年3月正式投入营运,带动园区单位GDP能耗同比下降5.72%,工业园区基本实现绿色低碳循环可持续发展。忠县国家园林县城创建通过预验收,国家山水园林城市创建进入攻坚阶段,入列全国文明城市提名,人均公园绿地面积达10.32平方米。全县127家规模养殖场完成整治并通过市级验收,新建农村户用沼气池2297口,整治山坪塘3803口,化肥及农药单位施用量同比减少0.3%、1.6%,新立镇桂花村等3个市级"美丽乡村"通过市级验收。全县及长江两岸重点地质灾害点分别同比减少32个、20个,同比减少3.7%、3.5%。市民关注参与环保意识明显增强,生态环保知晓度及自我约束度均提高至90%以上。

(二)忠县生态文明示范工程试点的突出举措

1. 保持定力,练好"内功"

忠县地处三峡库区腹心,上有长寿国家级工业园区,下有重庆第二大都市万州,面前还有长江一汪清水要保护。如何发展,是历届忠县县委、县政府最挠头之事。工业是忠县产业哑铃中最细、最弱的地方,吸引优势比不过长寿与万州;发展农业,特色产业结构又尚未形成,传统农业质低而效弱;发展服务业，却商贸不活，旅游呈过境游状况，未形成可靠的增长点。一时间，似乎找不到社会经济发展的出路。2010 年左右，东部地区开始出现产业专业潮，大量劳动密集型和资源消耗型产业向西部地区转移，给西部经济发展相对落后的地区带来了空前的发展机遇。但是，面对机遇，忠县却不为所动，县委、县政府经过科学论证，总结出招商承接东部落后的、污染的化工电子企业等于饮鸩止渴，且自身优势比不过长寿、万州，如果用降低土地成本吸收转移产业等于杀鸡取卵，当前发展的重点是保持“练好内功”的定力。

思路决定出路，忠县定下了“生态涵养发展”这一科学发展之路，着力实施差异化发展战略，避免同质化竞争，提出了建设“渝东北生态涵养发展示范县”的奋斗目标和“特色产业基地、生态品位城市、美丽幸福橘乡”发展定位。沿着这一道路，柑橘产业链建设步子加快了，2014 年年底总面积达 35 万亩；城市绿化增多了，2014 年年底城区绿化覆盖率达 40.2%；农业及加工企业增多了，重庆锦橙实业、红蜻蜓油脂、三峡生态渔、内蒙古牧牛缘相继入驻忠县；产业链循环起来了，派森百橙汁加工、圣洪皮渣处理、三峡橘海与金色杨柳旅游景点，产业发展紧紧连在一起；贫困地区发展活起来了，方斗山八斗台低碳竹海、苗耳山红豆森林等高山生态乡村旅游目的地逐渐形成。

2. 极限规划，优化国土空间

过去，各个单位都在制定规划，基本上是“各扫门前雪，不管他人瓦上霜”。2013 年，忠县县委、县政府提出极限规划的理念，坚持立足实情、管住未来，推进多规融合，做到你中有我，我中有你，统筹推进经济、社会、生态兼容发展。

按照“面上保护、点上发展”的要求，忠县进一步优化城镇空间、生态空间和产业空间布局，将全县 2187 平方公里划分为县城发展区、特色生态工业园区、农产品主产区和生态涵养旅游发展区四个功能区。县城发展区幅员面积 98 平方公里，依托县城为中心，预留未来发展空间，坚持“宜居、和谐”理念，定位为承载城市人口、城镇转移人口的生态宜居区，区域性综合物流枢纽。特色生态工业园区幅员面积 53 平方公里，充分发挥原有移民生态工业园产业、交通、物流、环保优势，坚持“低碳、环保”理念，以特色资源加工、特色农产品加工为主，定位全县开放门户、产业配套生产基地和转移承接基地、特色生态工业发展主战场、产城融合发展先行区。农产品主产区幅员面积1063平方公里，围绕“1+2+3”产业结构，坚持“生态、绿色”理念，积极发展特色效益农业，定位为建设国家现代农业示范区、国家农业科技园区、国家农产品主产区、市级现代农业综合示范区和特色资源加工基地。生态涵养旅游发展区幅员面积973平方公里，坚持“保护、涵养”理念，围绕生态修复与水源保护，推进扶贫开发和休闲旅游，定位为建设长江流域重要生态屏障功能区、长江三峡文化生态旅游区和全国生态文明建设示范区。

忠县严格坚守耕地保护、森林保护、生态保护三条红线，对农产品主产区和生态涵养旅游发展区严格控制开发强度，保护好水面、湿地、林地、草坡、风景区等绿色空间，给特色农业留下更多的良田良地，因地制宜建设看得见山、望得见水、记得住乡愁的生态文明小城镇、新农村，形成县城、中心镇、一般乡镇、农民新村协调发展的城镇化空间格局。

3. 调整结构，发展生态产业

忠县大力调整产业结构，抓好“生态产业化、产业生态化”这个发展的牛鼻子，坚持一二三产业融合发展，走绿色、低碳、循环发展的路子，大力发展特色经济，做到你中有我，我中有你。三次产业结构比由2006年的22.3：38.7：39变成15：52：33，产业结构不断优化。

一是将特色效益农业作为夯基产业来抓。围绕农产品主产县定位，按照“功能差异化、产业差异化、产品差异化”思路，大力发展起柑橘为主导，优质粮油、健康畜牧为基础，蔬菜（笋竹）、生态渔业、乡村旅游为特色补充的“1+2+3”农业产业结构，成功申报国家农业科技园区和市级现代农业综合示范工程建设，并被农业部纳入全国238个创建国家现代农业示范区之一。在发展中，兼顾质量、效益、产量，将生态种养放在首位，注重品牌打造。如在长江支流开展不投饲料、不投肥料、不投鱼药“三不投”天然养鱼，在柑橘幼果林开展大豆间种实现柑橘生长与大豆产量双赢，在柑橘成果林开展林下生态养殖防果树病虫。派森百、三峡生态鱼、忠州豆腐乳等一批品牌农产品唱响全国。将有机肥生产作为循环关键节点，一方面，注重产业内部小循环,将畜牧养殖产生的粪便发酵处理,生成有机肥,为蔬菜、水稻等农作物施肥,农作物的秸秆腐熟或绿肥压青还田。另一方面,注重产业间大循环,将柑橘加工产生的皮渣转化成有机肥,将有机肥返施回柑橘树。忠县近年来连续保持了重庆市国家产粮大县地位;年出栏70万头生猪和近700万只肉兔,是国家生猪调出大县、肉兔养殖基地县;建成了集"产加销、研学旅"一体的柑橘果园35万亩,被中国果品协会授予"中国柑橘城"称号。

二是将发展特色资源加工业作为当家产业来抓。带动县域经济发展,二三产业仍是有力支撑。首先,围绕现有工业企业做优做强。建成7平方公里的特色生态工业园区框架,入驻企业60家,基本形成了装备制造、新型建材、农副产品加工、能源化医和轻纺服装、电子信息"4+2"产业集群。其次,把农产品加工业放在重要位置,实现一二产业联动发展。配套建设特色农产品加工园区1.5平方公里,吸引红蜻蜓年产10万吨压榨食用油、重庆锦程实业30万吨柑橘加工、牧牛源10万头肉牛加工等8个农产品加工项目落户园区,计划总投资43亿元,建成后可实现产值100亿元、税收7亿元。

三是将商贸流通旅游等服务业作为活血强体产业来抓。服务业具有低消耗、高收益特性。全县上下齐动员,开展文明城市创建,依托山水资源和独特深厚的"忠文化",倾力打造"忠勇、诚信、求实、创新"的生态文化软实力,建设物流、电商、旅游等招商"洼地"。积极融入长江三峡国际黄金旅游带建设,大力发展文化旅游业和旅游地产、健康养老地产等旅游经济。加快推进三峡港湾及《烽烟三国》大型山水实景演出项目建设,做实做亮三峡橘海、八斗台避暑等乡村旅游品牌,力争2017年全县旅游收入达14亿元。按照"生态、经济、民生"三位一体和产城融合原则,建设县城美丽滨江经济带。依托长江黄金水道,忠万、忠丰、梁忠3条高速公路连接,是沪渝高速与长江黄金水道的唯一交汇点,大力发展低污染的港口物流经济。

4. 积极行动,保护生态环境

为了加强环境保护,忠县扎实开展了"蓝天、碧水、绿地、宁静、田园"环保五大行动。蓝天行动以大气污染治理为主,开展煤炭、水泥等重点行业工业废气治理和喷漆、油气回收治理,深化工地、运输扬尘控制和餐饮油烟治理，淘汰黄标车和老旧车辆，鼓励公交车、出租车使用清洁能源。2014年，全年空气质量优良天数达325天、满足Ⅱ级的频率达89%。碧水行动以水源保护为主，一方面实施库区清漂、引用水源地划定、立体循环养殖场建设、农村户用沼气改水改厕建设、乡镇污水处理厂建设、工业及生活废水分类回收集中处理、河道综合治理、取缔水源地“三无”船舶以及加强库区绿化带建设等措施，有效保护好长江一汪清水和白石水库等重要引用水源基地；另一方面有效整合中央预算内水保资金、国家农业综合开发资金和三峡后续资金累计4800余万元，开展全县水土流失综合治理。2014年，污水处理量822万m^3，城市生活污水集中处理率达98.09%。宁静行动以控制噪声污染为主，关停转城区及周边企业、加工作坊，禁鸣限速车辆，严管建筑工地，控制文化娱乐、商业活动。绿地行动以实施森林工程建设为主，开展居住小区、城市道路绿化，依托柑橘、笋竹等林业产业，在长江两岸及渝沪高速公路沿线着力打造“百里柑橘长廊”，稳步推进天保工程建设，扎实巩固好退耕还林成果。田园行动以农业面源污染治理为主，控肥控药控添加剂，回收农膜，推广秸秆综合利用、病虫害统防和集成生产等绿色技术，开展冬水田囤积试点，鼓励使用有机肥发展无公害、绿色、有机食品，不断提升土壤地力。开展农村环境连片整治，按“户分类、村收集、镇转运、县处置”模式，建成农村生活垃圾收运体系，进行集中处理。

5. 改革机制，健全生态保障

忠县把生态文明当做系统性、长期性工程来抓，从深化生态文明体制改革着手，加快建立系统的生态文明制度体系，用制度保护生态环境。一是健全推进机制。自试点以来，制定并落实“1+4”政策支持，即1个总体方案，领导小组、年度实施方案、引导资金管理办法和试点工作考核等4个配套文件，将生态文明建设工作纳入乡镇部门年度综合目标考核内容之一，持续推进。把考核结果作为干部选拔任用、企业项目资金扶持的重要依据，建立完善领导干部任期生态文明建设责任制、问责制和终身追究制。

二是严格源头保护制度。严格执行自然资源资产产权和用途管制制度，明确各类国土空间开发、利用、保护边界，落实用途管制。健全能源、水、土地节约集约使用制度,确定煤炭、水、土地等消耗上限。完善水资源管理制度,实施水资源开发利用控制、用水效率控制、水功能区限制纳污控制管理。坚持严格的耕地保护制度,对新增建设用地实行总量控制,落实耕地数量占补平衡和占优补优措施,确保耕地数量和质量。坚持严格的生态红线制度,依托重点生态工程补充生态用地数量,确保生态用地适度增长。坚持严格的森林红线制度,深化集体林权制度改革和林木采伐管理改革。

三是强化监督管理制度。建立政府领导、部门监管和企事业单位主体责任,建立县、乡(镇)、社区、企业四级监管网络,加强资源环境监管。探索建立资源环境承载能力监测预警机制,将各类开发活动限制在资源环境承载能力之内。完善污染物排放许可制度,健全污染物总量减排机制。严格环境影响评价制度,规划环评参与综合决策,重大敏感建设项目必须开展社会稳定风险评估。完善建设项目全过程管理制度,健全建设项目区域限批、环评机构信用评价、环境监理等制度。完善能评制度,探索建立节能"三同时"和验收制度。建立跨行政区域的环境污染和生态破坏联合防治协调机制。

四是完善信息公开和公众参与制度。健全环境信息公开制度,为公众参与和监督环境保护提供保障。依法公开环境质量、环境监测、突发环境事件以及环境行政许可、行政处罚、排污费征收和使用情况等环境信息。加强重点排污单位环境信息公开,接受社会监督。建立企业环境行为信用评价制度,及时公布评定结果和违法者名单。鼓励和引导公众对环境污染、生态破坏以及未依法履行环境保护监督管理职责的行为依法进行举报。

(三)忠县生态文明示范工程试点的启示

如今的忠县,蓝天增多了,污水不见了,空气更好了,城市更靓了,绿野充满了生机与活力,2014 年森林覆盖率达 49%,成功创建国家卫生县城、市级文明县城、森林城市和山水园林城市。忠县生态文明示范工程试点带来的最大的启示莫过于差异化发展战略。

实施差异化发展战略,其目的在于找准自我优势,避免同质化竞争。忠县实施差异化发展战略是跟其县域实际情况息息相关的。忠县位于重庆市中部，上有长寿国家工业园，下有重庆第二大都市万州，想要通过招商引资发展工业，其没有任何优势可言。如果一味地追求工业发展，那就只能以降低土地成本的办法引进诸多高污染、高耗能的落后产业，这无疑是行不通的。发展农业，却都是传统农业，生产方式落后，生产效率低下。发展服务业，商贸并不活跃，穿境而过的长江让旅游呈过境游状况，没法让游客留下来。同时，长江穿忠县而过进入三峡库区，忠县又必须保证为库区输送一江清水。这诸多方面的因素注定了忠县只能不走寻常路，实施差异化发展，走生态涵养之路。

实施差异化发展战略，其核心在于突出特色，走出特点。生态涵养之路，怎么样才能号准脉，让其走得通，这是一个很关键的问题。忠县立足于自身实际，在"橘"上苦下功夫，形成了以"橘"为特色，诸多品牌为依托的生态循环经济。按照"功能差异化、产业差异化、产品差异化"思路，忠县发展起柑橘为主导，优质粮油、健康畜牧为基础，蔬菜（笋竹）、生态渔业、乡村旅游为特色补充的"1 +2 +3"农业产业结构，并配套建设特色农产品加工园区1.5平方公里，实施农产品就地加工，提升农产品附加值，带动产业发展。"中国柑橘城"是忠县的名片，也是忠县实施差异化发展战略结出的丰硕果实。

实施差异化发展战略，其目标在于惠及民众，提高幸福指数。"一江清水，两岸橘香"，忠县以"橘"为特色，实施差异化发展，走生态涵养之路，完成了社会经济发展与环境保护的破题。人民收入增加了，环境变好了，幸福指数上升了，忠县正开始享受这生态涵养所带来的福利。差异化发展为忠县的社会经济发展注入了活力，整个社会经济蒸蒸日上，尝到了甜头的忠县人民，必将在生态涵养之路上坚定地走下去。

二、生态文明先行示范区建设及湖州实践

2013年，国家发改委出台了《国家生态文明先行示范区建设方案（试

行)》,在全国范围内选择有代表性的100个地区开展国家生态文明先行示范区建设,探索符合我国国情的生态文明建设模式。

生态文明先行示范区建设的主要目标是力图通过5年左右的努力,使先行示范地区基本形成符合主体功能定位的开发格局,资源循环利用体系初步建立,节能减排和碳强度指标下降幅度超过上级政府下达的约束性指标,资源产出率、单位建设用地生产总值、万元工业增加值用水量、农业灌溉水有效利用系数、城镇(乡)生活污水处理率、生活垃圾无害化处理率等处于全国或本省(市)前列,城镇供水水源地全面达标,森林、草原、湖泊、湿地等面积逐步增加、质量逐步提高,水土流失和沙化、荒漠化、石漠化土地面积明显减少,耕地质量稳步提高,物种得到有效保护,覆盖全社会的生态文化体系基本建立,绿色生活方式普遍推行,最严格的耕地保护制度、水资源管理制度、环境保护制度得到有效落实,生态文明制度建设取得重大突破,形成可复制、可推广的生态文明建设典型模式。

生态文明先行示范区建设的主要任务包括科学谋划空间开发格局、调整优化产业结构、着力推动绿色循环低碳发展、节约集约利用资源、加大生态系统和环境保护力度、建立生态文化体系、创新体制机制七个方面。2014年国家发改委正式批复了北京密云县等57个省、市、县、地区作为生态文明先行示范区。(详见表2)

表2 生态文明先行示范区建设地区(第一批)及制度创新重点

序号	地区名称	建议制度创新重点
1	北京市密云县	1. 探索建立自然资源资产产权和用途管制制度 2. 探索建立体体现生态文明要求的领导干部评价考核体系 3. 探索推行环境信息公开制度
2	北京市延庆县	1. 探索编制自然资产负债表 2. 完善污染物排放许可制和企事业单位污染物排放总量控制制度 3. 探索环保法庭审判制度

续表

序号	地区名称	建议制度创新重点
3	天津市武清区	1. 探索建立领导干部自然资源资产离任审计制度 2. 发展节能环保市场,推行排污权、碳排放权等交易制度,以及环境污染第三方治理制度 3. 探索开展最严格水资源管理制度入河污染物总量控制指标分解及考核制度
4	河北省承德市	1. 探索编制自然资产负债表 2. 探索建立国家公园体制 3. 探索健全自然资源资产用途管制制度
5	河北省张家口市	1. 探索建立领导干部自然资源资产离任审计制度 2. 探索资源环境承载能力监测预警制度 3. 探索建立生态补偿制度
6	山西省芮城县	1. 探索建立水资源产权制度和用途管制制度 2. 探索完善环境信息公开制度
7	山西省娄烦县	1. 探索建立体体现生态文明要求的领导干部评价考核体系 2. 探索建立生态补偿制度
8	内蒙古 鄂尔多斯市	1. 探索健全自然资源资产产权管理和监管制度 2. 探索推行水权交易制度 3. 探索资源环境承载能力监测预警制度
9	内蒙古 巴彦淖尔市	1. 探索建立自然资源产权和用途管制制度 2. 健全现代生态农业发展中的能源、水、土地集约节约使用制度
10	辽宁省辽河流域	1. 探索建立流域内区域联动机制 2. 探索建立流域内生态补偿机制
11	辽宁抚顺大伙房 水资源保护区	1. 建立自然资源资产产权制度和用途管制制度 2. 探索重大项目生态影响预评估制度

续表

序号	地区名称	建议制度创新重点
12	吉林省延边朝鲜族自治州	1. 实施资源有偿使用制度,探索推行排污权交易制度 2. 探索建立生态环境损害责任终身追究制度 3. 探索流域内区域联动机制
13	吉林省四平市	1. 探索深化落实主体功能区制度 2. 探索差别化的生态文明评价考核制度
14	黑龙江省伊春市	1. 探索建立国家公园体制 2. 探索健全国有林区经营管理体制
15	黑龙江省五常市	1. 探索健全农村土地资源的资产产权制度、管理体制和监管体制
16	上海市闵行区	1. 探索健全能源、土地、水资源集约节约利用制度 2. 探索建立自然资源环境承载能力监测预警机制,重点探索建立在一线城市科学管控人口规模的机制体制
17	上海市崇明县	1. 探索自然资源资产产权和用途管制制度 2. 探索建立生态环境损害责任终身追究制度
18	江苏省镇江市	1. 发展节能环保市场,推行排污权、碳排放权等交易制度,以及环境污染第三方治理制度 2. 建立资源环境承载能力监测预警机制
19	江苏省淮河流域重点地区	1. 探索实行生态补偿机制 2. 探索流域、区域联动机制
20	浙江省杭州市	1. 发展节能环保市场,推行排污权、碳排放权等交易制度,以及环境污染第三方治理制度 2. 探索建立资源环境承载能力监测预警机制
21	浙江省湖州市	1. 探索建立生态文明建设考核评价制度 2. 探索编制自然资源资产负债表 3. 探索建立自然资源资产产权制度
22	浙江省丽水市	1. 探索建立体现生态文明要求的领导干部评价考核体系 2. 探索健全自然资源产权、资产管理和监管体制

续表

序号	地区名称	建议制度创新重点
23	安徽省巢湖流域	1. 探索完善最严格的水资源管理制度 2. 完善巢湖流域综合治理体制机制体系 3. 创新区域联动机制
24	安徽省黄山市	1. 探索建立培育发展生态文明的体制机制 2. 探索建立国家公园体制 3. 探索健全国有林区经营管理体制
25	福建省	1. 健全评价考核体系 2. 完善资源环境保护与管理制度 3. 建立健全资源有偿使用生态补偿制度
26	江西省	1. 探索建立生态补偿机制 2. 探索完善主体功能区制度 3. 探索建立体现生态文明要求的领导干部评价考核体系 4. 完善河湖管理与保护制度
27	山东省临沂市	1. 探索建立体现生态文明要求的领导干部评价考核体系 2. 实行资源有偿使用生态补偿制度
28	山东省淄博市	1. 探索建立资源环境承载能力监测预警机制 2. 完善环保公安联动机制 3. 健全生态环境损害责任终身追究机制
29	河南省郑州市	1. 探索推行碳排放交易制度 2. 探索编制自然资源资产负债表 3. 落实并完善最严格的水资源管理制度
30	河南省南阳市	1. 探索建立生态补偿机制 2. 探索建立国家公园体制 3. 探索创新区域协调机制
31	湖北省十堰市（含神农架林区）	1. 探索建立生态补偿机制 2. 探索建立国家公园体制 3. 探索创新区域协调机制

续表

序号	地区名称	建议制度创新重点
32	湖北省宜昌市	1. 探索实行资源有偿使用制度 2. 探索建立流域综合治理的政策机制
33	湖南省湘江源头区域	1. 探索实行资源有偿使用和生态补偿制度 2. 创新区域联动机制 3. 探索建立源头区域承接产业转移的负面清单制度和动态推出制度
34	湖南省武陵山片区	1. 探索健全自然资源资产产权和用途管制制度 2. 探索建立体现生态文明要求的领导干部评价考核体系 3. 创新区域联动机制
35	广东省梅州市	1. 探索建立推动生态文化融入客家文化的政策机制 2. 探索编制自然资源资产负债表 3. 建立体现生态文明要求的干部考核体系
36	广东省韶关市	1. 探索建立自然资源资产产权制度 2. 探索推行碳排放交易制度
37	广西玉林市	1. 探索建立生态补偿机制 2. 探索健全自然资源资产产权和用途管制制度 3. 探索划定生态保护红线
38	广西富川县	1. 探索健全自然资源资产产权和用途管制制度 2. 探索建立县域内各类资源生态用地保护红线制度
39	海南省万宁市	1. 探索陆海统筹的生态系统保护修复机制 2. 探索建立公众参与制度 3. 探索建立生态环境损害责任终身追究制度
40	海南省琼海市	1. 探索建立生态补偿机制 2. 探索建立生态环境损害责任终身追究制度
41	重庆市渝东南武陵山区	1. 实行资源有偿使用制度和生态补偿机制 2. 探索完善公众参与监督机制

续表

序号	地区名称	建议制度创新重点
42	重庆市渝东北三峡库区	1. 完善河湖岸线等自然资源管理制度 2. 探索创建三峡库区国家公园制度
43	四川省成都市	1. 探索推行排污权交易、碳排放权交易、节能量交易制度 2. 探索跨区域生态保护与环境治理联动机制
44	四川省雅安市	1. 探索建立资源环境承载能力监测预警机制 2. 结合灾后重建，探索建立体现生态文明要求的领导干部评价考核体系
45	贵州省	1. 探索生态文明建设绩效考核评价制度 2. 探索建立自然资源资产产权管理和用途管制制度 3. 探索建立自然资源资产领导干部离任审计制度、生态环境损害责任终身追究制度 4. 建立完善生态补偿机制
46	云南省	1. 探索建立自然资源资产产权和用途管制制度 2. 探索资源环境生态红线管控制度 3. 探索完善生态补偿机制 4. 探索建立领导干部评价考核和责任追究制度 5. 探索河湖水岸线管控制度
47	西藏山南地区	1. 探索独立进行环境监管和行政执法 2. 完善污染物排放许可制和企事业单位污染物排放总量控制制度
48	西藏林芝地区	1. 探索建立生态环境损害责任终身追究制度 2. 完善污染物排放许可制和企事业单位污染物排放总量控制制度
49	陕西省西咸新区	1. 探索建立资源环境承载能力监测预警机制 2. 探索非物质文化遗产与生态文化协同发展的政策体制 3. 探索建立最严格水资源管理制度用水总量、用水效率的计量、监管、预警及考核制度

续表

序号	地区名称	建议制度创新重点
50	陕西省延安市	1. 探索划定生态红线 2. 探索编制自然自资源资产负债表,实行自然资源离任审计制度
51	甘肃甘南自治州	1. 探索建立生态环境损害责任终身追究制度
52	甘肃省定西市	1. 探索建立领导干部自然资源资产离任审计制度 2. 实行自然资源产权制度和用途管制制度 3. 探索推行水权交易、污染第三方治理制度
53	青海省	1. 落实主体功能区制度 2. 健全自然资源资产产权制度 3. 探索完善生态补偿机制 4. 完善资源有偿使用制度 5. 探索国家公园体制 6. 探索体现生态文明要求的领导干部评价考核体系
54	宁夏永宁县	1. 探索实行自然资源用途管制制度 2. 探索对领导干部实行自然资源资产离任审计
55	宁夏吴忠市利通区	1. 探索体现生态文明要求的领导干部评价考核体系 2. 完善污染物排放许可制和企事业单位污染物排放总量控制制度 3. 探索最严格的水资源管理制度入河污染物总量控制指标分解及考核制度
56	新疆玛纳斯县	1. 探索建立自然资源资产产权制度、管理体制和监管体制 2. 完善污染物排放许可制和企事业单位污染物排放总量控制制度 3. 探索体现生态文明要求的领导干部评价考核体系 4. 探索建立最严格水资源管理制度用水总量、用水效率的计量、监管、预警及考核制度

续表

序号	地区名称	建议制度创新重点
57	新疆伊犁州特克斯县	1. 探索体现生态文明要求的领导干部评价考核体系 2. 实行最严格的自然资源管理制度 3. 探索建立生态环境损害责任终身追究制度

2014年5月30日，经国务院同意，国家发改委、财政部、国土部、水利部、农业部、国家林业局联合下发了《浙江省湖州市生态文明先行示范区建设方案》。湖州成为全国第一个地市级生态文明先行示范区。多年来，湖州历届市委、市政府一张蓝图绘到底，生态文明建设取得明显成效，初步探索出了一条经济社会发展与生态环境保护相互促进的新路子。建设方案要求示范区在生态文明建设考核评价、开展自然资源资产离任审计、领导干部环境损害责任终身追究等方面先行先试，探索形成可复制、可推广的生态文明建设"湖州模式"。

（一）湖州市生态文明先行示范区建设实践

湖州地处长三角中心、太湖南岸，是以上海为龙头的长三角地区辐射中部的门户，是《长江三角洲地区区域规划》确定的"一核九带"发展的连接中部地区的重要节点城市。湖州面积5818平方公里，地形呈"五山一水四分田"的地域特征，森林覆盖率为50.9%，境内河湖水质绝大部分为Ⅲ类以上的水体质量。作为长三角区域的生态屏障，优越的自然资源条件为湖州生态文明建设提供了坚固的自然基础。

湖州有山有水，而且滨临太湖。绿水青山是湖州的金山银山，生态优势是湖州的最大优势，是湖州的核心竞争力。从2003年开始，湖州先后作出了建设"生态市"、打造"美丽湖州"、创建"全国生态文明建设示范区"等一系列战略部署，并提出了"建设现代化生态型滨湖大城市"的奋斗目标，不断深化生态立市、生态优先发展的目标定位和鲜明导向。

规划是建设生态文明的先导。近年来，无论是制定市域总体规划、中长期发展规划、城乡建设规划，还是编制空间布局、基础设施、产业发展、人口发展等专项规划，湖州都始终把生态建设和环境保护作为第一要素，并有机融入到各类规划中。围绕生态文明建设，湖州先后制定了《生态市建设规划》、《生态环境功能区规划》、《生态文明建设规划》等总规和低碳城市建设、循环经济发展等一系列专项规划，形成了从总规到专规“系统性”、“立体式”的规划体系。

在生态文明建设实践上，湖州主要在“发展生态经济、治理城乡环境、开展生态创建、健全保障体系”等四个方面下功夫，力求取得实效。通过实施“腾笼换鸟”“机器换人”“空间换地”“电商换市”、淘汰落后等一系列措施，推动产业朝着生态化、绿色化、低碳化方向发展。

在环境治理方面，通过部署开展“城乡环境优化行动”“811”环境污染整治行动、“三大清洁行动”（清洁水源、清洁空气、清洁土壤）以及“三改一拆”（旧住宅区、旧厂房、城中村改造和拆除违法建筑）、“四边三化”（公路边、铁路边、河边、山边等区域洁化、美化、绿化）、“双清”（清理河道、清洁乡村）、大气污染治理、矿山综合整治等一系列行动，着力解决城乡环境突出问题。

在生态创建方面，较早启动了以生态市创建为核心的“四城联创”，即全国文明城市、国家环保模范城市、国家园林城市和国家生态市。

在保障体系建设方面，对政策引导、长效监管、考核督促、宣传教育等作了系统部署。率先建成环境在线监测、重点污染源在线监控、省市县三级环保管理信息化系统“三位一体”监控体系。2013 年起，对部分企业实行“刷卡排污”制度，对企业的污染物排放进行远程控制。

（二）湖州生态文明先行示范区建设的突出举措

湖州始终把生态建设放在与经济发展同等重要的位置来抓，一以贯之地秉承“绿水青山就是金山银山”的发展理念，坚持“生态优市”方针，举生态旗、打生态牌、走生态路，将生态理念融入经济社会发展的全过程。重规划、重投入、重创建，走出了一条具有湖州特色的生态文明建设新路子。

1. 打造“生态安吉”绿色品牌

安吉,安且吉兮之意,是浙江西北一个典型的山区县,一个以竹闻名的美丽的地方,境内有山林198万亩,其中竹林100万亩,立竹量1.45亿株。地貌可以概括为“七山一水二分田”,全县面积1886平方公里,人口45万,在长三角地区来说,可以称得上是地广人稀。

曾经的安吉交通闭塞,工业基础薄弱,是浙江省25个贫困县之一。为了改变安吉经济的落后状况,历届县委、县政府都曾苦苦地思考、探索,试图找到一条适合安吉实际的发展道路,其间走过了不少弯路、经受了很多挫折。深刻反思后,安吉县委、县政府清楚地意识到:对拥有太湖和黄浦江之源,地处山区、半山区、七山一水两分田的安吉,应该依靠生态,向生态要效益,走生态立县的路。

2003年,在县党代会、人代会的工作报告中,安吉正式提出争创全国生态县。就在这种形势下,习近平同志2次到安吉考察调研,对安吉“生态立县”发展战略作了充分肯定,认为安吉的“青山绿水就是金山银山”,并希望安吉“一任接着一任干,一年接着一年抓,努力把安吉建设成为经济繁荣、山川秀美、社会文明的生态县,为推进浙江生态省建设作出积极的贡献”。

2006年,在安吉被授予全国第一个“生态县”称号后,浙江省立即就如何进一步深化生态县建设进行了深入探讨,并提出“全省学安吉、全国看安吉,安吉怎么办”的实质性问题。安吉县委、县政府也提出“奋战五年,再造安吉”“扬生态之长,补工业之短,提开放之速”的发展战略。

2008年春,安吉县首开全国之先河,提出把一个县域当做一个大景区来规划,把一个个村当作一个个景点来设计,把一户户农家当做一处处小品来改造,计划用10年时间,将全县187个行政村打造成“村村优美、家家创业、处处和谐、人人幸福”为主要目标的“中国美丽乡村”。如今,安吉建设“中国美丽乡村”行动已在全省、全国确立了品牌地位。从2008年创建以来,先后引起《人民日报》《浙江日报》《经济日报》等新闻媒体的高度关注。

在生态文明建设的实践中,安吉的科学发展思路逐步明晰,逐步提升。特别是开展“中国美丽乡村”建设实践以来,安吉的生态进一步恢复了,环境更美了,安吉终于成为浙江生态最好、环境最美的县,也是老百姓的幸福感最强的县。尽管安吉的“中国美丽乡村”建设才走过7年的历程,但已在全国引起强烈反响。连绵不绝的竹海,漫山遍野的树林,清澈的溪流,古朴的民居,村在林中,林在村中,浙江省安吉县已成为一个美丽的大花园,同时,农业变强了,农民变富了、农村变美了、城乡更和谐了。

2. 举太湖旗,打太湖牌,做太湖文章

湖州因湖得名,如果不利用好湖、不开发好湖,湖州就得换名字了。湖州把南太湖的治理保护和开发利用提到重要位置,单独设立了太湖旅游度假区,以统筹推进南太湖综合治理开发工作,并明确提出了建设现代化生态型滨湖大城市和要把南太湖建设成为长三角最具活力的国内一流休闲旅游度假区的总体目标。从此,湖州太湖旅游度假区一直致力“举太湖旗,打太湖牌,做太湖文章”,在大力推进开发建设、繁荣发展南太湖旅游的同时,稳步推进南太湖水环境综合治理与保护,始终坚持保护与开发、整治与利用的有机统一。

一方面,以壮士断腕的勇气加大生态治理力度。自1998年太湖治理“零点行动”以来,湖州先后实施了苕溪清水入湖、环湖河道整治等六大类180多个治理项目。比如,先后投入20多亿元,全面关停搬迁了太湖沿岸全部工业涉污企业;投入超3亿元,完成了全部“渔民上岸”工程,建造了3万多平方米的渔民新村;投入近6亿元,开展湖鲜餐饮集中整治,整体拆除太湖湖鲜街24条水上餐饮船,并在原址上建成市民休闲广场;投入2.7亿元,实施生态修复治理,建成近10公里消浪桩和档藻围隔工程;投入8.5亿元,建设了集防洪、水利、生态、观光于一体的环太湖滨湖大道;大力推进堤岸、河岸和山体修复,实施杨潭石矿覆绿,太湖沿岸和小梅港两岸得到全面整治。通过这些措施,有效促进了水环境质量的改善,目前湖州入湖河流断面水质保持在三类水标准以上,成为太湖流域水质最好的区域。当前,湖州正在建设全国水生态文明建设试点市,谋划实施骨干河流生态整治、城乡河道生态修复、太湖水源生态保护、水资源优化配置等四大水生态工程,总投资达到400亿元。

另一方面,以生态治理的成效推动开发建设。随着生态环境的逐步改善,基础设施的逐步配套,在高起点、高标准统一规划的基础上,南太湖也吸引了一大批符合休闲旅游度假发展定位的大好高项目纷至沓来:先后引进建设了以南太湖新地标——中国首家水上超五星月亮酒店;27 洞、长三角地区最具挑战性的山地高尔夫球场;有世界上收藏最全最多的古木博物馆;有富含氟元素、具有极高医疗保健价值的雷迪森天体温泉;有 300 个泊位、中国内湖最大的游艇俱乐部;有总建筑面积 10.8 万平方米的奥特莱斯折扣店等。来自迪拜、意大利等国内外的各大投资商纷纷来度假区考察洽谈项目,招商发展氛围越来越好。

南太湖还连续举办了 13 届全国极限运动大赛、4 届内湖帆船赛、环太湖国际公路自行车赛、梅花节等一批特色活动,渔人码头餐饮、水上旅游、湿地观光、温泉体验、婚纱摄影等特色项目受到各地游客普遍青睐。几年来,湖州太湖旅游度假区的游客数量呈跳跃式增长,2013 年旅游人次突破 400 万,比上年增长 100 多万,增长幅度达到 30% 以上。旅游人气极大提升,影响力越来越大,知名度越来越高,太湖南岸呈现出生态保护与经济发展同步推进的良好态势。

3. 探索完善机制,守护绿水青山

多年来,湖州市按照创建全国生态文明现行示范区的要求,积极探索创新先行先试,努力建立完善包括“源头管控、激励约束、投资融资、考评考核、共建共享”等在内的一系列工作机制,为推进全市生态文明建设工作提供制度保障。

(1)探索健全源头管控机制

按照“划红线、慎决策、严审批”的原则,湖州在严格实行新上项目“环评一票否决制”的基础上,科学合理的做好项目审批准入各项工作。制定实施《湖州市生态环境功能区规划》,划定生态保护红线,严格执行项目准入、总量准入、空间准入“三位一体”环境准入制度,把严格环境准入作为助推经济转型升级的有效手段。湖州制定实施了“6 + X”联审制度,先后出台了《湖州市固定资产投资项目节能减排审查暂行办法》、《湖州市工业固定资产投资项目合理用能与排污总量控制联审暂行办法》和《补充办法》等一系列规范性文件，对水泥熟料、印染、电力、造纸、化工、电镀等项目年综合能耗2000吨标准煤以上或年耗水15万吨以上的及其他需要联合审查的工业投资项目实行“6 + X”联审，各职能部门联合审批、共同把关，否决和暂缓了一批项目。

（2）探索建立激励约束机制

湖州着力从“以生态补偿机制激励县区乡镇加强生态环保工作”和“以环境资源有偿使用机制约束企业单位排污用能”两方面，探索以经济手段推动生态文明建设。生态补偿机制方面，2006年出台了《湖州市人民政府关于建立生态补偿机制的意见》，2013年出台了《湖州市老虎潭水库水源地生态保护专项资金管理办法》，设立了“湖州市生态建设专项资金”，综合运用经济、行政、法律手段提升生态环保工作水平。

环境资源有偿使用机制方面，湖州作为浙江省排污权有偿使用和交易试点地市，一直将这项工作作为政府深化改革的一项重点予以推进，2008年市政府颁布了《湖州市主要污染物排污权有偿使用和交易暂行办法》，随后又相继出台了《湖州市主要污染物排污权交易实施细则（试行）》和《湖州市本级排污权有偿使用和交易资金管理暂行办法》，按照“以新带老，新老有别”的原则，在浙江省规定的化学需氧量和二氧化硫两项指标实施有偿使用的基础上，根据全市实际增加了氨氮和总磷指标。截至目前，全市共有788家企业实施了排污权有偿使用和交易，涉及化学需氧量3962吨、氨氮309吨、总磷2.8吨、二氧化硫11269吨，排污权有偿使用金额达1.7亿元。

（3）探索创新投融资机制

湖州不断创新思路，推进生态环保公共基础设施的多元化投入、生态环保企业的多元化质押融资，着力缓解政府环保投入压力，增加企业环保工作效益。生态环保公共基础设施方面，深入推进环保基础设施建设运行的市场化改革，积极探索推行污水、垃圾处理市场化运作，努力形成多元化的生态环保投融资机制。按照BOT/TOT运作模式，为破解污水处理厂、垃圾焚烧发电厂、固废处置设施等工程项目资金筹措、阳光建设、质量保证等问题引入了新思路、走出了新路子，使环保基础设施在短期内有了极大的提升，同时切实减轻了即期财政压力。生态环保企业多元化融资方面，探索推进排污权抵押贷款工作，累计完成10家企业排污权质押贷款，成功为企业获得贷款842万元；通过实施环境污染责任保险试点，全市有7家企业投保，保额达1000万元，以社会化、市场化途径解决环境污染损害，及时补偿、有效保护了污染受害者的权益。扎实开展企业环境信用等级评价工作，完成了232家企业环境行为信用等级评定工作，其中47家企业被评定为绿色企业，为企业上市融资创造了环保核查绿色通道。

（4）探索实施生态考评机制

早在2001年，湖州市开始淡化官员政绩考核中的GDP指标考核。当年，GDP考核指标从占整个考核指标的10%调减至8%，2002年减至4%，2003年只占2%。2004年，湖州市和北京师范大学合作，依托两项国家863项目的支撑，开展了绿色GDP核算体系的应用研究，并且制定《关于完善县区年度综合考核工作的意见》，改革绩效评估体系，完全取消了过去以GDP为中心的考核，成为全国首个取消GDP指标考核的地方政府。

2006年，湖州在研究的基础之上开始试行绿色GDP考评机制，探索推行“市—县区—乡镇”系列绿色考核办法。从2008年开始，湖州市正式将绿色GDP纳入到对县区的综合考核体系当中，通过GDP扣除环境污染损失后的净值，考核县区经济发展的综合生态环境成本。2009年以来，湖州市又制定出台了《关于健全完善促进科学发展的县局级领导班子和领导干部考核评价机制的意见》，将生态文明建设作为16项考核指标之一并作为“一票否决”指标。

（5）探索推进全民参与机制

为了动员各方力量，形成党委政府重视、社会积极参与、全民动员起来的工作格局，湖州对全民参与机制进行了不断的摸索与创新。行政合力监管方面，出台了《关于建立环保公安部门环境执法联动协作机制的实施意见》，在环保部门设立公安联络室，推进环保、公安部门环境执法联动协作机制建设，建立加强行政执法与刑事司法衔接，全面开展联合执法。动员公众参与方面，着力加大培训与宣传力度，将“生态建设与环境保护”作为市委党校和市行政管理学院每一批次干部轮训的必修课程，参加培训干部累计达到3万多人次。加强对企业、乡镇（街道）、行政村（社区）的工作人员和广大学生环保意识培养,全市学生环保教育普及率达到100%。努力培育生态文化,各县区都形成了独具特色生态文化建设模式。积极组织开展环保志愿行动,发挥民间环保志愿者、非政府组织等作用,开展“民间环保公益使者评选”“绿色苕溪·和谐湖州”“认捐爱心鱼、洁净太湖水”“小手拉大手,共建生态家园”等一系列活动,引导社会公众参与生态环保工作,形成了全社会关心、支持、参与和监督生态环保工作的良好氛围。

(三)湖州生态文明先行示范区建设的经验与启示

湖州生态文明建设虽然起步比较晚,还处在初步阶段,但是良好的自然优势让湖州的生态文明建设迅速步入了快车道。近年来,湖州的生态建设取得了明显的成效。截至目前,全市80%的县区成为省级以上生态县区,国家级生态乡镇占比达80%。全国文明城市、国家环保模范城市、国家园林城市、国家森林城市、国家卫生城市、中国魅力城市等荣誉称号纷至沓来。湖州生态文明先行示范区建设实践与全国其他生态文明先行示范区试点建设具有两大重要意义。

1. 生态型政府是生态文明建设的有力先导

生态危机本质上是人类生存与发展的危机。随着生态问题的日益突出,人们对于保障生态安全,构建生态文明社会的需求也会越来越高涨。在我国现阶段的生态文明建设中,政府起着无法替代的主导作用。为了适应我国生态文明建设的需要,政府不仅要转变为为社会主义市场经济服务的服务型政府,还需要转变为适应人与自然和谐相处,实现可持续发展的生态型政府。在此方面,湖州无疑走在了前面。

从步入新世纪伊始,湖州就将生态文明建设在政府职能中的地位不断提高,比重不断加大,力度不断加强,给予其充分的重视和强化。早在2001年,湖州市开始淡化官员政绩考核中的GDP指标考核。2004年,湖州市和北京师范大学合作,依托两项国家863项目的支撑,开展了绿色GDP核算体系的应用研究,并且制定《关于完善县区年度综合考核工作的意见》,改革绩效评估体系，完全取消了过去以GDP为中心的考核办法，成为全国首个取消GDP指标考核的地方政府。湖州干部考核之变，不仅是湖州生态文明建设的重大突破与创新，也是政府迈出职能管理变革的重要步伐。不仅仅在干部考核方面，湖州还在源头管控机制、奖励约束机制等方面不断创新，转变职能，一步步推动生态文明先行示范区先前发展。生态优先，以人为本已成为湖州市委市政府的首要原则，生态管理已成为政府的一项重要职能，可持续发展能力已成为政府管理的核心动力。

2. 生态之路寻发展，破立之间获红利

环境保护与社会经济发展是生态文明建设中必须处理好的一对关系，而破题的关键就在于加快转变发展方式。自从2003年建设生态市目标确立以来，湖州一直在"破立"之间寻找一条符合自身实际的绿色发展之路。从群众反映强烈的问题入手，湖州市先后开展了"811"环境污染整治、治水治气治矿、"三改一拆""四边三化"等一系列行动，在解决环境突出问题的同时，实现了"经济生态化、生态经济化"的良性循环。

南太湖是湖州的生命之湖，为了改善南太湖生态环境，湖州投入20多亿元，关停搬迁了太湖沿岸所有工业涉污企业；投入3亿元，安置近200户太湖渔民，每年减少直排太湖污水60多万吨；启动了总投资近100亿元的太湖流域水环境综合治理四大骨干水利工程等。大力度的治理，迅速让南太湖恢复了"江南明珠"的美貌，投资者也纷至沓来。摘下全球十大最佳摩天楼建筑第三名的湖州新地标月亮酒店、富有江南水乡风情的湖滨码头……美丽的南太湖风光正吸引着越来越多的目光。

在生态文明理念的引领下，伴随着诸多像太湖治理这样的铁腕措施，湖州市"绿色产业化、产业绿色化"的趋势愈加明显。前国家环保部部长周生贤在听取了湖州市生态文明建设情况后，盛赞湖州是"经济发展和环境保护协调融合的典型"，并称"湖州今天生态文明建设要走的路就是全国明天要走的路子"。古语云破而后立，湖州生态治理的实践表明，在生态文明建设中，只有改变污染与破坏环境的社会经济发展方式，方可享受绿水青山就是金山银山的生态红利。

三、水生态文明城市试点及苏州实践

水是生命之源、生产之要、生态之基，水生态文明是生态文明的重要组成和基础保障。改革开放以来，粗放型的社会经济发展模式使我国付出了巨大的水资源、水环境代价，导致一些地方出现水资源短缺、水污染严重、水生态退化等问题。为了加快推进水生态文明建设，从源头上扭转水生态环境恶化趋势，在更深层次、更广范围、更高水平上推动民生水利新发展的重要任务，促进人水和谐、推动生态文明建设的重要实践，水利部于 2013 年出台了《关于加快推进水生态文明建设工作的意见》，拟选择一批基础条件较好、代表性和典型性较强的市，开展水生态文明建设试点工作，探索符合我国水资源、水生态条件的水生态文明建设模式，并在此基础上，尽快启动全国水生态文明市创建活动，在更大范围、更高层面上推进水生态文明建设工作。

《意见》要求，水生态文明建设要坚持人水和谐，科学发展、保护为主，防治结合、统筹兼顾，合理安排、因地制宜，以点带面的原则，把落实最严格水资源管理制度作为水生态文明建设工作的核心，抓紧确立水资源开发利用控制、用水效率控制、水功能区限制纳污“三条红线”；严格实行用水总量控制，优化水资源配置；建设节水型社会，进一步优化用水结构，切实转变用水方式；严格水资源保护，编制水资源保护规划，做好水资源保护顶层设计；推进水生态系统保护与修复，保障生态用水基本需求，定期开展河湖健康评估；加强水利建设中的生态保护，在水利工程前期工作、建设实施、运行调度等各个环节，都要高度重视对生态环境的保护，着力维护河湖健康；提高保障和支撑能力，充分发挥政府在水生态文明建设中的领导作用，建立部门间联动工作机制，形成工作合力；开展水生态文明宣传教育，倡导先进的水生态伦理价值观和适应水生态文明要求的生产生活方式。

2013 年，水利部下发了《关于加快开展全国水生态文明城市建设试点工作的通知》，确定了 45 个城市作为全国水生态文明城市建设试点（表 3）。

2014年,水利部又批准59个城市作为第二批试点(表4)。水生态文明城市试点涉及水资源管理、河湖水系连通、水污染治理、水源涵养、水土保持、城市排涝、湿地保护、生态景观、水生态补偿机制等方面。开展水生态文明城市建设,有利于统筹协调水利与生态建设,有利于加强水生态修复与保护,有利于水资源和水环境保持良好的生态平衡。

表3　全国水生态文明城市建设试点名单(首批)

序号	行政隶属	城市名称
1	北京	密云县
2	天津	武清区
3	河北	邯郸市
4		邢台市
5	内蒙古	乌海市
6	辽宁	大连市
7		丹东市
8	吉林	吉林市
9	黑龙江	鹤岗市
10		哈尔滨市
11	上海	青浦区
12	江苏	徐州市
13		扬州市
14		苏州市
15		无锡市
16	浙江	宁波市
17		湖州市
18	安徽	芜湖市
19		合肥市
20	福建	长汀县
21	江西	南昌市
22		新余市

续表

序号	行政隶属	城市名称
23	山东	青岛市
24		临沂市
25	河南	郑州市
26		洛阳市
27		许昌市
28	湖北	咸宁市
29		鄂州市
30	湖南	长沙市
31		郴州市
32	广东	广州市
33		东莞市
34	广西	南宁市
35	海南	琼海市
36	重庆	永川区
37	四川	成都市
38		泸州市
39	贵州	黔西南州
40	云南	普洱市
41	陕西	西安市
42	甘肃	张掖市
43		陇南市
44	青海	西宁市
45	宁夏	银川市

表4　全国水生态文明城市建设试点名单(第二批)

序号	行政隶属	城市名称
1	北京	门头沟区
2		延庆县
3	天津	蓟县
4	河北	承德市
5	山西	娄烦县
6	内蒙古	呼伦贝尔市
7	辽宁	铁岭市
8	吉林	长春市
9		延边州
10		白城市
11	黑龙江	牡丹江市
12	上海	闵行区
13	江苏	南通市
14		淮安市
15		盐城市
16		泰州市
17		宿迁市
18	浙江	温州市
19		衢州市
20		嘉兴市
21		丽水市
22	安徽	蚌埠市
23		淮南市
24		全椒县
25		利辛县
26	福建	莆田市
27		南平市

续表

序号	行政隶属	城市名称
28	江西	萍乡市
29	山东	滨州市
30		泰安市
31		烟台市
32	河南	焦作市
33		南阳市
34	湖北	襄阳市
35		潜江市
36		武汉市
37	湖南	湘西州凤凰县
38		芷江县
39		株洲市
40	广东	惠州市
41		珠海市
42	广西	玉林市
43		桂林市
44	海南	保亭县
45	重庆	璧山县
46		梁平县
47	四川	遂宁市
48		乐山市
49	贵州	贵阳市
50		黔南州
51	云南	玉溪市
52		丽江市
53	西藏	那曲地区
54	陕西	杨凌示范区

续表

序号	行政隶属	城市名称
55	甘肃	敦煌市
56	青海	海北州
57	宁夏	石嘴山市
58	新疆	特克斯县
59	新疆建设兵团	五家渠市

2013 年 8 月，水利部将苏州市列入首批 45 个全国水生态文明建设试点市。2013 年 11 月 21 日，水利部审查通过了《苏州市水生态文明城市建设试点实施方案》，省政府 2014 年 2 月批复同意了《苏州市水生态文明城市建设试点实施方案》。苏州市地处长江三角洲核心区，是著名的江南水乡，河湖水系发达，水资源管理基础良好，水文化底蕴深厚，在全国水生态文明建设中具有鲜明的区位优势、经济优势、文化优势和领先优势。苏州水生态文明城市建设实践对于我国在丰水地区进行水生态文明建设具有十分重要的意义。

（一）苏州市水生态文明建设实践

苏州市地处长江、太湖的下游，属太湖平原地区，呈典型流水地貌。全市地势低平，地形呈西北高、东南低，沿江高、腹部低。苏州河湖资源丰富，境内河道纵横，湖泊众多，河湖相连，形成“一江、百湖、万河”的独特水网水系格局。长江干流沿苏州北边界，呈西北东南走向，与苏州境内若干通江骨干河道垂直相交，完成水质水量交换。太湖位于苏州西部，常水位时总面积 2338 平方公里，其中约四分之三的湖面面积位于苏州界内，苏州市内的河网湖泊是承接太湖排涝的主要通道。苏州境内的流域性河道包括望虞河、太浦河，均呈东西向分布，分别在境内北部、南部穿过；主要区域交往河道苏南运河在苏州西侧纵贯南北；其余境内骨干河道有张家港、十一圩港、常浒河、白茆塘、七浦塘、杨林塘、浏河、吴淞江等。太湖为全市最大湖泊，其他较大的湖泊有阳澄湖、澄湖、淀山湖、独墅湖、元荡、金鸡湖等。全市拥有长江和太湖岸线300多公里,50亩以上湖泊380个,各级河道21022条。其中,列入江苏省保护名录的湖泊94个,列入江苏省骨干河道名录的河流93条。

20世纪80年代以来,随着区域人口和经济的高速增长,水域侵占、湿地连通性和生态功能下降、水质污染、水体富营养化以及过渡捕捞造成的种群资源萎缩等生态问题日益困扰苏州。近年来,苏州市政府大力推进水生态综合治理工程,通过改善水质、保育水生栖息地和规范水产行业生产模式等措施系统性解决区域水生态问题,取得了突出的成效。

苏州市高度重视水资源管理工作,2012年市政府出台了《关于实行最严格水资源管理制度的实施意见》。在中央和省有关法律法规的基础上,苏州还先后出台了一系列与水资源管理相关的《苏州市河道管理条例》、《苏州市节约用水条例》、《苏州市城市排水管理条例》、《苏州市供水管理办法》等法律法规和配套政策,不断提高水资源依法管理、依法办事的水平,保障水资源管理健康有序发展。

近年来苏州市政府大力开展水环境治理工作,通过节水减排、控源截污、废污水收集处理、调水引流、农村毛细河道整治以及黑臭河道治理等一系列工程和管理手段的实施,实现了全过程污染防控,水环境质量明显改善。目前,苏州已经完成300多个节水技改项目,完成了一批具有重要代表性和示范性意义的节水型社会载体建设,包括省级节水型企业457家、节水型社区93个、节水型高校10所、节水型宾馆15家、节水型学校54家。在造纸、印染、啤酒、制药、电子、化工等9个行业开展了工业用水审计,促进合理用水、节约用水,减少污水排放。全市建成高标准农田162万亩,建设防渗渠道600多公里,建设喷滴灌节水灌溉面积3万亩。在富水地区探索和推进节水型社会建设的超前规划使苏州在全国率先基本建成了与水生态文明理念相适应的水节约体系。

目前苏州市实现了水务一体化管理,部门间联动合作机制也已基本形成。近十多年来,苏州市在城市防洪、安全供水、城乡水环境治理、污水处理等方面充分发挥了水务管理体制优势,促进了全市水生态水环境的持续改善,苏州水务事业取得了长足的发展。水务统一和协调管理体制是解决好水问题的必然选择，为水生态、水环境、水安全、水管理、水文化等水生态文明建设任务提供完善的体制机制保障。

在弘扬水文化方面，“适水规划，借景布局”是苏州新时期水文化传承发展的重要表现形态，将城市建设规划与河湖水系健康格局相匹配，以前瞻性、系统性的规划设计实现水—城之间的交融互映。金鸡湖环湖景观和休闲产业体系已成为现代城市规划建设的典范之作，东太湖滨湖生态景观和滨湖新城建设已初见成效。

苏州已初步形成以“我的天堂我的水”为主题的系列宣传教育活动。包括以“小手牵大手”为代表的一系列校园互动活动，通过中小学生的家庭影响，促进全社会水道德风气和良好用水习惯的形成；通过广泛征集，提炼“乐文尚水、求实开先”的新时期苏州青年精神，围绕生态文明建设，引导高校公益社团开展各类志愿服务项目；开展“一滴水的旅行”活动，组织社会公众前往太湖取水口、自来水厂、污水处理厂及污泥干化处置项目等进行参观，提高社会大众对水建设成果和水科学知识的认知水平；强化与企业的宣传对接，普及水法律法规知识和提高节水减污意识等。现代水文明意识培育工程成为苏州水文化传承发展链条中的另一重要环节。

受益于苏州市相对完备的涉水规划体系和近十年的持续投入，当前苏州市水安全保障整体格局基本成型，水安全水平总体良好，形成了坚强稳定的高标准防洪排涝体系和优质可靠的供水保障体系，安全保障率大幅提升。

（二）苏州市水生态文明建设突出举措

苏州因水而美、因水而灵、因水而富、因水而闻名天下，水是苏州的灵魂，是苏州的名片。水生态文明建设不仅是苏州生态文明建设的重要组成，更是其基础保障和重要支撑，是建设“美丽苏州”的根本要求。苏州优越的自然条件、先进的发展理念、良好的体制机制、较高的管理水平以及雄厚的经济基础都为苏州市水生态文明建设提供了有利条件。成为全国首批水生态文明建设试点之后，苏州着力编制了《苏州市水生态文明建设试点实施方案（2014—2016年）》，为苏州市试点期间的水生态文明建设提供顶层设计，并为苏州市水生态文明建设的长远规划和建设奠定基础。

1. 打造“二带三群，五城六网”的总体布局

在水生态文明建设理念指引下，苏州市基于本市水资源系统整体脉络和特征生态单元，着力打造“二带三群，五城六网”的总体布局。

(1)构筑滨江和环湖两条水生态健康条带，强化源头功能

太湖和长江是苏州区域水系统的两大根本源头，对于苏州具有重要的战略意义，是苏州市的区域供水来源和清水水流来源、环境容量来源以及生态资源来源。构建生态屏障，规范取排水行为，加强水源地保护是苏州水生态文明建设工作的总体思路。

(2)保育阳澄、淀茆、浦南三大区域主体湖群，突出核心作用

三大湖群是苏州水网体系的三大核心节点，是区域水生态的热点地区，是区域水安全的调度中心，是区域水经济发展的特色核心。加强湖泊水环境保护和水环境整治，加强水源地保护，发挥防洪调蓄功能，恢复河湖生态，引导湖区经济健康发展是水生态文明建设的主要任务。

(3)建设市区、张家港、常熟、太仓、昆山五座水生态文明城市，统筹区域管理

苏州市作为国家水生态文明城市建设试点，其直辖的四个县级市全部列入江苏省水生态文明试点名单，从而形成独一无二的“一市五城，两级齐进”水生态文明建设格局。建设进程依托区域管理，切实强化最严格水资源管理制度、推动面源污染防治、提升水文明意识、保障城乡一体化水安全。

(4)打造新沙、虞西、阳澄、淀茆、滨湖、浦南六大健康水网，调配河湖连通

苏州六大水利片区相对独立又紧密联系，共同构成苏州大水网体系。水网系统由各级水系广泛连通构成，既是区域水资源调配的通道系统又是各类治水调控行为的物理依托和对象载体。构建生态河道、推进河湖水系连通、恢复水网水力联系，提升河道水质是水生态文明建设对打造健康水网体系的工作要求。

2. 建设以减负增容专项整治为基本手段的水环境治理体系

(1)从生态产业着手,降低污染负荷

一方面,加强生态工业建设,减少工业点源污染。苏州以优化结构为主线,积极实施新能源、新材料、生物技术和新医药、节能环保、软件和服务外包、智能电网和物联网、新型平板显示、高端装备制造八大新兴产业跨越发展工程。另一方面,加强生态农业建设,减少农业面源污染。着力推进农业规模化发展,积极推进农业产业结构调整,构建无公害、绿色有机食品基地。加大农业节水力度,大力发展高效节水灌溉技术,按照生态农业建设要求,推进农田水利基础设施和节水农业示范区建设。大力推广有机肥和无机肥平衡使用技术,结合畜禽粪便和秸秆的综合利用工程增加有机肥施用量。推广应用农业病虫草害生物防治、农业措施防治、物理防治等绿色防控技术,大力推广高效、低毒、低残留农药,特别是生物农药。规模化养殖场推广发酵床等生态养殖方式,实施干湿分离,干粪经发酵处理后制造有机肥直接还田,动物尿液和冲洗水进入沼气池发酵,沼渣还田办法。

(2)全面加强废污水收集和处理,减少入河污染

苏州在城乡污水收集和处理上苦下功夫,通过加大回收和处理减少入河污染。在城镇方面,新开发区一律按雨污分流制铺设污水管道,旧城区根据实际情况,采取雨污分流或雨污合流进污水处理厂的模式进行改造。各城镇加快建设污水收集处理系统,进一步优化和完善城乡统筹的废污水治理布局,通过培训、考核等手段,提高污水处理企业的运营管理水平,使尾水稳定达到一级A水平。在农村污水处理方面,按照“城乡统筹、接管优先、稳定可靠、维护简便、经济适用”的原则,全面推进农村生活污水治理工作,有条件的地区农村生活污水统一纳入城镇污水集中处理系统,分散或偏远村庄建设各类小型生活污水处理设施。实施城乡垃圾统筹处理,建立“组保洁、村清运、镇中转、市处理”的垃圾无害化处理体系,杜绝垃圾进入河道。

(3)加强河湖水系疏通,提高水体纳污能力

苏州从河道清淤疏浚、畅通河湖水系、实施调水引流三个方面入手,对重点湖泊、主要出入湖河道和其他骨干河道及淤积严重的城区河道、农村河

道进行生态清淤和疏浚；加强骨干河道治理、片区河道整治，打通断头浜，拓宽束水河道，进一步优化水系布局，恢复和加强河湖水系连通；实施以阳澄湖为调节中心的“通江达湖”调水引流工程，以期减少水体内源污染，增强河道自净能力，改善水体循环状况，保障基本生态环境用水要求。

（4）开展重点水环境专项整治

苏州对境内的湖泊以及河道进行重点整治。对位于苏州境内的94个重点湖泊逐一开展调查，掌握现有的水质情况及周边的各类污染源排污状况，明确各个湖泊的功能定位，确定其保护目标，编制整治工作方案。按照先重点后一般的原则，对东太湖、阳澄湖、淀山湖等重点区域开展生态环境整治，逐步对其他湖泊分期分批开展治理。

3. 建设以“山—河—湖—城”为纽带的水生态保护与修复体系

水生态系统退化是制约苏州市水生态文明建设的最显著问题之一。长期以来，由于水体污染、建设开发侵占重要水生态栖息地、人类活动造成生态系统扰动以及长江、太湖宏观区域水生态功能整体衰退背景影响，苏州市传统的“江—河—湖—塘”水生态系统退化严重，天然湿地面积萎缩，河流湖泊滨岸带硬化造成水陆交错带生态功能丧失，生物种群资源衰退，特色池塘生态系统大量消失，区域水生态系统的环境缓冲能力明显下降。为此，苏州市在《苏州市水生态文明建设试点实施方案（2014—2016年）》中明确提出要以“山—河—湖—城”为纽带，建设水生态保护与修复体系。

（1）加强湿地恢复和保护，还原自然水生态

依托苏州市生态红线保护区，加大生态湿地保护、建设和管理力度，重点建设环太湖湿地保护区、北部沿江湿地保护区和中南部湖荡湿地保护区。在已经认定和公布102个市级重要湿地的基础上，加快对一般湿地的认定，公布名录，明确边界，设立界标，使全市自然湿地依法得到保护。在退渔还湖、退耕还湖地区和滨水地区恢复水生植被，因地制宜地开展生态放养，保护和抚育代表性物种，改善水生生态，高质量构筑一个物种多样、生态优美、自然和谐的湿地生态系统。

(2)推进生态河道建设,营造良好水生境

树立"尊重自然、恢复自然"的理念,制定生态河道标准,重视河道自然形态的保护,包括蜿蜒性、深渊浅滩、沙洲滩地、宽窄变化等。开展农村生态河道的建设,尽量采用自然护坡、生态护坡,恢复水动植物生长、繁殖、栖息环境。开展部分城区河道的生态化改造,在保证行洪、航运和岸坡稳定的前提下,尽量减少衬砌,营造自然生态景观。开展生态友好型水利工程建设探索和实践。

(3)推进城市生态化建设,降低人类活动影响

积极发展绿色生态城区,推动新建绿色建筑健康发展,在城市化进程中新建公共建筑一律实行低影响开发,通过增加透水地面率、配套建设水景池塘等措施,确保建设后产流系数不增加。以中心城区为重点,实施城市绿地221工程(两提高、两提升、一机制),即提高城市绿地覆盖率和立体绿化覆盖率,提升城市绿地生态功能和景观质量,建设绿地长效科学养护机制。探索下凹式城市绿地建设模式,突出绿地渗透功能。

(4)实施水土涵养林保护,提升西部丘陵区生态功能

苏州在其西山、东山等丘陵地区禁止树木砍伐、开山采石,有效保障西部丘陵区的生态功能,进一步加强西部丘陵区水土涵养林的保护。对原有宕口实施修复、保护,完成山体复绿整治,提升复绿整治成效,发挥生态景观功能。推进环湖山丘区、沿江平原沙土区水土流失综合治理,强化水土保持监督执法。

4. 建立以最严格水资源管理为核心的现代水管理体系

通过十余年的努力,苏州已经在水务一体化发展、部门间联动方面已经建立了良好的机制。建立现代化的水管理体系是水生态文明建设的必然选择,苏州在现有良好体制的基础之上,进一步朝着现代水管理体系探索前进。

(1)落实最严格水资源管理制度,进一步完善水资源管理制度体系

以取用水户为抓手,落实单元用水总量控制制度,严格建设项目的水资源论证和取水许可审批管理,以太湖、长江等清洁水源为依靠,完善水资源调度方案和应急调度预案。实施水资源管理责任和考核制度。水行政主管

部门会同有关部门,对各地区水资源开发利用、节约保护主要指标的落实情况进行考核,考核结果交由干部主管部门,作为地方政府相关领导干部综合考核评价的重要依据。进一步完善党政实绩考核体系,加大水安全保障、水资源管理、水污染治理、水环境改善等与水生态文明建设直接相关的工作所占比例。

(2)全面加强涉水管理能力

进一步完善水利水务管理机制,加快建立水利、环保、住建等涉水管理部门之间的信息共享机制,实现部门间信息平台的联网运行,完善水生态文明建设多部门合作共建机制。进一步落实水务管理一体化,做到事权清晰、分工明确、行为规范、运转协调,强化城乡涉水事务的统筹规划和统一管理。加强监控管理能力建设,继续做好全口径的取用水监测计量工作,逐步扩大排污口在线水质水量监测比例,全面建立覆盖乡镇的水资源管理信息系统,不断提高水资源监控管理能力。加快建立面向公众的开放式现代水管理体系,建立公众信息发布平台,落实重大行政决策征求社会意见、专家咨询、集体决定等制度,提升公众参与水资源管理的积极性和便捷性。建立水利行风监督制度、重大行政决策后评估和责任追究制度,接受社会和群众的监督,保持水利公共政策和公共服务的连续性,提高水利公共服务的社会公信度。

(3)严守生态红线,全面加强河湖管理

严格执行《苏州市重要生态功能保护区区域规划》,建立健全河湖管理法规、制度和规划体系,实行蓝线管理制度。建立河湖健康评价体系,明确河湖管理与保护目标,明确岸线开发利用控制条件,提升河湖保护与管理能力。全面落实“河长制”、“断面长制”,明确责任人,落实水面占补平衡制度,开展主要行洪河道及湖泊的清障行动,加大水域保护力度。建立由政府领导、主管部门牵头、相关部门配合的工作机制,健全管理工作规定,配备必要的巡查和管理设备,加强对围垦河湖、填堵河道、占用河湖管理范围、设置排污口的管理。

5. 建设以保障良好水生态环境为前提的水经济发展体系

自改革开放以来(1979—2010 年),苏州 GDP 和财政收入年均增长率分别为 14.3% 和 18.6%,快速增长的经济为苏州水生态文明建设提供了雄厚的物质条件。目前苏州正处于由“既要金山银山、又要绿水青山”向“有了绿水青山、才有金山银山”的阶段转变,如何水生态环境的保护与社会经济的可持续发展结合起来是苏州亟待解决的问题。对此,苏州从生态化水产养殖、涉水旅游资源、内河航运改造、完善生态补偿等方面着手,大力构建水经济发展体系。

(1)推进生态化水产养殖

以生态化为重点,大力发展大闸蟹、青虾等特优水产品养殖,延伸水产业链条,提高水产业养殖比重,推进水产养殖业健康发展。加快推进沿江特色产业带、沿湖蟹产业区、沿城生态休闲渔业圈的渔业“一带、一区、一圈”建设。大力发展渔业合作经济组织,壮大龙头企业实力,培育一批养殖规模大、加工能力强、市场知名度高、老百姓口碑好的名品和精品水产品。开展通过建立合理的养殖品种、规模和方式,促进湖泊水质改善和水生态系统恢复的探索,实现从“以水养鱼”向“以渔养水”的转变。

(2)合理开发涉水旅游资源

以保护和修复良好的水生态环境为基础,全面提升景区水环境质量,挖掘苏州市涉水旅游资源开发潜力,构建包括主城旅游发展极核、沿江休闲旅游带、环太湖休闲度假旅游区、中部湖荡生态休闲旅游区、南部水乡古镇观光休闲旅游区的苏州市“一核一带三区”旅游发展空间格局。位于水生态环境敏感区的自然生态旅游的开发,坚持开发服从保护的原则,根据环境和景点承受能力,合理确定接待游客数量,加强水生态文明意识宣传,防止旅游资源的过度开发和对生态环境造成破坏。

(3)促进内河航运升级改造

开展以“两纵八横”为框架的干线航道网升级改造,注重与水资源和环境保护的关系,对环境敏感区进行避让,建设畅通、高效、平安、绿色的现代化内河水运体系。在市级层面建立水利与交通之间的长效合作机制,在规划协调、项目前期、工程建设、水污染防治管理等方面加强协调衔接,推动水利和航运共同发展。制定船舶污染防治应急预案,完成重点水域、航道的电视监控设施安装任务,实行实时监控,提高应急处置水平。

(4)完善生态补偿机制

建立生态补偿标准的动态调整制度,逐步缓解经济发展与生态环境保护的矛盾,形成全社会保护水资源和河湖资源的激励机制。全面加强水生态保护,按照市生态补偿法律、法规规定,对水源涵养区、水源地保护区、水土流失预防保护区等禁止和限制开发区域,由财政给予补偿,积极探索建立流域水生态补偿机制。

6. 建设以防洪排涝和城乡供水为主体的水安全保障体系

水安全保障是水生态文明建设必不可少的重要内容,是水生态文明的生命线。以水为契机和切入点,响应公众更高的安全和品质诉求,可显著增强苏州市政府公信力和执政满意度,也是社会公众分享区域发展红利、提升市民区域认同感的重要方式。为此,苏州大力建设以防洪排涝和城乡供水为主体的水安全保障体系。

(1)加强骨干河湖和区域防洪达标建设

采取“固堤防,守节点,稳河势,止崩坍”的工程布局,进一步巩固提高长江堤防防洪能力,按防御100年一遇洪潮水位加固,加大河势控导、崩岸治理,加强重点险工、主要节点守护,确保长江岸线稳定。构筑“排得出、引得进、蓄得住、可调控”的太湖防洪体系,巩固提高太湖调蓄洪水的能力,满足100年一遇太湖防洪的需要。区域内部,结合高等级航道整治,因地制宜建设高速行洪通道,增加外排出路,全面加强区域防洪能力。

(2)加强城市和圩区排水防涝能力

开展《苏州市城市排水防涝规划》修编,综合应用蓄、滞、渗、净、用、排等多种手段,加快构建高效完善的城市排涝体系。合理划分雨水排水片区,完善雨水管网布局,充分利用已建雨水排水设施,加强雨水管网系统建设改造,局部低洼地采取自流与机排相结合,稳步提高雨水排水能力达到规划标准。加高加固部分地区圩堤,加快配套建筑物与圩区排涝闸站更新改造,加强农村圩区管理自动化、信息化、数字化建设，全面提高圩区防洪除涝能力。

(3)加强饮用水源地达标建设

建立饮用水源地核准和安全评估制度，对已列入名录的重要饮用水水源地定期进行评估。组织开展集中式饮用水源地达标建设工作，按照“水量保证、水质达标、管理规范、运行可靠、监控到位、信息共享、应急保障”的要求，保障水源地安全供水。重点实施污染源整治以及生态隔离工程建设，提高水源水质。完善蓝藻、湖泛预警系统，加快应急备用水源地建设，按照“一地一策”要求，完善突发性事件应急处置预案，定期开展水源污染应急演练，增强突发事件应急处置能力，确保饮用水水质安全。

(4)保障城乡供水安全

在进一步完善供水管网的基础上，实现各供水片区互连互通，列入关闭名录的小水厂全部关闭。加快实施区域环网和农村管网改造工程，改造对供水水质、水压有影响的老旧管道，开展部分新建小区、公共广场、学校自来水直饮的示范建设。强化供水水质监管，完善公共供水监测体系和网络，形成企业自检、政府监管、公众监督相结合的水质监管体系，定期公布水质情况，加快二次供水设施改造，保障末梢水质全面达标。

7. 建设以吴水文化为基础的水生态文明意识培育体系

苏州具有2500年悠久历史，是吴文化的发祥地和集大成者，是江南水乡文化的重要支脉和典型符号，其“因水兴城，依水而居”的独特水文化形态渗透入城市格局和公众生活的各个角落。为了让吴水文化源远流长，让传统弄堂水巷的城市格局不被现代街道所挤占和封堵，古井、古桥和古埠头不在历次城市改扩建中日益消失和边缘化，充分发挥苏州传统文化元素，苏州下足了功夫。

(1)加强水文化遗产保护

苏州市现存多种水文化遗产的保护与传承，挖掘水文化内涵，坚持保护性发展，充分演绎“水韵天堂”的东方水城形象

一是古城水系与水巷保护。保持特有的水陆平行的双棋盘格局和街道景观，依托古典园林和历史街区保护，传承内涵丰富的水文化。以古城区护

城河、古运河、胥江的“两河一江”综合整治工程为抓手,打造流动的“传统文化水廊”。

二是古桥古井古水埠的保护。制定古桥古井古水埠名录,并逐步加以重点保护和合理开发,把民居、小桥、街巷、流水、船只、建筑小品等与水有关的元素串连起来,突出反映苏州古城“小桥、流水、人家”的水城风韵。

三是古镇古村落的保护与开发。以保护为核心,重点挖掘古镇古村的历史文化内涵,加强独特河道形态、历史建筑与民俗风情的保护,维持其原有的建筑亲水、前街后河、临水构屋、水巷穿宅的人与自然和谐相处的历史风貌。积极推进江南水乡古镇申遗,同时引导社会力量参与古村落、古建筑的保护利用。

四是治水古遗迹、碑记碑亭、祀水寺庙和治水名人论著的保护与研究。挖掘苏州历史治水理念、治水方略和治水精神,编纂苏州治水专志,全面、系统反映苏州治水历史,记述自古以来苏州治水与经济发展、社会进步的关系,反映新中国成立后苏州治水兴水实践,探索总结水利发展规律。

(2)加强文化载体建设

注重水利工程形象,建成水利风景。结合水利工程建设,融合现代科技与人文景观元素,使水利工程集防洪、供水、生态、旅游等综合效益为一体。在已建的多项示范工程基础上,再打造一批具有示范引领作用的水利风景亮点工程,充分展示水利文化,突出水利特色。打造苏州水利服务品牌,体现水利风尚。建立水情教育培训基地。依托于湿地公园、饮用水源地、自来水厂、节水减排示范单位(企业)、高效灌溉示范区、污水处理厂等,泛建立水生态文明宣传教育基地,为中小学生水生态文明教育、“一滴水的旅行”、“万人看水利”等公众活动提供支撑。加强水利科技研究与交流。注重科技创新对于水生态文明建设的引导作用,加大科研投入,丰富现代水文化内容。

(3)全方位开展亲水系统建设

结合具体条件推进水域周边生态亲水系统建设,包括亲水平台建设,近岸浅水区景观生态性整治,岸线形态的生态恢复,亲水河滩的恢复和建设,侧岸漫滩湿地景观的建设,环湖沿河的慢行系统和绿化廊道建设等,打造具有地方文化特色的滨水景观,逐步提高亲水景观的覆盖范围,满足公众亲水、戏水的需求,增强公众水生态环境保护意识。

(4)建立水生态文明宣传教育体系

以"我的天堂我的水"为主题,从政府、企业、公众、学生等多个层面,采取有效形式,全方位开展水生态文明意识的宣传教育。增强领导意识,确定生态为政的决策准则,加强对市、县、区、镇等各级领导干部的水生态文明培训,倡导领导干部追求绿色政绩。重视学生水情教育,采取课堂教学、专家讲座、互动实践、参观学习、征文比赛等多种形式,通过教育一个学生,带动一个家庭,影响整个社会。增强公众参与意识,组织多种活动,拓宽和畅通公众参与的渠道,发挥公民和社会组织的作用,建立水生态文明志愿者注册和管理制度,并纳入全市专业志愿服务队伍体系。加强企业互动宣传,通过组织企业参加相关培训,赞助水生态文明宣传教育活动,建设宣传教育基地等,增强企业水生态文明责任意识。

(三)苏州水生态文明城市建设试点的经验与启示

当前,我国不少城市在水资源保护与管理过程中存在着水资源浪费、河湖生态系统退化、洪涝灾害频发、水资源管理体系不完善、水生态文明意识淡薄等问题。解决这些问题,可以借鉴苏州水生态文明城市建设试点的某些经验。

1. 号准脉搏,充分发挥现有优势

在社会经济发展进入快车道之时,苏州并没有将环境保护与生态文明建设搁置一旁。近年来,苏州实现了从"国家环保模范城市"到"全国生态示范区"再到"国家生态市"的历史性飞跃,良好的生态文明建设为苏州建设水生态文明城市奠定了诸多的优势。苏州明确定位,号准脉搏,充分地将各方面优势功能最大化。

在自然资源上,充分发挥优越的自然条件。苏州市自然地理条件得天独厚,区内地势平坦,河流、湖泊、湿地等各种水域类型均匀覆盖,总面积占比超过40%;河网水系纵横,水生生物种质资源丰富,区域降水丰沛,河湖系

统水量充足，水资源本底条件优越；气候温暖湿润，自然生态条件良好；城市依水而建，城市风貌与水乡景观深度耦合，共同构成了建设水生态文明城市的先天自然优势。

在物质保障方面，充分利用雄厚的经济基础。自改革开放以来，苏州GDP和财政收入年均增长率分别为14.3%和18.6%，快速增长的经济为苏州水生态文明建设提供了雄厚的物质条件。2012年，全市财政收入达到1204亿元。“十一五”期间，全市水利、水务累计投入资金约147亿元，近三年，水利投入已达240亿，为全市水生态文明建设提供了充足的物质保障。

在体制机制方面，充分发挥水务管理体制优势。目前苏州市实现了水务一体化管理，部门间联动合作机制也已基本形成。苏州市在城市防洪、安全供水、城乡水环境治理、污水处理等方面充分发挥了水务管理体制优势，促进了全市水生态水环境的持续改善，苏州水务事业取得了长足的发展，为水生态、水环境、水安全、水管理、水文化等水生态文明建设任务提供完善的体制机制保障。

在工作经验上，充分汲取其他地方的模范创建工作经验。苏州目前已取得国际花园城市、国家环保模范城市、国家卫生城市、全国文明城市、国家园林城市、中国历史文化名城、中国十大宜居城市、中国优秀旅游城市等荣誉称号，苏州及下属县级市均已评为国家生态市和国家节水型城市，同时是水利综合执法和水利现代化试点城市。苏州充分利用好这些创建工作所积淀下的宝贵经验，为水生态文明城市建设保驾护航。

2. 统筹兼顾，坚持全面协调发展

水生态文明城市建设是一个庞大而复杂的工程，必须从系统的角度进行全方位探索，从观念、结构、科技、管理、消费方式创新等方面全面推进。苏州在水生态文明城市建设过程中，坚持科学发展，统筹兼顾，协调各方面关系。

首先，坚持社会经济发展与环境保护相统一。苏州市在推进水生态文明城市建设过程中，始终坚持以科学发展观统领全局，在做大经济总量、保持经济快速增长的同时，也高度重视水环境的保护与治理，注重推动水资源的可持续利用,重视水环境发展的生态效益与经济效益、社会效益相统一。

其次,坚持水环境治理、水安全保障、水域经济发展与水文化协调发展。水是苏州持续发展的血液,水生态文明城市建设就必须囊括涉水的各个方面。苏州在水生态文明城市建设的过程中,不仅对整个水生态文明建设格局做了顶层设计,更在涉水的环境治理、生态修复、安全保障、水域经济、涉水文化等各个方面形成了详细的规划建设体系,为水生态文明建设搭建了血肉丰富的骨架。

最后,坚持市区建设与县域推进相结合。苏州水资源丰富,其水生态文明建设不仅涉及其市区,还包括张家港、常熟、太仓、昆山四座城市。苏州将一区四成进行统筹区域管理,苏州市作为国家水生态文明城市建设试点整体推进,其直辖的四个县级市全部列入江苏省水生态文明试点名单,从而形成独一无二的"一市五城,两级齐进"水生态文明建设格局。这种市区建设与县域推进相结合的建设模式,有效地促进了区域管理,有利于切实强化最严格水资源管理制度、推动面源污染防治、提升水文明意识、保障城乡一体化水安全。

3. 突出特色,建设江南文化水乡

苏州是江南水乡文化的典型代表,其与威尼斯、阿姆斯特丹、斯德哥尔摩等城市并称为世界"八大水城"。苏州在水生态文明城市建设中,将水生态建设与传统文化充分融合,突出自我特色,建设江南文化水乡。

一是将文化元素与设施建设相结合,将文化"软"因素融入基础"硬"设施当中。苏州具有诸多的水文化遗传,充分演绎了"水韵天堂"的江南水乡形象。苏州将水文化遗产保护与水文化载体建设相结合,将现代科技与传统元素融为一体,弘扬了水乡文化,也为文化的传承找到了载体。

二是将亲水体系建设与水生态文明宣传教育体系相结合。苏州在整体推进水域周边亲水系统建设,满足公众亲水、戏水的同时,加大了水生态文明宣传教育体系建设,将亲水活动与水生态文明宣传教育相结合,寓教于乐,既让民众享受到了亲水的乐趣,也有效提高了民众的水生态文明意识,为水生态文明建设营造了良好的氛围。

四、生态文明建设试点及延庆实践

全国生态文明建设试点是环保部在党的十七大以来开展的生态文明建设实践探索。2008 年,环保部制定发布了《关于推进生态文明建设的指导意见》,明确生态文明建设的指导思想、基本原则,要求建设符合生态文明要求的产业体系、环境安全、文化道德和体制机制。随后,环保部在各地申报的基础之上遴选城市开展生态文明建设试点工作。

环保部要求各开展试点的市县要结合自身实际,科学编制规划,创新体制机制,积极探索以提升生态文明水平为目标,进一步解放思想,改革创新,在保护中发展,在发展中保护,形成节约资源和保护环境的空间格局、产业结构、生产方式、生活方式,着力改善城乡生态环境,促进人与自然和谐的适合本地区的生态文明建设模式。目前,环保部已在全国开展了六批试点,在全国范围内初步形成了梯次推进的生态文明建设格局。

延庆县位于北京市西北部,是首都生态涵养发展区,也是首都西北的重要生态屏障和水源涵养地,对于首都北京有着至关重要的生态作用。20 世纪 80 年代以来,延庆县历届县委、县政府沿着生态立县、绿色发展的路子一心一意干了三十年,终始延庆披上了生态绿色的新衣。2000 年延庆县成为北京市唯一入选第一批全国生态示范区的区县,2009 年,延庆被环保部纳入了第二批生态文明建设试点地区,延庆县生态文明建设实践跨上了新的台阶。

(一)延庆县生态文明建设实践

历史上,延庆曾是北京五大风沙危害区之一。20 世纪 80 年代,延庆县森林覆盖率不足 30%。荒山秃岭,风沙肆虐,气候寒冷,城乡破旧,交通简陋,信息闭塞,这是 30 多年前外界对延庆的整体印象,延庆的居住环境让人羞于启齿,同时也激发了延庆人加速改变家乡落后面貌的决心。

1986年，延庆县充分利用其县域内冬冷夏凉的气候特点，提出了“冷凉战略”，通过开发冬季旅游、种植反季节蔬果等，扬长避短，变劣势为优势，为走延庆县特色的发展道路奠定了良好基础。1996年，随着改革开放的不断深入和社会主义市场经济体制的逐步确立，延庆提出了“三动战略”，通过旅游牵动、城镇带动、科教推动，延庆逐渐成为京郊避暑胜地和冬季冰雪乐园，旅游服务业取得了长足进步，城市发展也迈出了可喜的步伐，被称为首都旅游卫星城。

2005年11月，延庆县委十一届三次会议通过的《关于制定延庆县国民经济和社会发展第十一个五年规划的建议》，正式提出生态文明发展战略，通过全面保护生态环境、加快发展生态经济、精心建设生态城市、大力弘扬生态文化，明确建设经济与生态有机共生、人与自然和谐相处、人与人和睦友爱的生态文明社会的目标。2006年12月，县第十二次党代会全面深入地阐述了生态文明发展战略的内涵、目标、任务，对生态文明的内涵有了清晰的认识，强调生态文明发展战略以人为本，以发展为核心，以人与自然和谐为追求，是新时期加快延庆经济社会发展的行动纲领；实施生态文明发展战略就是把生态理念转变为全社会的自觉行动，创造经济社会与人口、资源、环境相协调的可持续发展模式，建设经济活动与生态环境有机共生、人与自然和谐相融、人与人和睦相处的充满生机与活力的文明社会；实施生态文明发展战略就要全面保护生态环境，加快发展生态经济，精心建设生态城市，大力弘扬生态文化。

2009年，延庆出台了《延庆县生态文明建设三年行动纲要（2010—2012）》，进一步引导生态文明建设。2013年，在总结过去三年生态文明建设工作的基础上，又出台了《延庆县生态文明建设三年行动纲要（2013—2015年）》和《延庆县全民践行生态文明行动方案（2013—2015年）》，继续深入推进生态文明建设。

从“冷凉战略”到“三动战略”，再到生态文明发展战略，延庆县紧沿着生态立县这一道路，一心一意，持之以恒地走了三十多年。2000年，延庆县成为北京市唯一入选第一批全国生态示范区的区县，并此后先后获得“全国绿化模范县”“ISO14000运行国家示范区”、“国家园林县城”、“国家卫生县城”、“北京市可再生能源示范区”、“国家生态县”等荣誉称号,成为“全国控制农村面源污染示范区”、“全国生态文明建设试点县”、“国家水土保持生态文明县”,生态环境质量显著提高,延庆在北京的西北大门竖起了一道天然生态屏障,护卫着首都的碧水蓝天。

(二)延庆生态文明建设的突出举措

20世纪八九十年代,延庆从自身区域特点和历史积淀出发,坚持生态立县,扬长避短,错位发展,集中力量建设首都旅游卫星城和国家级生态示范区。进入新世纪以来,延庆进一步确立并全面实施生态文明发展战略,对生态文明建设进行了积极探索和可贵实践。

1. 准确定位,打造现代农业体系

延庆县是京郊农业大县,在农业方面具有突出优势。近年来,延庆通过准确定位,着力打造现代化生态农业体系,推进绿色发展、循环发展、低碳发展。为维持农业良性循环和实现农业现代化,延庆县大力调整农业产业结构,逐步实施城、镇、村、企等循环经济示范工程,使延庆农业体系逐步立体,形成都市型现代生态农业、新能源环保产业和生态旅游业三产融合的现代农业产业体系,促进了三次产业深度融合发展。

(1)发展沟域经济特色

沟域经济主要以生态涵养与保护为基础,以生态建设与休闲旅游产业为龙头,集生态涵养、旅游观光、经济发展和人文价值于一体,打造统一规划、形式多样、产业融合、特色鲜明的产业经济带,实现山区发展与农民致富的一种经济形态。延庆县三面环山一面临水,是首都主要的生态屏障,具备发展沟域经济的优势和基础。延庆在深入调研的基础上不断创新思路,在发展沟域经济的过程中以农业文明和农村文化为发展主题,以农业景观、农业生产活动及农村文化习俗为主要内容,以建设产业融合性强的项目为依托,以提高山区综合生产能力、生态能力、景观服务能力为目的,在政策的有效引导下,推动延庆县山区经济的全面发展,促进了农民的致富增收。

千家店镇百里山水画廊，依托良好的山水资源组合，通过对镇域内的生态资源、村庄、环境和产业进行“六个统一”的规划建设，打造出以自然山水风光为引领的“百里山水画廊”沟域经济发展品牌，顺利通过国家旅游景区4A级评审。实现了生态建设与农民增收协调互动，生态涵养与富裕农民相得益彰的发展需求。

一花引来万花开。延庆通过打造四季花海，发展沟域“芳香经济”，辐射带动周边珍珠泉乡、刘斌堡乡发展起了花卉产业。目前已经初步形成的球根花卉产业园区、茶菊产业园区、玫瑰产业园区、万寿菊产业园区、草盆花卉园区和野生花卉资源圃六大园区在镇域内星罗棋布，构成了一片花的世界、花的海洋。一个以花强镇富农、以花造景迎客、以花扬名养沟的美好战略愿景正在逐步实现。

延庆县根据沟域特色开发特色产品，以绿色有机为理念，通过大力发展绿色种植、特色养殖和生态旅游业，实施“一镇一色、一村一品”战略，将农业与旅游业进行有效对接和融合，变农业产品为旅游产品，变农业园区为旅游园区，变生活资料为旅游资料，有效地提升了农产品附加值，丰富了市民生活。迄今为止，延庆县已经打造出了“四海花海”、千家店百里山水画廊、大庄科红色旅游等在内的17条初具规模沟域。

(2)打造生态有机品牌

延庆县大力实施“延庆·有机产业”品牌战略，扎实推进国家有机产品认证示范创建县建设，落实有机农业产业发展规划，重点打造康庄有机农产品示范镇和张山营有机果品示范镇，推出一批蔬菜、果品等有机农产品品牌，进一步提高有机农产品的比重。延庆县在康庄认证有机青菜贮地面积1000亩；有机饲料籽实玉米地700亩左右；在野鸭湖保护区认证苜蓿地3000亩。建立了有机种植技术体系，为发展有机种植业奠定了基础。

为了更好的促进有机农业发展，延庆对有机农产品生产基地认证和管理制度进行了创新和完善。截至2009年2月已经有43家企业和基地的72个农产品获得了有机或有机转化认证，其中特供的蔬菜出色地经受了奥运会的考验，有机牛奶经受了三聚氰胺的考验，高质量的农产品提高了附加值，给农民带来了更大的收益。

延庆县为发展有机农业不断完善服务和管理工作。建立有机农业信息网,利用该网络平台为农民、经销商和消费者提供全方位的信息服务。引导农民按照市场需求生产,增强农业综合信息服务能力,提高对市场信息的快速反应能力,减少生产的盲目性、趋同性和随意性。建立延庆县有机农产品安全追溯体系,为有机农产品生产和销售提供技术和管理支持。

3. 发展新型创意农业

延庆在近几年都市型现代生态农业推进过程中,不断更新观念,实施农业资源优化,强化市场推介和营销,实现了农民在田间地头"生产"农业文化,广大消费者"消费"农业文化,形成了创意与农业、创意与乡村旅游、城市与乡村和谐发展的一种新景象。2004 年北京市提出都市型现代农业的发展战略后,延庆的创意农业才逐步走上认知认识——摸索探究——有序推进的发展轨道上来。随着延庆特色农业的不断发展,其创意因素也不断增加,文化品味得到提升。目前,已经初步形成了园区创意型、体验创意型、艺术创意型、节庆创意型、农业产业创意型、镇村功能创意型、饮食文化创意型和生态资源创意型等八种创意模式,直接和间接从事创意产业的工人和农民近 1.2 万人,据初步统计,全县创意农业产值近 3 亿元。

延庆很多农村通过挖掘当地的产业、历史、文化、自然生态等资源,使一些原本平凡的乡村开始创意地发展本地特色,积极塑造乡村新的魅力,乡村不断出现了许多优美的乡镇和村落,同时还创造出了乡村新产业和附加价值。井庄镇柳沟村共有 396 户 1020 口人,这个村一不靠山,二不邻水,人文景观也很有限。但是,就是这样一个普通的村庄凭着祖辈们曾经取暖用过的火盆锅,竟然在短短的几年间,从无到有,从弱到强,迅速崛起成为延庆民俗旅游的领头羊。民俗不怕俗,就怕没特色。自从柳沟推出了极具民俗气息的"火盆锅、豆腐宴"后,很快就吸引了吃腻了大鱼大肉的城里人。一时间,到柳沟吃"火盆锅、豆腐宴"成了延庆人和许多北京人的时尚。目前,全村已有接待户 70 户,从业 600 多人,2009 年接待游客 57 万人次,总收入达 1000 多万元。柳沟人在传统火盆锅的基础上,对豆腐进行开发,做出美容养颜的黄豆豆腐、滋补养肾的黑豆豆腐、清热祛火的绿豆豆腐,创出"凤凰城—

火盆锅—农家三色豆腐宴”等等。“火盆锅豆腐宴”使柳沟发生了巨变，使游客尝到了“农家氛围”，使柳沟的老百姓尝到了甜头。

2. 转型优化，发展生态友好型工业

基于生态涵养区的定位，近年来延庆县积极探索适合本地区地域特点的工业发展模式，走出了一条发展生态友好型工业的道路。以生态友好型工业为基础，延庆县构建了生态经济体系，走了一条既创建一流的生态环境，又促进经济社会可持续发展的道路，不仅各产业之间良性互动，而且在产业与自然环境构成的整个生态系统中，自然资源与社会物质良性循环，产业发展和生态环境相互促进，生态环境保护、资源合理开发和经济社会协调发展有机结合。

(1)产业升级，推动工业产业结构持续优化

延庆县依托土地价格低、劳动力成本低、环境质量高的“两低一高”优势，按照首都生态涵养发展区功能定位，着重引进和发展高端、高效、低能耗、无污染的生态友好型战略性新兴产业，杜绝高能耗、有污染企业入驻，以高新技术企业和传统产业的高新技术改造构筑延庆生态工业的产业结构，统筹生态保护和经济发展，走出了一条符合延庆特点的工业化道路。目前延庆县已基本形成以新能源和节能环保产业为主导，基础新材料、生物医药以及都市产业竞相发展的产业格局，聚集了一批优势企业及园区，其中八达岭经济开发区是北京市政府定位的新能源产业基地。截至2013年年底，全县共有规模以上工业企业44家，完成工业总产值64.8亿元。根据生态友好型工业的特征对延庆县工业企业进行初步筛选，共有生态友好型工业企业10家，涉及新能源和节能环保、都市、生物医药三个产业，共完成工业产值21.34亿元，占全县规模以上工业比重的32.9%，初步形成了新能源产业链条。同时，加大新能源和节能环保项目引入和推进力度，目前共有新开工项目5个，在施项目3个，达产后预计新增销售收入34.3亿元。

(2)合理布局，引导产业集聚聚群发展

目前，延庆县工业发展已经形成两个开发区和三个重点乡镇产业基地为主要载体的集聚发展态势(见表3)。八达岭经济开发区实现道路、电力、

通信、供热供气、供水排水、信息宽带、有线电视等九通一平，建成供暖能力达80万平方米的集中供暖中心、日处理1000吨的污水处理厂。截至2013年年底，基础设施建设投资40035.71万元。2013年实现工业总产值突破29.31亿元。八达岭经济开发区未来将以北京市新能源产业基地智能微电网系统为基础，构建覆盖全开发区的智能微电网系统，实现与大电网的链接，并以现有的光伏发电为基础，力争10年之内建成智能微电网新能源发电系统，整合新能源发电、生物质能发电、风光发电，构建相对完善的新能源发电示范体系。延庆经济开发区总面积3.54平方公里，截至2012年年底，完成1.09平方公里的“八通一平”，基础设施建设投资3900万元。2013年实现工业总产值35.61亿元。目前延庆经济开发区正在积极进行转型，整体打造生产性服务业高度集聚的城南高端商务中心区和中小企业总部基地，并全面推进新能源应用示范工程。此外，延庆县积极推进延庆经济开发区和八达岭经济开发区创建国家生态工业示范园区，实施生态化改造，科学规划、合理产业布局、大力发展循环经济，减少污染物排放，健全环境风险防控，构建以节约资源、清洁生产为主要特征的生态工业园区体系，形成新能源环保产业在延庆的集聚态势。2013年，“两区三基地”完成工业产值占全县工业的90%以上。

(3)开源节流，推动循环、低碳、清洁生产

为推进工业的生态化发展，延庆县从企业入手，从源头把控，全面开展企业清洁生产认证，淘汰落后的工艺、技术、设备及产品，鼓励企业积极进行节能降耗，并积极引导和扶持企业开展清洁生产和资源循环利用，鼓励企业进行技术创新，在生产环节利用新能源、新技术、新材料，推进企业清洁生产。目前，延庆县通过环境管理认证的企业已有50余家，建成九龙清洁生产、庆和脱盐回用等一批循环经济示范项目和德青源农业科技股份有限公司等一批循环经济试点企业。

延庆县以新能源和节能环保产业为主导，大力改造提升传统优势工业，并积极培育生产性服务业，不断降低能源消耗和环境污染，提高资源循环利用率。近年来，延庆县能源综合利用水平不断提高，万元产值能耗水平持续下降。从2005到2012年，万元GDP综合能耗下降38.68%。2012年新能

源环保产业产值比2006年增长7.85倍。

延庆坚持绿色能源发展与改善民生相结合、与产业发展相结合、与管理机制创新相结合，使绿色能源的发展水平得到显著提高。2006年，北京市政府将延庆确定为北京市新能源和可再生能源示范县。2010年年底，延庆获全国首批“国家绿色能源示范县”称号，是北京市唯一入选的区县。

(4)科技引领，增强工业生态化发展动力

近年来，延庆县加大了对科技创新的支持力度，大力引入高素质人才，工业领域自主创新能力得到进一步提升。2013年全县专利申请量为86件，同比增长28个百分点，规模以上工业企业立项的科技项目并在刊物上发表的科技论文达到了35篇，拥有注册商标16件，企业在自主研发或自主知识产权基础上形成了经相关部门批准的国家标准1项以及行业标准2项，这三项科技成果均首次突破了在“十二五”期间的2011和2012年连续两年为零的局面。从区域创新主体来看，2013年，全县高新技术企业数量近30家，拥有中材科技特种纤维复合材料国家级重点研究室、生物燃气北京市工程实验室以及国家纤维增强模塑料工程技术研究中心等5处工程技术研究中心，产业创新能力得到较大提升。

3. 利用优势，发展生态旅游产业

延庆县生态环境优良，旅游资源丰富，文化底蕴深厚，为发展生态旅游产业提供了良好条件。如何进一步提高旅游业发展水平，走出一条“保护一方山水，传承一方文化，推动一方发展，造福一方百姓”的高端旅游发展道路，建设国际旅游休闲名区，是摆在延庆面前的一个重要课题。

近年来延庆县重视生态旅游工作，主要采取了改革创新，建设示范县、完善服务，提升接待力、转型升级，实现品牌化、大事引领，建设大项目、产业融合，促进三产融合等五大做法。凝结成发展有政策，建设示范县，以顶层设计为先导；发展有导向，提升接待力，以完善服务为后盾；发展有动力，实现品牌化，以转型升级为契机；发展有特色，建设大项目，以绿色大事为依托；发展有基础，实现大循环，以原有产业为载体等五大特点。

(1)改革创新,建设示范县

2012年11月6日,国家旅游局正是批复延庆县为全国旅游综合改革示范县。获批为全国旅游综合改革示范县后,延庆县以此为契机,全面开展旅游综合改革的实践和探索工作。按照旅游综合改革的要求,延庆县紧紧围绕打造国际旅游休闲名区的发展定位和建设绿色北京示范区的发展目标,以创新体制机制为动力,以转变旅游发展方式为主线,以富民惠民为根本,探索旅游综合改革的经验。为此专门成立了延庆县全国旅游综合改革示范县建设工作领导小组,完成了《全国旅游综合改革示范县实施方案(审议稿)》、制定了《关于加快推进延庆县全国旅游综合改革示范县发展的意见》,启动了八达岭长城文化旅游功能区试点,研究制定八达岭功能区管委会建设方案,编制了八达岭长城景区规划,积极探索研究旅游用地、绿色就业、大景区管理政策。

(2)完善服务,提升接待力

延庆县高度重视旅游接待工作,从提高旅游信息化服务水平、城乡精细化管理水平和旅游交通服务水平三方面着手提升旅游接待能力。按照建设"智慧旅游"的要求,开发生态旅游智慧服务系统,建立旅游公共信息和咨询平台,在交通枢纽、主要景点等区域建设集散中心,加强旅游咨询中心、咨询站点等服务设施建设,建立覆盖全县的旅游咨询服务系统。按照精细化管理要求,加强城乡网格化管理,按照旅游景区定位,以大景区的标准,加强水、电、气、热等城市生命线的运行管理,提高城乡运行综合保障能力。按照提高交通服务水平的要求,配合京张城际高铁、110国道二期、兴延公路等对外交通网络,加强县域内机动车道、骑游道路、健身步道"三道合一"的旅游道路建设;按照旅游交通需求,建设集旅游指引、说明、形象展示功能于一体的旅游道路标识体系;完善供游客观光、咨询、休憩的旅游道路服务设施体系;努力建立线路更加丰富、科学的旅游客运专线或者游客中转站,为旅游者在县域及周边旅游提供服务。

(3)转型升级,实现品牌化

延庆大力实施"一镇一色、一村一品"战略,在坚持和完善最严格的耕地保护制度前提下,鼓励承包经营权在公开市场上向专业大户、农民合作社或农业企业流转，发展市级特色民俗村、市级民俗户，建立旅游专业合作社。县里建立乡村旅游发展专项资金，用于乡村旅游特色民俗村户建设、品牌打造、能力提升、规范管理等各项扶持奖励，结合新农村建设深入挖掘民俗村特色文化资源，组织不同形式的技能培训，培育有特色、成规模、上档次的"山水人家"、"养生山吧"等乡村旅游特色业态。

(4)大事引领，建设大项目

延庆生态旅游主要围绕几件绿色大事展开。延庆在2014年举办了世界葡萄大会，并将于2015年举办世界马铃薯大会，2019年举办世界园艺博览会，这三大会的举办将带动更多国际、国内旅游品牌活动在延庆聚集。延庆按照围绕绿色大事，以绿色大事件为引领，推进重点项目建设，大力引进旅游绿色项目，加大招商引资工作力度，岔道古城旅游综合体、国际马球中心、国际汽车露营基地、万达城市综合体等一批绿色项目签约落地。

延庆的生态旅游是与农业、文化、体育和会展深度融合的旅游。通过大力发展园艺花卉产业、有机循环农业，建设与现代旅游相结合的创意农业示范园区，促进了旅游、都市型现代农业和新能源环保产业深度融合。通过挖掘延庆特色文化资源，推进八达岭文化旅游集聚区建设，开展特色乡镇试点工作，打造文化创意村，举办消夏避暑季、冰雪欢乐季、端午文化节、葡萄文化节、森林音乐节等精品节庆活动，实现了旅游和文化深度融合。通过高水平办好2014年世界葡萄大会、2015年世界马铃薯大会和2019年世界园艺博览会，争取更多世界旅游国际组织、旅游企业总部落户延庆，吸引投资建设国际旅游大厦、国际旅游展示中心等功能设施，促进了旅游与会展产业深度融合。

4. 保护环境，建设生态园林新城

建设生态城乡是延庆县生态文明建设几大体系之一，也是延庆县深化生态文明发展战略的重要支撑。延庆不单单将生态园林城市建设仅仅看做是城市建设，而是将延庆县全域作为一个整体进行生态建设，实现"生态景观化、大地园林化"的目标。改革开放30多年来，延庆县委、县政府在坚持以经济建设为中心的同时，始终坚持"生态优先、环境立县"的方针，努力探

究城市宜居文明、经济绿色高效、生态可持续的发展模式，高度重视绿化造林工作，把绿化美化与本地经济发展相结合、与改善整体环境质量相结合、与维护和服务首都大环境建设相结合，坚持宣传发动与行政推动并举、资金保证与责任到位并抓、全民义务植树与重点工程造林并行、生态建设与产业发展并上、造林与育林并重，锐意进取、开拓创新、真抓实干、攻坚克难。

近年来，延庆深入实施生态文明发展战略，建设了妫河生态走廊、官厅水库库滨带、北山观光带、龙庆峡下游森林走廊四大生态走廊。四条生态走廊营造了优美的大地景观，川区被绿色覆盖，县城成为森林中的城市。车辆行驶在宽阔的大道上，穿梭在森林间，可亲山、可近水，充分体验郊野情趣。通过完善城市绿道和社区绿道，生态休闲公园被有机串联起来，形成了“十分钟公园圈”，市民十分钟即可到达一个公园，绿色环境惠及民生。

大力构筑景观体系，使横向景观结构和纵向景观结构愈加充实，初步形成了立体化景观格局。横向结构上，延庆县景观建设涉及水体景观、山川景观、平原景观、人文景观灯多体系景观建设，建设范围由中心城、新城辐射到郊区、乡镇，城市空间品质逐渐得以重视，乡村建设逐步规范化，重点区域的景观逐渐形成特有的功能与风格，生态薄弱的难点区域景观建设也在不断推进。纵向结构上，将景观建设融入经济建设、政治建设、文化建设、社会建设、生态建设之中，以创造复合型景观为目的，充分发挥景观的多种功能，逐步实现景观生态价值、文化价值、历史价值以及社会经济价值的完整统一。

5. 生态惠民，提高居民幸福指数

生态与民生是不可分割、相互促进的统一体，生态状况的优劣，直接影响民众生活质量和未来发展。自20世纪八九十年代以来，延庆县从自身区域特点和历史积淀出发，充分发挥区位优势，将生态保护与绿色发展并重、服务首都与富民惠民并重，集全县之力加强生态建设，千方百计增加居民收入，建立健全基本公共服务体系，切实加强和创新社会管理，让生态建设成果惠泽民众。

在生态惠民战略方向的指导下，延庆进一步完善生态政策，增强生态惠民的政策保障。首先，在自力更生的基础之上，大力争取财政政策支持。立

足生态涵养发展区的功能定位，坚定不移地实施生态文明发展战略，着力进行生态建设，不仅是延庆县自身实现可持续发展的需要，也会对北京建设中国特色世界城市产生一定影响。延庆县为了克服本身财力不足、缓解生态保护与建设资金压力，立足实际、着眼未来，加大与北京市相关部门的联系与合作力度，争取市级各项政策支持，特别是资金政策支持。其次，在就业方面，积极推动城乡就业政策统筹。为了加快城镇化建设进程、缩小城乡收入差距、促进城乡一体化，延庆县积极探索用好、用活、用足现有的公益就业政策的方式方法，努力探索城乡劳动力同岗同工同酬的实现途径，并使农村绿岗公益就业能尽快享受到城镇公益性就业可享受的最低工资和五险一金等就业保障。最后，为了夯实生态产业基础，出台各项措施强化产业政策支撑。结合生态建设与民生需求，延庆进一步明确、完善与健全都市型现代生态农业、新能源和节能环保产业及旅游休闲产业为引领的三大产业政策，并有效促进产业深度融合，在注重生态质量提高的同时，进一步优化产业发展质量。

通过各种生态工程，延庆充分保障了县域内群众的生态福利。延庆大力实施水环境、大气环境及声环境治理工程、生态修复工程、园林绿化工程、农村面源污染控制工程等生态文明建设工程，优先实施居民反映问题较为集中的环境综合治理工程，增加森林氧吧、绿色有机食品等生态产品供应，将延庆的空气质量、水环境质量、声环境质量、景观环境质量、居民身心健康质量保持在全市领先水平，居民的环境福利水平得到持续提升，使公众对环境质量的满意度稳定达到98%以上。

通过着力改善民生福祉，集中力量抓好为民办实事工程，延庆城镇居民人均可支配收入年均递增9%，农民人均收入年均递增11%，人民生活水平稳步提高。与此同时，延庆的养老、医疗、失业等覆盖城乡的社会保障体系基本形成，新型农村合作医疗参合率达到99.6%。通过扎实推进保障性住房建设，延庆的公交、宽带和有线电视基本实现村村通，城乡居民生活条件不断改善。延庆全面发展教育、文化、卫生、体育等社会事业，建成县文化中心、第七中学等一批公共服务设施，区域医疗中心建设稳步推进，培养引进一批高素质的专业技术人才，公共服务水平不断提高。这一切努力，使延庆居民幸福指数显著提升，推动形成了“生态就业、多元补偿、共建共惠”的生态惠民有效模式。

6. 建章立制，完善生态文明制度体系

为保证生态县创建工作的顺利开展，延庆十分注重制度体系完善。首先从领导体制和工作机制入手，成立了以县委书记和县长为组长的生态县创建工作领导小组，加强对生态县建设的全面领导和综合决策，县委还责成一名常委专职抓生态县创建工作。领导小组下设办公室和产业发展、环境保护、生态创建、社会发展四个专业小组，分工负责各项创建任务的落实。各乡镇政府和有关职能部门分别成立了相应的工作机构，形成了县、乡（镇）、村（社区）齐抓共管，各部门相互协调，上下联动，良性互动的推进机制。

2005 年，县政府聘请中国环科院编制了《延庆生态县建设规划》。为保证创建工作落到实处，县委、县政府制定下发了《延庆县创建全国生态县实施意见》，明确了创建意义、创建步骤、创建任务和创建要求。建立了创建生态县目标责任制，明确了责任分工，落实了创建任务。

ISO14000 环境管理系列标准是国际标准化组织（ISO）为保护全球环境，促进世界经济可持续发展而制定的一套关于组织内部环境管理体系建立、实施与审核的通用标准。ISO14001 标准是 ISO14000 系列标准的龙头标准，也是唯一可供认证使用的标准。人们习惯上说的“ISO14000 认证”，实际上是指 ISO14001 标准认证。它既是认证机构审核组织环境管理体系的依据，同时也是组织建立环境管理体系的依据。2005 年，延庆县委、县政府为了更好地实现首都生态涵养发展区的功能定位，不断提高延庆县生态环境建设、保护和管理工作水平，在全县 2000 平方公里行政区域内组织开展了 ISO14001 环境管理体系认证工作，并于 11 月 15 日获得了权威认证机构的认证审核，成为北京地区第一个通过 ISO14001 环境管理体系认证的区县，也是全国第一个整个行政区域通过 ISO14001 体系认证的县。延庆县建立和实施环境管理体系，通过规范和调整全县各级各部门的行政管理和服务活动，解决由于经济和社会活动造成的环境污染、资源浪费和生态破坏等问题，对保持县域环境安全，提高区域环境质量，涵养首都生态环境具有十分重要的意义，同时对首都北京的环保事业也将产生很好的推动作用。

2010年，北京首家环保法庭在延庆县人民法院揭牌成立。新成立的环境保护审判庭负责审理延庆辖区内的环境保护类案件，该庭实行民事、行政、刑事“三合一”的案件受理模式，有利于统一环境诉讼案件的司法裁判标准，培养专门人才。延庆法院成立环保专业审判庭，为全市法院总结、探索环境保护案件的审判规律，为统一审判标准提供有益经验。

7. 知行合一，大力弘扬生态文化

生态文化既是一种社会意识形态，也是一种社会氛围，它的承载主体是人，它在学识上表现为人的生态素质的提高，它在思想上内凝为人的生态观念的形成，它在实践上外化为人的行为的生态化转变。延庆县自2003年开展全面实践生态文明，弘扬生态文化行动以来，突出整合地域特色，统筹协调局部与整体、眼前与长远利益关系，大力引导公众的传统观念转变，倡导健康文明的生产方式和居民消费行为，实现企业文化、社会文化、制度文化的生态化，使延庆成为文化氛围浓厚、地方特色鲜明、景观环境优美、生态系统良性循环的新型生态城镇。

(1)知根知底，挖掘保护传统文化

延庆县是北京郊县之一，位于北京西北，自古以来便是南北交通要塞和经济往来枢纽，地理位置特殊，是农耕文化与草原文化相互碰撞、交流、融合的过渡地带。几千年来，汉、金、蒙等多个民族在延庆土地上创造了丰富多彩的历史文化，留下了诸多历史遗迹，地域内文化资源丰富，文化积淀十分丰厚。近年来，延庆县立足首都生态涵养区和全国生态文明县功能定位，大力推进生态文明战略，注重文化遗产保护与地区经济社会发展的有机结合，在传统文化保护、利用、传承和发展等方面做了大量卓有成效的工作。目前，延庆的历史传统文化资源仍有广阔的开发空间。现如今延庆县被保护利用的文物景点只占延庆文物资源的2%。其中4处长城景区利用长城的总长度仅6公里，而延庆县境内现存明长城就达179公里，已开放段长城只占县境内长城总长度的3.35%。此外，延庆县还有400多处文物景点、180

余项非物质文化遗产项目有待挖掘和利用。

(2)完善教育体系,提高公众生态素养

延庆非常重视校园教育,积极开展生态文明进课堂活动,要求全县各级各类学校积极开展适合各不同年龄阶段特点的生态教育实践活动。在中小学层面,延庆县将生态文明纳入学生课程与教学体系,要求中小学生态文明教育课时比例需达到2%,即要求各学校每周必须安排一课时的生态文明教育。为了提高教育效果,延庆县教育科学研究中心在县委的指示下组织人手编写了《延庆县中小学生生态环境教育读本》,并提经北京市中小学地方教材审定委员会初审通过,使之成为延庆中小学生态文明教育课程参考教材。

在推进校园教育的同时,延庆还通过开展"生态文明大讲堂""生态文明大家学、大家谈、大家拍"主体教育系列活动等,在全县范围内进行生态文明知识普及教育。在此之后,延庆县将生态知识普及由广度向深层转变,聘请市属高校、科研院所的知名教授、学者、环保专家到各单位和居民居住地进行衣食住行娱等与市民日常生活紧密联系的各方面的知识培训,聘任客座教授来延庆调研、指导如何践行绿色生活,并形成长期合作关系,为普及大众化专业性知识提供专家支持。

(3)全民创建,践行生态文化理念

延庆县以生态文明创建评比规范生态文明行为,培育、发掘、宣传生态文明榜样,树立生态文明典范。延庆根据不同人群、不同组织单位开展有标准、有检查、有评比的生态文明创建活动,使群众的生态文明行为实现了从不自觉到自觉、从规范到习惯的转变。2012 年,延庆将各类生态文明创建活动整合为生态文明创建四大工程,开展 7 项生态文明创建活动——实施农村乡风文明示范工程,创建 100 户生态文明户,15 个乡风文明示范村;实施社区生态文明引路工程,创建 3 个生态文明社区、90 个绿色楼门、300 个低碳家庭;实施机关绿色政务表率工程,创建 10 个生态文明单位;实施校园生态文明教育工程,创建生态文明校园。延庆为上述四大工程 7 项生态创建活动制定了详细的标准和创建方案,按照创建标准和指标体系,定期组织相关单位联合进行检查、验收、表彰。

生态创建是把生态文化建设的各项工作落到实处的现实要求,是提高公民素质和社会文明程度的有效途径,也是吸引公众参与的最好方式。通过实施开展群众性生态文明创建活动,生态文明建设推动延庆科学发展已成为普遍共识。居民形成了自觉遵守秩序、文明排队、剩饭打包等习惯;机关单位中形成了纸张双面打印、节约用水用电的普遍风气;农村家家户户自觉资源按照"干干净净、整整齐齐、和和睦睦"的标准争做生态文明户。通过群众性生态文明创建活动,绿色发展理念已经根植于延庆人民的思想之中,在弘扬生态文化方面实现生态文明理念由广泛倡导向全民践行的转变。

经过多年的努力,延庆县生态文化建设取得不错的成绩,全县机关干部和中小学生生态文明培训比例达到了100%,生态环境教育培训课时大于10%,生态文明知识普及率达到了100%,创建全国优美乡镇13个,首都绿色村庄60个,生态文明户4万户,营造了良好的社会生态文化氛围,初步实现了全民生态文明理念内化于心,外化于行。

(三)延庆生态文明建设试点的经验与启示

立足于县域内特有的生态自然资源,延庆不断适应形势发展变化的要求,坚持以科学发展观统领经济社会发展全局,与时俱进地更新发展观念,完善发展思路,创新发展模式,不断探索符合延庆实际的发展道路,经过多年的摸索、实践,成功地走出一条生产发展、生活富裕、生态良好的生态文明发展之路。凝聚着延庆人智慧与汗水的延庆生态文明建设实践,对于中国其他地区的生态文明建设,具有十分重要的经验与启示作用。总的来说,其启示主要有二。

1. 定位准确,目标清晰

科学发展的第一步,是进行自我定位。能否准确的定位自身,对于事物的发展以及其最终价值的体现具有至关重要的作用。延庆通过对县域内政治、经济、社会、文化与自然生态资源的梳理,通过分析延庆之于首都北京的区域功能,找准自身定位,谋划科学发展。

延庆县地处北京上风上水，生态环境优良，是首都重要的生态屏障和水源保护区，自然条件优越，旅游资源丰富，是首都重要的优质农副产品生产基地和旅游休闲区，也是北京城市总体规划定位的生态涵养发展区，担负着保护首都生态环境、保证北京可持续发展的重任。延庆县立足区域功能定位，建设“绿色北京示范区”，实施生态文明发展战略。大力加强生态建设，全面提高环境质量，涵养首都生态，造福城乡人民。统筹生态涵养与生态经济发展，加快转变经济增长方式，发展资源节约型经济，建设环境友好型社会，使经济发展与人口、资源、环境相协调，走出一条延庆特色的可持续发展道路。

2006 年 7 月，时任北京市委书记刘淇在延庆县调研时指出：延庆对生态涵养发展区的功能研究得很透，从理念上提出实施生态文明战略的概念，思路比较清晰，是对区域功能定位的细化，按照这个规划，延庆未来将是一个跨越式的发展。

2. 把握机遇，大事引领

古人有云：“来而不可失者时也，蹈而不可失者机也。”一个国家、一个地区一旦能抓住和用好机遇，就能乘势而上，实现突破，取得快速发展，这一点已经被无数的事实所证实。近年来，延庆迎来了一系列大事件、大机遇。面对这些机遇，延庆人把握时机，积极开拓，不断创新，使延庆生态文明建设一年上一个台阶，蓬勃发展。

首先，抓住北京发展机遇。2009 年，北京在金融危机最盛之时提出了“人文北京、科技北京、绿色北京”战略，并于 2011 年出台了《北京市“十二五”时期绿色北京发展建设规划》。延庆作为绿色北京示范区，趁此机遇积极争取北京市委、市政府以及市相关部门在政策、资金、项目等方面的大力支持和帮助，并按照既定的战略部署和方向，一以贯之，抓好落实，促进全县经济社会又好又快发展。延庆努力跟上北京的发展步伐，加快自身的发展战略、体制机制、基础设施等与北京的全方位对接，从而促进延庆在更大范围、更深层次上参与北京区域整合发展，并加快延庆融入首都城市发展大格局、参与国际经济竞争的步伐。

其次,抓住国家政策机遇。党的十八大报告把生态文明建设放在更加突出的地位,列入"五位一体"中国特色社会主义事业总体布局之中,进一步明确了生态文明建设的根本方针、基本途径与重要目标,体现了党中央对自然规律及人与自然关系深刻再认识,使全国生态文明建设步入了新常态。延庆抓住生态文明建设新常态带来的机遇,积极争取国家财政政策、货币政策、税收政策等扶持,为延庆生态文明建设争取更多的财政转移支付、生态资金补助等。

在积极把握历史发展机遇的同时,延庆以绿色大事为发展引擎,促进延庆实现跨越式发展。在创建国家级生态示范区、认证 ISO14000 环境管理体系、全国生态文明建设试点县、2014 年世界葡萄大会等大事的带动之下,延庆生态文明建设实现了质的飞跃。如今,延庆正在切实抓好筹办 2019 年世界园艺博览会、创建世界地质公园和建设全国旅游综合改革示范县、建设中关村国家自主创新示范区延庆园等事关延庆长远发展的大事,充分发挥大事推动效应,积极争取土地、资金、政策、科技等方面的大力支持,为延庆科学发展注入强劲动力。特别是通过筹办 2019 年世界园艺博览会,延庆将实现基础设施全面升级和加快完善,着力解决对外交通瓶颈,加快生态优势产业发展步伐,提升公民人文素质,完善城乡管理功能,加快新农村建设和农民转移就业,大幅提升延庆知名度和影响力,带动延庆经济社会实现快速发展。如今,北京成功申办 2022 年冬季奥运会,延庆将作为分赛场承接部分冬奥会项目,这将对延庆的生态文明建设带来更多的机遇,注入更多的活力。

五、国家公园建设及云南实践

2013 年 11 月,《中共中央关于全面深化改革若干重大问题的决定》,在"加快生态文明制度建设"部分提出:"坚定不移实施主体功能区制度,建立国土空间开发保护制度,严格按照主体功能区定位推动发展,建立国家公园体制。"2015 年 5 月,《中共中央国务院关于加快推进生态文明建设的意见》提出"建立国家公园体制,实行分级、统一管理,保护自然生态和自然文化遗产原真性、完整性。”2015 年,国家发改委等 13 个部委局联合发文,在云南等 9 省区市开展国家公园试点工作,这标志着我国已经开始探索建立具有中国特色的国家公园。其实,早在 20 世纪 90 年代,云南省便开始研究探索、试点建设国家公园,如今云南省的国家公园已经成为十分成熟的自然资源保护和利用的模式。

(一)云南省国家公园建设的实践探索

1996 年云南省就开始基于国家公园建设的新型保护区模式的探索研究,由中科院昆明分院等研究机构和大自然保护协会(TNC)合作开展了国家公园研究项目。经过 10 多年的探索和研究,2006 年,云南省政府正式做出了建设国家公园的战略部署,并在此后 3 年的政府工作报告中将“探索建立国家公园新型生态保护模式”列为云南省生态环境建设的工作重点之一。2006 年 8 月 1 日,香格里拉普达措国家公园开始试运行,2007 年 6 月,普达措国家公园正式挂牌成立。

2008 年 6 月,国家林业局批准云南省为国家公园建设试点省,以具备条件的自然保护区为依托开展国家公园建设工作,探索具有中国特色的国家公园建设和发展思路。云南省政府明确省林业厅为国家公园主管部门并批准成立云南省国家公园管理办公室。省政府要求对新建国家公园从旅游发展基金中给予不少于 1000 万元资金补助,省财政每年安排 150 万—200 万元专项资金,用于国家公园的政策研究、规划编制、科学考察、标准制定、巡护监测、生态教育等工作的补助,为国家公园建设和管理工作提供基础性的保障。

2009 年,云南省政府成立了第一届国家公园专家委员会,建立了国家公园建设科学决策的咨询机制;正式出台《云南省人民政府关于推进国家公园建设试点工作的意见》,肯定推进国家公园建设的重大意义,明确国家公园建设的试点思路,提出推进云南省国家公园建设工作的各项要求;批准印发《云南省国家公园发展规划纲要(2009—2020 年》,用以指导全省的国家公园建设工作。云南省林业厅还启动国家公园序列地方标准的编制工作,国家林业局昆明勘察设计院、云南省林业调查规划院、云南大学、西南林业大学等单位的专家参与编制。云南省质量技术监督局发布《国家公园基本条件》《国家公园资源调查与评价技术规程》《国家公园总体规划技术规程》和《国家公园建设规范》四项国家公园地方推荐性标准，规范国家公园的基本条件、资源调查与评价、总体规划编制和建设的技术要求。

截至目前，云南省政府先后批准普达措、丽江老君山、西双版纳、梅里雪山、普洱、高黎贡山、南滚河和大围山建立国家公园，国家公园总数达到8个。

（二）云南省国家公园建设的先进举措

1. 健全管理体系是国家公园建设试点的基础

建设之初，云南省政府就明确了主管单位，成立省国家公园管理办公室，提出要突破条块分割的管理约束，积极探索国家公园新型管理体制，按照“统一管理、统一规划、统一保护、统一开发”的原则，建立高效、精简的国家公园管理机构，采用“管经分离、特许经营”的模式开展经营活动。经省政府批准建立国家公园后，各国家公园所在地政府陆续批准建立了国家公园的专管机构，或是在原有自然保护区、森林公园、景区管理局的基础上加挂牌子，实行“几块牌子，一套人马”的管理体制，并配备了专职管理人员，保证国家公园日常管理工作的正常开展。

2. 编好规划是做好国家公园建设试点的前提条件

规划先行是搞好国家公园建设试点的前提。云南省林业厅组织编制《云南省国家公园发展规划纲要（2009—2020年）》，并经省政府同意印发各州市，用于指导国家公园的发展建设。拟建国家公园的州市也组织编制总体规划，报经省政府批准后作为国家公园建设的指导性文本。在此基础上，各国家公园编制修建性详细规划和施工设计，指导建设项目的实施。

3. 制定标准是规范国家公园建设试点的支撑

标准是工程项目建设的技术规程。为规范云南省的国家公园建设试点，经国家质量监督检验检疫总局备案，云南省质量技术监督局发布《国家公园基本条件》《国家公园资源调查与评价技术规程》等八项地方推荐性标准，指导国家公园试点建设工作规范、有序地推进。

4. 加强立法是国家公园建设试点的保障

为了实现国家公园的依法管理，省级层面组织起草了《云南省国家公园管理条例》，并列入了省政府法制办的立法计划。在州市层面，《丽江老君山国家公园管理办法》和《香格里拉普达措国家公园管理条例》的颁布实施推进"一园一法"工作。

5. 制定资金扶持政策是国家公园建设试点的必要条件

为推进云南省国家公园建设试点，省政府制定了对新建的国家公园从省旅游发展基金中给予不少于1000万元补助资金的政策，为新建国家公园试点建设增添了动力，大大加强了国家公园的基础设施建设。省林业厅设立了国家公园建设试点专项资金，每年投入150万—200万元，对国家公园资源调查、规划、勘界定桩、科学考察、人员培训、生态教育等工作给予资金支持。此外，国家发改委的自然和文化遗产地项目、自然保护区基础设施建设项目和能力建设项目也都对国家公园所在的区域有所投入，加快了国家公园的推进速度。

6. 建立科学的决策机制是国家公园建设试点的重要条件

充分发挥专家的智慧和作用可增强政府决策的科学性。省政府成立了云南省第一届国家公园专家委员会，充分发挥专家在评审、咨询、论证等方面的作用，对云南省国家公园的规划布局进行论证；对拟建的国家公园进行评审；对国家公园建设管理的相关技术规范和标准进行审查；对国家公园在保护、科普教育、科研、监测、生态旅游等相关管理工作提出意见和建议；对涉及国家公园的重点工程项目可行性进行论证；为国家公园的建设管理提供科学、客观、公正的技术咨询和技术支持服务；参与国家公园建设管理有关的课题研究。科学长效的决策咨询机制为国家公园的规划、建设和管理提供了技术支撑和科学保障。

7. 加大宣传是发挥国家公园功能的有效途径

云南省各国家公园管理机构发挥自身优势,通过组织“宣传进校园”“观鸟节”“徒步穿越赛”“音乐节”“摄影比赛”“LOGO 征集”等活动,利用报刊、电台、电视和网络,编印和发放宣传资料和生态教育材料,参加旅游宣讲活动等方式,开展各具特色的、富有创新性和多样性的宣传活动。这些活动向公众展示国家公园良好的生态环境和独特的人文资源,让公众了解国家公园内涵,让社会充分认识国家公园的重要价值和地位,对于提升国家公园的影响力和知名度,树立国家公园的品牌形象具有重要意义。

8. 实行社区参与和惠益共享是国家公园建设试点的创新

由于云南省农林交错,国家公园范围内和周边都分布有村寨,做好社区工作是国家公园和谐发展的体现。社区是国家公园的重要组成部分,社区的参与和收益是国家公园建设成功的保障。因此,云南省在国家公园功能分区中增加了一个传统利用区,专门解决社区群众的生产生活问题,这是对世界国家公园建设的创新,符合中国的国情和国家提出的“以人为本”“和谐发展”的理念。在国家公园建设试点中,各国家公园管理机构重视建立社区管理协调机制来对社区进行管理,为社区提供多种方式的生态补偿,建立社区发展基金对国家公园内及周边的社区进行扶持,使社区真正能从国家公园建设中收益,实现与社区惠益共享。

(三)云南省国家公园建设的重要启示

国家公园在我国还处于探索起步阶段,对于如何建设国家公园仍需深入研究。云南省依托自然保护区经过近二十年的探索形成了一套较为成熟的国家公园建设模式,为我国开展国家公园建设提供了重要的启示和借鉴。

1. 顶层设计，规划先行

云南省之所以能够在国家公园建设中取得显著成效，很大程度上依赖于其能够理顺管理体系，加强顶层设计。为此，国家在推进国家公园建设时应突破部门条块分割，由中央主导整合现有生态保护的管理机构和职能，设立或指定国家公园建设指导委员会，统一指导国家公园建设工作。首先明确国家公园的性质、定位，编制一系列标准规范，以此为依据对全国的自然保护区进行统一规划，在此基础上制定《中华人民共和国国家公园管理条例》，形成相应的法律制度，保证国家公园建设在严格的指导和管理规范下有序开展。

2. 统筹协调，专业管理

科学管理是国家公园的生命，国家公园的健康发展离不开管理的科学性和专业性。云南省在建设国家公园时充分发挥专家的智慧和作用极大增强了政府决策的科学性，有力地促进国家公园健康发展。国家公园是一个复杂的生态系统，根据资源的属性，其覆盖的范围涵盖森林、草地、湿地、地质、海洋等不同类型。因此，在国家公园管理工作中，应当充分发挥相关专业部门的职能和作用，使其成为具体管理的主体，从而保证国家公园管理工作的科学性和专业性。同时，统筹协调各专业部门之间的关系，共同维护国家公园生态系统的完整性和稳定性。

3. 充分发挥林业部门的优势和经验，把现有自然保护区体系作为建立国家公园体制的主体

云南省自一开始就将国家公园管理工作放在林业部门，依托林业部门的专业管理经验，有效实现国家公园内生态环境的保护。同时，对未达到严格自然保护区标准的地域进行有限开发，实现自然保护与造福当地群众的双赢，这十分值得学习借鉴。我国现有的自然保护区是一个广义的概念，不完全等同于 IUCN 分类中第Ⅰ种类型的“严格自然保护区”。我国的自然保护区包括了自然生态系统类、野生生物类、自然遗迹类，可以对应到 IUCN 分

类中的严格自然保护区、荒野地保护区、国家公园、自然纪念物保护区、生境和物种保护区、陆地和海洋景观保护区、资源管理保护区等6种类型。其他如森林公园、湿地公园、地质公园、风景名胜区等也可以对应到除严格自然保护区之外的5种类型中。因此，我国的自然保护区体系中很多生态系统类型的保护区符合建立国家公园体制的基本要求，应当作为建立国家公园体制的主体。林业部门是我国自然生态系统恢复建设和保护的主体，管理着45.6亿亩林地、8亿亩湿地、8.3亿亩沙地，在开展国家公园体制建设方面具有明显优势。建议国家从林业部门实际和精简机构需要出发，在国家林业局加挂国家公园管理局牌子，构建国家公园管理体制和监督机制。

4. 坚持保护优先与“有效保护、有限利用”的原则

云南省在建设国家公园时始终保持有限利用与加强自然生态保护的平衡。建立国家公园体制绝不仅仅就是增加一个国家公园的类型，或把其他类型保护区改头换面，而是通过建立国家公园体制，进一步完善我国的自然保护体系，实现资源保护与经济发展的和谐统一。因此，建立国家公园体制必须从有利于自然生态系统保护的宗旨出发。作为保护区的一种类型，国家公园建设要始终坚持将生态保护放在第一位，按照“有效保护、有限利用”的原则，在保护好自然资源的前提下，综合考虑国家公园生态承载力，适度、有限地利用国家公园资源，努力将国家公园打造成自然资源保护、人与自然和谐的典范，探索可持续发展的新路子。严防不切实际的贪多求大，严禁借建立国家公园之机大行开发建设之道，对现有自然保护体系及保护成果造成冲击。

5. 加强国家预算，探索管经分离模式

鉴于国家公园的公益属性，国家公园的保护管理经营支出要整合现有各项中央和地方投资，统一纳入国家财政预算体系。保证“保护优先、公益优先”原则，杜绝过度开发。对国家公园适度的旅游资源开发，须按照管用分开、市场化配置资源的原则解决，并将门票等收入实行收支分开的预算管理模式。将管理权与经营权分离，避免国家公园管理机构既当运动员又当

裁判员的现象。各国家公园管理局向上级管理主体负责,以提供严格的资源保护和公共服务等为职责;经营权由公园管理局向有资格的社会企业和个人进行招标,实行特许经营,特许经营权出让收入上缴上级财政。国家公园区域周边的旅游开发和园内的适度开发,在有效的监管下,按市场化配置资源的原则,面向社会公平公开招标经营,发挥国家公园对周边地区经济的拉动效应,使周边居民在发展保护事业中受益。

6. 广泛宣传教育,提高人们的生态意识

一方面,加强对国家公园定义、定位、定性的宣传,使人们正确认识和发挥国家公园在保护自然资源、建设生态文明、促进经济社会发展中的重要作用;另一方面,把国家公园作为公民生态文明教育基地,尤其是作为中小学校学生生态环境教育的课堂。建议国家以立法的形式,确定每个公民每年必须接受一定时间的生态文明教育,使之牢固树立尊重自然、顺应自然、保护自然的生态文明理念,齐心协力建设美丽中国。

六、美丽乡村建设及全国实践

"小桥流水人家"似的安静闲适的乡村生活数千年来一直是文人墨客所歌咏的对象,"采菊东篱下,悠然见南山"的世外桃源生活也令无数世人向往。然而,随着现代化进程的快速发展,山青水绿的乡村景观日益受到社会经济的强烈冲击。山川、河湖、池塘、林地等自然景观和农田、牧场等半自然景观都发生着不同程度的变化,而村落、宗祠寺庙等人文景观更是不断遭到破坏。现代化进程中的中国农村正面临着人地矛盾加剧、自然生态失衡、传统文化衰落等诸多方面的问题。农村地域和农村人口占据了中国的绝大部分,农业及农村生态文明是建设美丽中国,实现中华民族永续发展的必有之义。2005 年,党的十六届五中全会指出:"建设社会主义新农村是我国现代化进程中的重大历史任务,要按照生产发展、生活宽裕、乡风文明、村容整洁、管理民主的要求,扎实稳步加以推进。"2013 年的中央一号文件第一次提

出了要建设“美丽乡村”的奋斗目标，进一步加强农村生态建设、环境保护和综合整治工作。为了贯彻党的十八大和中央一号文件精神，农业部于2013年起在全国范围内开展“美丽乡村”创建活动，树立与推广“忘得见山、看得见水、记得住乡愁”的美丽乡村典范。

（一）美丽乡村的科学内涵

“美丽乡村”创建是新农村建设的升级版。它既秉承和发展了新农村建设“生产发展、生活宽裕、村容整洁、乡风文明、管理民主”的宗旨思路，延续和完善相关的方针政策，又丰富和充实其内涵实质，这集中体现在尊重和把握其内在发展规律，更加注重关注生态环境资源的有效利用，更加关注人与自然和谐相处，更加关注农业发展方式转变，更加关注农业功能多样性发展，更加关注农村可持续发展，更加关注保护和传承农业文明。

“美丽乡村”之美既体现在自然层面，也体现在社会层面。在现代化、工业化、城镇化迅速推进的当代社会，“美丽乡村”建设对于空心村改造、土地资源重组、农业产业提升、缩小城乡差距，推进城乡一体化发展具有是重要的意义。“美丽乡村”是亿万中国农民的中国梦，作为落实生态文明建设的重要举措和在农村地区建设美丽中国的具体行动，没有“美丽乡村”就没有“美丽中国”。开展“美丽乡村”建设，符合国家总体构想，符合社会发展规律，符合农业农村实际，符合广大人民的期盼。

美丽乡村建设是建设社会主义新农村的具体要求，是实现美丽中国建设目标不可或缺的重要组成部分。美丽乡村建设涵盖了以往的新农村、休闲农业、农家乐、乡村旅游等内容，目前在全国还没有形成一个统一的固定的模式，各个地方都在根据自身的特点制定各自的建设方针。但是，根据各地的实践经验可以发现，虽然各自走着适合各自的道路，但是其美丽乡村建设的基本目标却都是不约而同的。概括起来，可以归为两个目标，三个层次。

美丽乡村首先是山川秀美、绿林荫翳的山水胜地。“美丽乡村”是生态文明建设的目标，既需要金山银山，也需要绿水青山。贫穷落后的山清水秀不是美丽乡村,强大富裕而环境污染同样不是美丽乡村。优美的风景和优越的自然生态环境是美丽乡村的首要条件。古代的文人墨客用诸多极其优美的诗句描述着自然村光的美丽。“人闲桂花落,夜静春山空。月出惊山鸟,时鸣春涧中。”“春眠不觉晓,处处闻啼鸟。夜来风雨声,花落知多少。”“应怜屐齿印苍苔,小扣柴扉久不开。春色满园关不住,一枝红杏出墙来。”正如这些诗句所描绘的一样,幽静闲适、山清水秀、鸟语花香是检验农村自然环境的重要指标之一,也是美丽乡村的魅力真正所在之处。

美丽乡村是“四美三宜”,社会和谐之村。“美丽乡村”不仅是一个生态概念,还是一个经济概念,更是一个社会概念。美丽乡村不仅需要优美的生态环境,其关键在于提升农民的生活水平和生活质量,提高农民的幸福指数。美丽乡村是规划科学、布局合理、环境优美的秀美之村,是家家能生产、户户能经营、人人有事干、各个有钱赚的富裕之村,是传承历史、延续文脉、特色鲜明的美丽之村,是功能完善、服务优良、保障坚实的幸福之村,是创新创造、管理民主、体制优越的活力之村。美丽乡村的特征可以用“四美三宜”来概括,即科学规划布局美、村容整洁环境美、创业增收生活美、乡风文明身心美以及宜居、宜业、宜游。

美丽乡村是一个涉及经济、政治、人文、生态、环境的系统工程,它需要科技、制度、文化等来保障,最终实现人与自然、环境与经济、人与社会的和谐。从这个意义上讲,“美丽乡村”是由三个环环相扣的层次构成的。

第一个层次是自然环境之美、人工之美与格局之美。这是建设“美丽乡村”的基础。建设美丽乡村,首先要尊重自然、顺应自然、保护自然,维护自然环境之美。同时,应站在可持续发展的高度布局人工环境,构筑科学发展的格局之美。这是建设“美丽乡村”的切入点。人工之美是自然之美的延伸,是人类科学合理地利用自然环境的体现。人类社会发展既要维护生态平衡,又要利用自然资源、自然环境创造物质和精神财富。应在维护生态平衡的基础上,努力构建人与自然和谐发展的人工之美和格局之美,构建科学合理的城镇化格局、农业发展格局、生态安全格局,促进生产空间集约高效、生活空间宜居适度、生态空间山清水秀。

第二个层次是科技与文化之美、制度之美与人的心灵与行为之美。这是建设"美丽乡村"的必要条件。建设"美丽乡村",需要在全社会大力倡导绿色发展理念、合理消费理念,树立正确的生态价值观、绿色财富观和绿色利益观,形成鼓励绿色发展、合理消费的社会环境和氛围;需要研发和运用节约资源、保护环境的科学技术,开拓新的发展空间,破解资源环境制约经济社会发展的难题;需要建立和完善环境保护制度、资源有偿使用制度和生态补偿制度等,加强生态文明制度建设;需要塑造美丽心灵、倡导美好行为,增强全民节约意识、环保意识、生态意识,营造爱护生态环境的良好风气。

第三个层次是人与自然、环境与经济、人与社会的和谐之美。这是建设"美丽乡村"的落脚点与归宿。建设"美丽乡村",实现人与自然和谐相处,需要摒弃过度消耗资源、损害环境的传统发展模式,着力推进绿色发展、循环发展、低碳发展,形成节约资源和保护环境的产业结构、生产方式、生活方式,实现人与自然、环境与经济和谐发展。"美丽乡村"还美在人与社会和谐发展上。人与社会和谐发展,需要在尊重、把握和顺应自然规律的基础上,不断调整当代人之间以及代际之间的环境利益关系,努力实现人与人、人与社会、当代人与子孙后代的环境利益关系的和谐。

(二)美丽乡村建设原则与蓝图

"美丽乡村"建设符合广大人民对于过上美好新生活的新期待,也符合城乡一体化发展的新形势。"美丽乡村"建设以促进现代农业发展、改善农村人居环境、传承生态文化、培育文明新风为目标,坚持全面、协调、可持续发展,推动形成人与自然和谐的新格局。

1. 美丽乡村建设的原则

我国是农业大国,美丽中国的建设绕不开农村,难点也在农村。美丽乡村是落实生态文明建设的重要举措,也是在农村推进美丽中国建设的具体行动。按照农业部的统一部署与要求,建设美丽乡村要坚持四点原则:

(1)坚持政府推动、农民主体

积极发挥地方政府在建设美丽乡村中的作用,通过制度建设和政策支持,营造美丽乡村建设的良好氛围。发挥农民的主体作用,尊重农民群众的首创精神,激发农民群众建设美丽家园的积极性和主动性,保障农民群众的民主权利。发挥市场机制的作用,建立健全城乡要素平等交换机制,引导资金、技术、管理、人才向农村聚集。

(2)坚持规划先行、制度保障

立足农村经济社会发展实际,依托自然地理条件,适应资源禀赋和民俗文化差异,突出地域特色,因地制宜,因势利导,科学编制美丽乡村建设试点规划,形成形式多样、模式多元的建设格局。加强制度建设,从资金、项目、人才、技术等多个方面,构建美丽乡村建设的政策保障体系。

(3)坚持生态优先,产业带动

注重生态文明,大力发展节水、节地、节肥、节药技术,建立健全农业资源保护政策和农业生态补偿机制,促进农业环境和生态改善。依托资源优势,发展区域主导产业,带动相关产业发展和农民增收致富。

第四,坚持示范引领、全面推进

在不同区位、不同产业、不同民族之间总结、宣传、推介一批美丽乡村建设的典型,形成可学、可看、可推广的样板区。加强对不同模式的总结,发挥以点带面的作用,在条件成熟的地区以县为单位整体推进。

2. 美丽乡村建设的美好蓝图

建设美丽乡村是一个系统工程,涉及农业农村的方方面面。当前,应从生产发展、生活富裕、生态良好、民生保障、文化繁荣“五位一体”的思路,为乡村可持续发展筑牢根基。美丽乡村将展现出一幅集持续的产业发展、舒适的生活条件、良好的生态环境、和谐的社会民生、繁荣的乡村文化于一体的美丽画卷。

(1)持续的产业发展

产业发展是美丽乡村建设的基础,也是美丽乡村建设的应有之义。贫穷落后不是美丽乡村,没有相关的产业支撑,美丽乡村也就成了无源之水,无根之木。持续的产业发展,并不仅仅强调经济总量,而是更加注重经济发展的质量和结构,强调集约型、可持续的产业发展方式。

其一,产业结构合理。建设美丽乡村,必须依托主导产业来进行。要结合当地产业发展特点,在现代农业、农产品加工、休闲旅游、生产性服务业、制造业等产业中培育出地区主导产业。“一村一品”的成功经验表明,建设美丽乡村,一个村至少需要一两个主导产业,能够为当地经济发展和农民增收提供有效的产业支撑。农村产业的发展,延长产业链条、发展农业产业化经营以提高农产品附加值,增加农民收入是关键。产业化经营的关键是要有“龙头”带动,让农民共享产业化增值收益。建设美丽乡村,必须要依靠龙头企业、农民专业合作社等新型经营主体,辐射带动当地农户,形成农业产业化集群。美丽乡村要在区域内具有引领、示范作用,其经济社会发展水平就必须在本地区内处于领先地位,这样才能为周边地区的发展提供典型示范。

其二,生产方式创新。要注重生产技术现代化,美丽乡村农业产业发展要注重生产技术与当地的地理条件、产业特点相符合,在农业生产经营管理中采用先进适用的技术、设备和投入。要加强生产经营集约化,改变细碎化的发展方式,积极引导土地向专业大户、家庭农场、农民合作社以及农业企业等新型农业经营主体流转,改变粗放式的经营方式,合理配置生产要素。要建立生产过程标准化,在农产品生产、加工和销售过程中,按照严格的标准进行产业化经营和科学管理,提高农产品质量,保障农产品品质质量安全。

其三,资源利用高效。注重资源节约利用和高效利用,通过提高外部资源投入的使用效率或质量,促进农业生产中投入物的绝对或相对减少,实现节地、节水、节肥、节约、节电、节油,建成农业资源节约利用和高效利用的样板区域。注重资源循环利用和综合利用,通过中间农业生产系统的改造,采取高效循环运作模式提高农业内部的生产效率,从而实现单位产出所依赖的投入物的减少。

其四,经营服务到位。农业社会化服务体系比较健全,公共服务机构能够在公益性领域发挥职能作用,市场在资源配置中起决定性作用,经营性服务组织得到有效培育,为现代农业提供了有效支撑。技术研发、仓储物流、市场营销、土地流转、信息、金融、会计、法律等生产性服务业快速发展,为农村企业发展与农民创业提供服务保障。

(2)舒适的生活条件

建设美丽乡村,归根结底是让农民过上比较富足、舒适、体面的生活,这也是美丽乡村建设的出发点和落脚点。实现这一目标,离不开收入水平的提高、生活环境的改善以及成熟配套的综合服务。

第一,经济收入多元。建设美丽乡村,就是要千方百计地增加农民收入,就是要打造生态家园,推进城乡融合,增加农民增收的重要渠道。要提高农民家庭经营收入,依托农业经营规模化、集约化、标准化,打造农产品优势品牌,增加农产品附加值,使农民收入稳步提高。要提高农民工资性收入,为农民提供更多的就业岗位,吸收劳动力留在当地就近工作。要提高农民的财产性收入,培育比较稳定的物业收入和其他收入,完善农村集体资产产权股份化改造,激活农村沉睡的资产,让资产变资本,提高农民财产性收入。要提高农民的专一性收入,通过加大财政支出力度,增加农民直补等,缩小城乡收入差距。

第二,生活质量提高。科学合理地规划人居环境,在充分考虑如何利用有效的土地资源,立足于已有的设施、房屋和自然资源条件的基础上,充分尊重农民意愿,对公共设施进行分批、分期、有序地整治和改造,大力提高农村生活条件和水平。建立先进的供、排水系统,采用分流或合流的排放体制,集中或分散式污水处理,采用形式多样的污水处理方法,建设农村安全饮用水工程。保持清洁的农村环境卫生,发展农村循环经济,进行清洁工程建设,加强垃圾回收与卫生管理,提高农村垃圾有效的清运率、收集率、处理率。

第三,居住环境优良。人居环境自然清新,生态绿化符合人们审美感受,公共建筑即居住建筑设施配套完善,新旧建筑风貌协调统一。住宅整洁舒适,院落设计功能完备,住宅整体风格一致,卫生设施完善。居住节能环保,推广应用农村节能建筑,推广使用清洁能源,全部村民完成改厕、改厨。实现“清洁田园”,引导农村接受和推行农业清洁生产,发展生态农业和循环经济,最大限度地实现农业生产资源的循环与综合利用。

第四,综合服务到位。从物流、资金流、信息流、商流、技术流大方面着手,构建农业综合服务体系。通过服务主体社会化、多元化,并依托现代信息技术不断健全服务组织、创新服务模式、拓展服务内容、搞活服务机制,建立起使用“三农”发展需要的农村现代新型服务业。

(3)良好的生态环境

生态环境在农村中包含水资源、土壤、空气和生态等方面,良好的生态环境是美丽乡村建设的“底图”。因此,在建设中要尽量渐少对自然资源的破坏,注重生态修复,加强自然生态保护。

一是自然环境破坏较小。通过推进农村节能减排,优化能源结构,减轻环境压力。完善农业水利建设,完成大中型灌区及其末级渠系节水改造,保障节约用水。深入实施天然林保护、退耕还林等重点修复工程,建立健全森林、草原和水土保持生态效益补偿制度。采取严格的环境准入制度,控制农村工业和农业面源污染。加强农村水源地保护,保障饮水安全。科学划定禁殖、限养区,控制畜禽和水产养殖污染。注重自然资源保护,重点控制不合理资源开发活动。加强农村生活污水和垃圾处理技术的研发和推广,使农村生活污染得以处理。

二是生物资源丰富多样。在不同的生境下,农业耕作制度是多样的。水稻、旱作物、蔬菜、果树、林木、水产、畜禽等生物彼此之间巧妙组合,构成了多种多样的农业生态系统与栽培景观。农田、果园、生态经济园、水库、鱼塘等得到合理配置,协调发展,对生物多样性和生态学过程起到积极的影响。

三是生态景观结构合理。农村人口密度小,具有明显的田园特征,其区别与其他景观最突出的特点是以农业为主的生产景观和粗放的土地利用景观以及农村特有的田园文化和田园生活。美丽乡村景观规划的目标是要能够保留乡土元素,更新利用方式,形成既节约成本又符合当地的风格特色。能够保留农田肌理,更新农业景观格局,提高其经济价值。能够保留乡土文化,更新景观品质,使其成为历史记忆的场所空间,以不同的方式为村民所享有。

四是生态灾害规避及时。美丽乡村就是通过促进农业持续发展、保障农民生民财产安全和维护农村稳定,建设一个景色秀美、环境和谐的社会主义新农村,有效规避生态灾害。因此,要有科学合理的环境规划,把农村环境保护纳入法制化轨道,建立起有效的生态环境建设补偿机制,加大对农村环境保护的财政投入,发展循环经济,宣扬环保意识。

(4)和谐的社会民生

改革开放以来,随着我国社会经济的迅速发展,广大人民群众的生活状况和生活水平得到了极大的改善与提高,越来越多的城乡居民过程了幸福富裕的生活。但是,由于传统城乡二元体制等因素的制约,我国的城乡差距不断扩大,农村领域依然存在很多亟待解决的民生问题,主要包括上学难、看病难、养老难等。建设美丽乡村,就是要在这些方面下功夫,建立健全公平民主的社会机制,实现社会和谐。

一是维护农民权益。破除城乡二元体制的束缚,完善城乡保障机制,让农民享受城市居民那样的生活质量和城市文明。土地流转要充分尊重农民意愿,为农民的长远升级考虑,切实保障农民的土地权益。完善“双置换”机制,建立农民的基本生活、就业和创业保障机制,妥善解决农民因离土进城集中居住而带来的生活成本增加问题。

二是生产生活安全。农村地区遵纪守法蔚然成风,社会治安良好有序,无刑事犯罪和群体性事件,无生产和火灾安全隐患,防灾减灾措施到位,居民安全感强。

三是基础教育普及。出台相关规定,使教育经费筹措、支出有法可依,调动多方投资办学的积极性,鼓励社会、个人和企业投资办学和捐资助学,不断完善多渠道筹措教育经费的体制。完善农村基础教育管理体制,提高教育资源的管理水平。调整学校布局,按照小学就近入学、初中相对集中、优化教育资源配置的原则,合理规划和调整学校布局。合理配置教师资源,保障教育投资的公平性,通过教育投资促使教师资源的公平配置。

四是医疗养老机制健全。多方拓宽筹资渠道,建立稳定的筹资增长机制,加持民办公助的原则,建立政府引导支持、集体扶持、个人投入为主的筹资机制。加大政府支持力度,完善监管制度,有效实现定点医疗机构管理。适当优化补偿机制,增加农民受益度,充分考虑不同层次的人群,进一步扩大农民的受益面。

(5)繁荣的乡村文化

我国各具特色的乡村民俗文化是中华民族文化多样性发展的重要载体,是挖掘和研究各个地域文化的深刻内涵和优秀成分,是民族精神的内在积淀与继承发扬,为弘扬民族精神提供了丰富的素材。美丽乡村建设,要大力推进农村精神文明建设,突出乡村文化特色,推动美丽乡村的建设发展。

一是传统文化得以继承,农耕文化受到重视。借鉴和吸纳传统农业生产遵循自然规律、重视生态环境、注重增长速度与质量安全协调的理念,助推现代农业发展,让农民增收、农村受益、促进农村文化的繁荣。

二是文体活动繁荣活跃。通过文体活动,用健康的娱乐转移农民生产生活的压力,调整心态,让生活变得滋润有味。培养和激励"乡土艺术家",激发农村自身的文化活力,继承发扬民俗文化,创造出有生命力、有影响力的新农村文化。

三是乡村休闲适度开发。政府为休闲旅游提供宽松的政策环境和积极引导,使其健康有序发展。不断完善基础设施,提供良好环境,保护旅游地环境的可持续性。打造特色品牌,创新经营策略,开发一批能体现乡村文化、自然风光、乡土风情特色的新型观光产品。提供高质量的旅游服务,对管理服务人员进行系统培训,提供管理素质和服务技能。

科学的建设原则与美好的规划蓝图,为美丽乡村建设在建设方法与技术指标的构建提供了方向。2014 年,农业部科技司牵头从产业发展与生态安全、村庄规划与建设、农居设计与建设、现代生态农业清洁生产、人居环境整治、生态景观建设、清洁能源开发和乡村环境管护八个方面,编写了《美丽乡村建设方法与技术》;2015 年 5 月 27 日,质检总局、国家标准委发布了《美丽乡村建设指南》国家标准,引入标准化管理和手段,为开展美丽乡村建设提供了框架性、方向性技术指导,使美丽乡村建设有标可依,使乡村资源配置和公共服务有章可循,使美丽乡村建设有据可考。

(三)美丽乡村建设实践

美丽乡村建设旨在打造"生态宜居、生产高效、生活美好、人文和谐"的典范，形成各具特色的美丽乡村发展模式。2014 年 2 月，农业部正式发布了"美丽乡村建设十大模式"。每种模式分别代表了某一类型乡村在各自的自然资源禀赋、社会经济发展水平、产业发展特点以及民俗文化传承等条件下建设美丽乡村的成功路径和有益启示，为各地的美丽乡村建设提供有效借鉴。

1. 产业发展模式

主要适于东部沿海等经济相对发达地区，其特点是产业优势和特色明显，农民专业合作社、龙头企业发展基础好，产业化水平高，初步形成"一村一品"、"一乡一业"，实现了农业生产聚集、农业规模经营，农业产业链条不断延伸，产业带动效果明显。

产业发展模式的典型代表是江苏省张家港市南丰镇永联村。永联村地处长江边，在 10.5 平方公里的村域内河网密布，小桥流水、亭台楼榭相映成趣，景色秀美怡人。改革开放以来，永联人弘扬"敢破敢立、自强不息、团结奉献、实干争先"精神，打破"以粮为纲"禁锢，挖塘养鱼搞副业；冒着"割尾巴"风险，卷起裤脚"无米之炊"办钢厂；探寻"以工补农"发展道路，实现农业增效农民增收；坚持共同富裕，主动并进周边村庄。年轻的永联，历经坎坷而又波澜壮阔，谱写了"以工兴村，以钢强村"的发展篇章，昔日的穷村被誉为"华夏第一钢村"，成就了苏南模式。

2. 生态保护型模式

主要适于生态优美、环境污染少的地区，其特点是自然条件优越，水资源和森林资源丰富，具有传统的田园风光和乡村特色，生态环境优势明显，把生态环境优势变为经济优势的潜力大，适宜发展生态旅游。

生态保护型模式的典型是浙江省安吉县山川乡高家堂村。高家堂村紧紧围绕"生态立村—生态经济村"发展路子和争创全国环境优美的目标，既保护好生态环境又促进经济快速发展和社会全面进步。现在，村生态经济快速发展，以生态农业、生态旅游为特色的生态经济呈现良好的发展势头。全村已形成竹产业生态、生态型观光型高效竹林基地、竹林鸡养殖规模，富有浓厚乡村气息的农家生态旅游等生态经济对财政的贡献率达到 50% 以上，成为经济增长支柱。高家堂村把发展重点放在做好改造和提升笋竹产业，形成特色鲜明、功能突出的高效生态农业产业布局，让农民真正得到实惠。从 98 年开始，对 3000 余亩的山林实施封山育林，禁止砍伐，并于 2003 年投资 130 万元修建了环境水库——仙龙湖，对生态公益林水源涵养起到了很大的作用，还配套建设了休闲健身公园、观景亭、生态文化长廊等。高家堂村鼓励农户进行竹林培育、生态养殖、开办农家乐，并将这三块内容有机地结合起来，特别是农家乐乡村旅店接待来自沪、杭、苏等大中城市的观光旅游者，并让游客自己上山挖笋、捕鸡，使得旅客亲身感受到看生态、住农家、品山珍、干农活的一系列乐趣，亲近自然环境，体验农家生活，又不失休闲、度假的本色，此项活动深受旅客的喜爱，得到一致好评，而农户本身也得到了实惠，增加了收入。

3. 城郊集约型模式

主要适于大中城市郊区，其特点是经济条件较好，公共设施和基础设施较为完善，交通便捷，农业集约化、规模化经营水平高，土地产出率高，农民收入水平相对较高，是大中城市重要的“菜篮子”基地。

城郊集约模式的典型代表是宁夏回族自治区平罗县陶乐镇王家庄村。王家庄村依托优质粮食和清真羊肉、蔬菜、水产、制种、枸杞等产业，以满足城市居民鲜活农产品供应为主要功能；以莹湖、喇叭湖为主建设大面积生态水产区，实施高水平的集约化、规模化种植业和养殖业，交通便捷，成为宁夏地区重要的“菜篮子”基地，以及重要的农产品加工基地。

4. 社会综治型模式

主要适于人数较多，规模较大，居住较集中的村镇，其特点是区位条件好，经济基础强，带动作用大，基础设施相对完善。

这一模式的典型代表是吉林省松原市扶余市弓棚子镇广发村。广发村通过多方筹资，完善村路、巷路硬化和排污沟渠，建成村文化站、卫生公厕、垃圾池、村前绿化广场，硬化村路，安装路灯，村容、村貌有了很大改观，实现了"绿起来、亮起来、美起来"的目标,为村民创造了一个优美的生活空间。积极帮助村民建立了生态农业管理规程,实行人畜粪便综合利用,做到猪进圈、牛进栏,禽畜粪便、生活垃圾和作物桔秆集中处理,经有机处理转化为有机肥,合理使用农药、化肥,形成生态物质能源分级利用模式,促进了农业的高产、稳产。制订了农村环境综合整治工作的村规,成立了村的护林队,制止随意砍伐树木、践踏花草、猎杀野生动物等破坏生态环境行为。从而使村场的环境卫生状况和生态环境质量得到根本好转,自然资源得到充分的保护和合理的利用。

如今,生态环境质量明显好转,环境资源利用水平明显提高,村民们的居住环境得到根本改善。污水排放设施和卫生设施齐全,全面推广使用液化气和沼气,再生能源和清洁能源利用率达 88.9% 以上,饮用水合格率达 100%,村民的生活环境质量得到明显的提高。

5. 文化传承型模式

适于具有特殊人文景观,包括古村落、古建筑、古民居以及传统文化的地区,其特点是乡村文化资源丰富,具有优秀民俗文化以及非物质文化,文化展示和传承的潜力大。

文化传承模式的典型代表是河南省洛阳市孟津县平乐镇平乐村。乐镇平乐村,地处汉魏故城遗址,因公元62 年东汉明帝为迎接西域人贡飞燕铜马筑"平乐观"而得名,历史悠久,文化底蕴深厚。"归来宴平乐,美酒斗诗千"诗句,脍炙人口,千古传颂。"平乐农民牡丹画"兴起于二十世纪八十年代中期,最初以郭泰安为首的几位当地农民率先建立汉园书画院,切磋、交流绘画技术,推动牡丹画创作水平的不断提高。如今,平乐村是全国唯一的牡丹画生产基地,被誉为"农民牡丹画创作第一村"。村里充分利用洛阳牡丹的社会影响力,张扬自身优势,明确发展目标,采取多种措施,拓展销售渠道,把自身打造成中国牡丹画产业发展中心,建成全国最大的生产销售牡丹画基地,实现平乐牡丹画经济效益和社会效益的双丰收。

6. 渔业开发型模式

主要适于沿海和水网地区的传统渔区，其特点是产业以渔业为主，通过发展渔业促进就业，增加渔民收入，繁荣农村经济，渔业在农业产业中占主导地位。

渔业开发模式的典型村是广东省广州市南沙区横沥镇冯马三村。冯马三村具有300多年历史，位于南沙区横沥镇南端，西靠洪奇沥水道与中山市三角镇一海相隔，南接万顷沙镇，万环西路从村中贯穿而过。冯马三村位于珠江三角洲腹地，地理位置优越，水陆交通方便，有985亩集体鱼塘发展高附加值水产养殖。该村东邻南沙经济开发区，西邻中山市，南接万顷沙镇，历史较为悠久、文化底蕴深厚。村内河道密集、一涌两岸风景秀丽，民风淳朴，已建成南沙区水乡文化摄影基地、村级休闲公园。

7. 草原牧场型模式

主要在我国牧区半牧区县（旗、市），占全国国土面积的40%以上。其特点是草原畜牧业是牧区经济发展的基础产业，是牧民收入的主要来源。

草原牧场型模式的代表村是内蒙古锡林郭勒盟西乌珠穆沁旗浩勒图高勒镇脑干哈达嘎查。从2009年起，嘎查把资金与水利、交通等资金整合在一起，扶持该嘎查的基础设施建设，为嘎查建立生产区：3000平方米棚圈、17眼水源井、1000亩灌溉人工草地、1000平方米贮草棚、2.5万亩划区轮牧和7000亩草场。为有效遏制草场面积日益退化与牧民经济生活需求日益增加的矛盾，嘎查着手改良良种牛，成立了2个育肥牛专业合作社，进行集中育肥。同时，他们还积极探索实施集中牛群划区轮牧的科学化养殖方式，围栏封育19000亩草场，建立起2000亩高产饲料基地，安装起移动喷灌设备，有效解决了牲畜休牧时饲草料短缺的问题。一个以高产饲料基地为依托，肉牛产业为主导，育肥牛专业合作社为主链接的畜牧业产业化发展格局，在这片希望的原野上萌生。在生产新方式的带动下，畜牧业生产明显发展，牧民收入明显提高，嘎查牧民人均纯收入达到了万元以上。

8. 环境整治型模式

主要在农村脏乱差问题突出的地区，其特点是农村环境基础设施建设滞后，环境污染问题严重，当地农民群众对环境整治的呼声高、反应强烈。

环境整治型模式的典型代表是广西壮族自治区恭城瑶族自治县莲花镇红岩村。红岩村紧靠莲塘岭万亩月柿园，风景优美的平江河穿村而过，村旁有岩溶地质丰富的马头山，依据这些特点，红岩村在新村规划中着重突出人与自然和谐发展的主题，坚持高标准、高品位，专门从桂林市规划设计研究院聘请了有关专家和技术人员进行规划设计和具体指导，对整个村的布局、房屋样式进行精心设计。按照"改水、改路、改房、改厨、改厕"和"交通便利化、村屯绿化美化、户间道路硬化、住宅楼房化、厨房标准化、厕所卫生化、饮用水无害化、生活用能沼气化、养殖良种化、种植高效化"（简称"五改十化"）的标准，统一规划、统一建设、统一装修。经过短短一年的建设，新村建设初具规模。50多座别墅式的农家新房沿着平江河两岸依次而立，错落有致，与周围的青山绿水交相辉映，相得益彰，一个与当地山光水色融洽有致的新农村展现在人们面前。

9. 休闲旅游型模式

休闲旅游型美丽乡村模式主要是在适宜发展乡村旅游的地区，其特点是旅游资源丰富，住宿、餐饮、休闲娱乐设施完善齐备，交通便捷，距离城市较近，适合休闲度假，发展乡村旅游潜力大。

休闲旅游型模式的代表是江西省婺源县江湾镇。江湾村始建于隋末唐初，是婺源为数不多的千年古镇之一。村庄位于山环水抱的河谷地带，嵌于锦峰绣岭，清溪碧水之中。江湾自古文风昌盛，是婺源书乡代表，村中至今保存有"三省堂、敦崇堂、培心堂"等民居。还有东和门、水坝井等历史古迹，极具历史价值和观赏价值。江湾是婺源文化与生态旅游区的一颗璀璨明珠，是国家5A级旅游景区，属于国家级文化与生态旅游景区，每年吸引大量游客慕名前往。

10. 高效农业型模式

主要在我国的农业主产区，其特点是以发展农业作物生产为主，农田水利等农业基础设施相对完善，农产品商品化率和农业机械化水平高，人均耕地资源丰富，农作物秸秆产量大。

高效农业模式的典型代表是福建省漳州市平和县三坪村。三坪村全村共有山地60360亩，毛竹18000亩，种植蜜柚12500亩，耕地2190亩。该村在创建美丽乡村过程中，充分发挥林地资源优势，采用“林药模式”打造金线莲、铁皮石斛、蕨菜种植基地，以玫瑰园建设带动花卉产业发展，壮大兰花种植基地，做大做强现代高效农业。同时整合资源，建立千亩柚园、万亩竹海、玫瑰花海等特色观光旅游，和国家4A级旅游区三平风景区有效对接，提高旅游吸纳能力。2012年全村总产值5528万元，财政收入104万元，农民人均纯收入11125元，蜜柚、毛竹两大支柱产业占收入的百分之八十以上。

美丽乡村建设已经是红遍全国的热点问题，各地的美丽乡村建设都在如火如荼进行中。由于以前对美丽乡村建设的认识有限，对如何建设美丽乡村建设缺乏有效指导，以及政府和有关部门的引导力度不够，很多的村庄在规划设计上缺乏特色，不可避免地造成了土地资源和人力、物力、财力的极大浪费，反而又严重影响了农村的可持续发展。随着对美丽乡村建设认识的不断提高，随着美丽乡村建设技术指标的不断为完善，随着美丽乡村十大模式的推出，美丽乡村建设将会向着科学化、可持续化不断迈进。我们有理由相信，将来某一天，美丽乡村建设会在祖国的各个地方结出丰硕的果实，农业繁荣发展，农村秀美怡人，农民幸福安康。

主要参考文献

经典著作类

1.《马克思恩格斯文集》第1—10卷，人民出版社2009年版。

2.《马克思恩格斯全集》第20卷，人民出版社1979年版。

3.《马克思恩格斯全集》第20卷，人民出版社1973年版。

4.《马克思恩格斯全集》第42卷，人民出版社1979年版。

5.《马克思恩格斯全集》第32卷，人民出版社1998年版。

6. 胡锦涛：《坚定不移沿着中国特色社会主义道路前进，为全面建成小康社会而奋斗——在中国共产党第十八次全国代表大会上的报告》，人民出版社2012年版。

国内书籍类

1. 王雨辰：《生态批判与绿色乌托邦——生态学马克思主义理论研究》，人民出版社2009年版。

2. 王雨辰：《走进生态文明》，湖北人民出版社2009年版。

3. 郇庆治：《重建现代文明的根基——生态社会主义研究》，北京大学出版社2010年版。

4. 郇庆治：《环境政治学、理论与实践》，山东大学出版社2007年版。

5. 郇庆志、李宏伟、林震：《生态文明十讲》，商务印书馆2014年版。

6. 郇庆治、高兴武、仲亚东:《绿色发展与生态文明建设》,湖南人民出版社 2013 年版。

7. 郇庆治:《当代西方绿色左翼政治理论》,北京大学出版社 2009 年版。

8. 李宏伟:《当代中国生态文明建设战略研究》,中央党校出版社 2013 年版。

9. 陈学明:《生态文明论》,重庆出版社 2008 年版。

10. 陈学明:《谁是罪魁祸首——追寻生态危机的根源》,人民出版社 2012 年版。

11. 张维为:《中国震撼》,上海人民出版社 2009 年版。

12. 勾红洋:《低碳阴谋》,山西经济出版社 2010 年版。

13. 薛晓源、李惠斌:《生态文明研究前沿报告》,华东师范大学出版社 2007 年版。

14. 郝东恒、谢军安:《中国可持续发展战略转型与创新》,新华出版社 2010 年版。

15. 中国 21 世纪议程管理中心可持续发展战略研究组编:《发展的基础:中国可持续发展的资源、生态基础评价》,社会科学文献出版社 2004 年版。

16. 中国 21 世纪议程管理中心可持续发展战略研究组编:《发展的实现方式:全面建设小康社会与可持续发展研究》,社会科学文献出版社 2006 年版。

17. 中国 21 世纪议程管理中心、中国科学院地理科学与资源研究所:《可持续发展指标体系的理论与实践》,社会科学文献出版社 2004 年版。

18. 科学技术部农村与社会发展司、中国 21 世纪议程管理中心:《中国可持续发展实验区的探索与实践》,社会科学文献出版社 2006 年版。

19. 余永定:《中国的可持续发展——挑战与未来》,三联书店 2009 年版。

20. 张坤民:《关于中国可持续发展的政策与行动》,中国环境科学出版社 2004 年版。

21. 迈向生态文明新时代编辑组编:《迈向生态文明新时代——贵阳进行录》,中国人民大学出版社 2013 年版。

22. 张坤民、潘家华、崔大鹏:《低碳创新论》,人民邮电出版社 2012 年版。

23. 张坤民:《低碳经济——可持续发展的挑战与机遇》,中国环境科学出版社 2010 年版。

24. 王伟、郭炜煜主编:《低碳时代的中国能源发展政策研究》,中国经济出版社 2011 年版。

25. 中国 21 世纪议程管理中心可持续发展战略研究组编:《生态补偿——国际经验与中国实践》,社会科学文献出版社 2007 年版。

26. 任勇、冯东方、俞海:《中国生态补偿理论与政策框架设计》,中国环境科学出版社 2008 年版。

27. 王金南、庄国泰:《生态补偿机制与政策设计》,中国环境科学出版社 2006 年版。

28. 李俊峰:《能源与金融危机》,科学出版社 2010 年版。

29. 魏一鸣、刘兰翠、范英、吴刚:《中国能源报告(2008),碳排放研究》,科学出版社 2008 年版。

30. 陈岳、许勤华:《中国能源国际合作报告》,时事出版社 2009 年版。

31. 陈新华:《能源改变命运——中国应对挑战之路》,新华出版社 2008 年版。

32. 吴凤章:《生态文明构建——理论与实践》,中央编译出版社 2008 年版。

33. 王宏斌:《生态文明与社会主义》,中央编译出版社 2009 年版。

34. 刘仁胜:《生态马克思主义概论》,中央编译出版社 2007 年版。

35. 蔡登谷:《森林文化与生态文明》,中国林业出版社 2009 年版。

36. 姚燕:《生态马克思主义和历史唯物主义——对九十年代以来生态马克思主义的思考》,光明日报出版社 2010 年版。

37. 李可:《马克思恩格斯环境法哲学初探》,法律出版社 2006 年版。

38. 曾文婷:《"生态学马克思主义"研究》,重庆出版社 2008 年版。

39. 徐艳梅:《生态学马克思主义研究》,社会科学文献出版社 2007 年版。

40. 王鲁湘:《中国的困惑》,陕西师范大学出版社 2010 年版。

41. 赵建军、王治河:《全球视野中的绿色发展与创新——中国未来可持续发展模式探寻》,人民出版社 2013 年版。

42. 田丰、李旭明:《环境史:从人与自然的关系叙述历史》,商务印书馆

2009 年版。

43. 潘鸿、李恩:《生态经济学》,吉林大学出版社 2010 年版。

44. 宋维明、刘东生、陈建成、田明华:《低碳经济与林业发展》,中国林业出版社 2010 年版。

45. 秦虎、王菲:《国外的环境保护》,中国社会出版社 2012 年版。

46. 常修泽:《包容性改革论——中国新阶段全面改革的新思维》,经济科学出版社 2013 年版。

47. 周生贤:《机遇与抉择——松花江事件的深度思考》,新华出版社 2007 年版。

48. 万以诚、万岍:《新文明的路标——人类绿色运动史上的经典文献》,吉林人民出版社 2000 年版。

49. 卢风、刘湘溶:《现代发展观与环境伦理》,河北大学出版社 2004 年版。

50. 曲福田、孙若梅:《生态经济与和谐社会》,社会科学文献出版社 2010 年版。

51. 邱耕田:《低代价发展论》,人民出版社 2006 年版。

52. 中国环境与发展国际合作委员会、中共中央党校国际战略研究所:《中国环境与发展——世纪挑战欲战略抉择》,中国环境科学出版社 2007 年版。

53. 肖金成、党国英:《城镇化战略》,学习出版社、海南出版社 2014 年版。

54. 庞正元:《全球化背景下的环境与发展》,当代世界出版社 2005 年版。

55. 周镇宏:《绿色 GDP》,人民日报出版社 2002 年版。

56. 严立东、刘新勇、孟慧君、罗昆:《绿色农业生态发展论》,人民出版社 2008 年版。

57. 李峰、吕业清等:《经济转型与低碳经济崛起》,国家行政学院出版社 2011 年版。

58. 刘增惠:《马克思主义生态思想及实践研究》,北京师范大学出版社 2010 年版。

59. 邢继俊、黄栋、赵刚:《低碳经济报告》,电子工业出版社 2010 年版。

60. 李惠斌、薛晓源、王治河:《生态文明与马克思主义》,中央编译出版社 2008 年版。

61. 余谋昌:《生态文明论》,中央编译出版社 2010 年版。

62. 中国人学学会、北京大学人学研究中心、海南大学三亚学院:《生态文明全球化人的发展》,海南出版社 2009 年版。

63. 卢风:《从现代文明到生态文明》,中央编译出版社 2009 年版。

64. 陶良虎:《中国低碳经济—面向未来的绿色产业革命》,研究出版社 2010 年版。

65. 李崇富:《生态文明研究与"两型社会"建设》,中国社会科学出版社 2009 年版。

66. 庄贵阳:《低碳经济——气候变化背景下中国的发展之路》,气象出版社 2007 年版。

67. 沈满洪:《生态文明建设思路与出路》,中国环境出版社 2014 年版。

68."推进生态文明建设探索中国环境保护新道路"课题组:《生态文明与环保新道路》,中国环境科学出版社 2010 年版。

69. 陶洪亮:《低碳经济知识读本》,研究出版社 2010 年版。

70. 何爱国:《当代中国生态文明之路》,科学出版社 2012 年版。

71. 张文台:《生态文明十论》,中国环境科学出版社 2012 年版。

72. 国家林业局组织编写:《党政领导干部生态文明建设读本》上、下册,中国林业出版社 2014 年版。

73. 廖福霖:《生态文明学》,中国林业出版社 2012 年版。

74. 中国环境科学学会:《生态文明学术沙龙文集》,中国环境科学出版社 2012 年版。

75. 全国干部培训教材编审指导委员会编:《建设美丽中国》,人民出版社 2014 年版。

76. 胡卫:《自主创新的理论基础与财政政策工具研究》,经济科学出版社 2008 年版。

77. 李京文:《人类文明的原动力——科技进步与经济发展》,陕西人民教育出版社 2009 年版。

78. 李正风、胡钰:《建设创新型国家——面向未来的重大抉择》,人民出版社 2007 年版。

79. 两型社会研究院编:《两型社会干部读本》,湖南人民出版社 2009 年版。

80. 全国干部培训教材编审指导委员会编:《科学发展案例选编》,人民出版社 2013 年版。

81. 刘文良:《范畴与方法——生态批评论》,人民出版社 2009 年版。

82. 刘卫东、陆大道、张雷等:《我国低碳经济发展框架与科学基础》,商务印书馆 2010 年版。

83. 冯贵宗:《生态经济理论与实践》,中国农业大学出版社 2010 年版。

84. 中国森林资源核算及纳入绿色 GDP 研究项目组:《绿色国民经济框架下的中国森林核算研究》,中国林业出版社 2010 年版。

85. 任俊华、刘晓华:《环境伦理的文化阐释》,湖南师范大学出版社 2004 年版。

86. 樊纲:《走向低碳发展,中国与世界——中国经济学家的建议》,中国经济出版社 2010 年版。

87. 徐春:《可持续发展与生态文明》,北京出版社 2000 年版。

88. 中国工程院、环境保护部编:《中国环境宏观战略研究》,中国环境科学出版社 2009 年版。

89. 林依标:《由思集——土地管理研究与实践》,福建人民出版社 2013 年版。

90. 陈昌曙:《哲学视野中的可持续发展》,中国社会科学出版社 2000 年版。

91. 孙道进:《马克思主义环境哲学研究》,人民出版社 2008 年版。

92. 国家林业局编:《中国的绿色增长——党的十六大以来中国林业的发展》,中国林业出版社 2012 年版。

93. 郭剑仁:《生态地批判——福斯特的生态学马克思主义思想研究》,人民出版社 2008 年版。

94. 张云飞:《唯物史观视野中的生态文明》,中国人民大学出版社 2014 年版。

95. 方世南:《马克思环境思想与环境友好型社会研究》,上海三联书店

2014 年版。

96. 王东:《中华文明论》上中下卷,黑龙江教育出版社 2002 年版。

97. 中国社会科学院考古研究所:《中国文明起源研究》,文物出版社 2003 年版。

98. 胡正塬:《生态文明与生态产业发展——可持续发展项目设计与生态产业科技园区实证研究》,中国农业科学技术出版社 2008 年版。

99. 全国政协人口资源环境委员会办公室编:《可持续发展建言集》,中国林业出版社 2007 年版。

100. 全国干部培训教材编审指导委员会编:《生态文明建设与可持续发展》,人民出版社 2009 年版。

101. 中国科学院可持续发展战略研究组编:《2011 中国可持续发展战略报告——绿色发展与创新》,科学出版社 2011 年版。

102. 中国科学院可持续发展战略研究组编:《2010 中国可持续发展战略报告——绿色发展与创新》,科学出版社 2010 年版。

103. 刘志文:《西部发开发中生态经济与农业可持续发展》,中国环境科学出版社 2005 年版。

104. 李卿主编:《森林医学》,王小平等译,科学出版社 2013 年版。

105. 张纯成:《现代黄河文明及其生态补偿》,人民出版社 2014 年版。

106. 邹冀等:《环境有益技术开发与转让国际合作创新机制研究》,经济科学出版社 2009 年版。

107. 吴健:《排污权交易——环境容量管理制度创新》,中国人民大学出版社 2005 年版。

108. 全国主体功能区规划编制工作领导小组办公室:《全国主体功能区规划参考资料》,2008 年。

109. 国家行政学院进修部编:《推进主体功能区建设》,国家行政学院出版社 2009 年版。

110. 国务院发展研究中心课题小组编:《主体功能区形成机制和分类管理政策研究》,中国发展出版社 2008 年版。

111. 黄方方主编:《广西壮族自治区主体功能区规划辅导读本》,广西师范大学出版社 2013 年版。

112. 熊焰:《低碳之路——重新定义世界与我们的生活》,中国经济出版社 2010 年版。

113. 崔广志主编:《生态之路——中新天津生态城五年探索与实践》,人民出版社 2013 年版。

114. 中新天津生态城管理委员会编:《媒体聚焦中新生态城》,天津社会科学院出版社 2012 年版。

115. 唐小平等编:《生态文明建设规划、理论、方法与案例》,科学出版社 2012 年版。

116. 山西省环保厅:《蓝天碧水工程三年间》,2006 年。

117. 孔晓宏、汪家权:《生态强省,科学发展》,合肥工业大学出版社 2012 年版。

118. 彭文英等:《首都圈生态文明建设之路》,中国经济出版社 2014 年版。

119. 刘宗超:《生态文明观与中国可持续发展走向》,中国科学技术出版社 1997 年版。

120. 北京山地生态科技研究所编:《门头沟低碳经济研究》,中国农业科学技术出版社 2010 年版。

121. 李斐、邓玲主编:《贵阳生态文明制度建设》,贵州人民出版社 2013 年版。

122. 李斐、邓玲主编:《贵阳自然生态系统和环境保护》,贵州人民出版社 2013 年版。

123. 李斐、邓玲主编:《贵阳循环经济与资源节约》,贵州人民出版社 2013 年版。

124. 生态文明贵阳会议组委会秘书处编:《2009 生态文明贵阳会议文集》,中国人民大学出版社 2009 年版。

125. 生态文明贵阳会议组委会秘书处编:《2011 生态文明贵阳会议文集》,中国人民大学出版社 2011 年版。

126. 生态文明贵阳会议组委会秘书处编:《2012 生态文明贵阳会议文

集》,中国人民大学出版社 2012 年版。

127. 董强:《马克思主义生态观研究》,人民出版社 2015 年版。

128. 贵阳建设生态文明城市年鉴编辑部编:《贵阳建设生态文明城市 2011 年鉴》,新华出版社 2011 年版。

129. 贵阳建设生态文明城市年鉴编辑部编:《贵阳建设生态文明城市 2012 年鉴》,新华出版社 2012 年版。

130. 贵阳建设生态文明城市年鉴编辑部编:《贵阳建设生态文明城市 2013 年鉴》,新华出版社 2013 年版。

131. 贵阳市人大常委会编:《生态贵阳立法之路》,新华出版社 2013 年版。

132. 季昆森:《提高资源产出率——来自安徽的循环经济实践》,安徽人民出版社 2009 年版。

133. 季昆森、刘选武:《循环经济在安徽》,安徽人民出版社 2007 年版。

134. 张海涛主编:《中国石油与化工行业绿色化进展报告》,中国时代经济出版社 2008 年版。

135. 吕学都、刘德顺主编:《清洁发展机制在中国》,清华大学出版社 2004 年版。

136. 中小城市发展委员会编:《节约 · 科学 · 可持续发展——中国中小城市领导实践科学发展观优秀论文集》,中央党校出版社 2005 年版。

137. 诸大建:《中国循环经济与可持续发展》,科学出版社 2007 年版。

138. 绿色行动计划编委会编:《绿色行动计划——系统科学与中国移动节能减排实践》,机械工业出版社 2010 年版。

139. 张勇编著:《能源资源法律制度研究》,中国时代经济出版社 2008 年版。

140. 郭强、丁晓琴编著:《能源资源节约战略研究》,中国时代经济出版社 2008 年版。

141. 于立宏:《能源资源替代战略研究》,中国时代经济出版社 2008 年版。

142. 莫神星编著:《节能减排机制法律政策研究》,中国时代经济出版社 2008 年版。

143. 杨解君:《非欧佩克国家能源法概论》,中国出版集团2013年版。

144. 杨解君:《欧洲能源法概论》,中国出版集团2012年版。

145. 郴州市人民政府编:《湖南省郴州市生态文明示范工程试点实施规划》,2013年。

146. 杜斌:《中国工业节水的潜力分析与战略导向》,中国建筑工业出版社2008年版。

147. 朱海玲、王小艳:《绿色GDP与低碳贸易的发展》,经济科学出版社2010年版。

148. 朱红伟:《经济循环和循环经济》,社会科学文献出版社2009年版。

149. 郭兆辉:《生态文明体制改革初论》,新华出版社2014年版。

150. 曾建文等编:《工业化进程与资源、环境、节能》,机械工业出版社2009年版。

151. 国家发展和改革委员会:《"十一五"规划实施中期评估报告》,中国人口出版社2009年版。

152. 刘思华:《生态文明与绿色低碳经济发展总论》,中国财政经济出版社2009年版。

153. 经济合作与发展组织编:《发展中国家环境管理的经济手段》,中国环境科学出版社1996年版。

154. 国家环保总局编:《全国环保系统优秀调研报告文集》,化学工业出版社2009年版。

155. 全球环境研究所编:《中国透视——金融与扶贫、能源与减排、森林资源》,中国环境科学出版社2009年版。

156. 国家统计局编:《中国统计热点问题解读》,中国统计出版社2009年版。

157. 西安交通大学等编:《绿色建筑的人文理念》,中国建筑工业出版社2010年版。

158. 罗康隆等:《发展与代价——中国少数民族发展问题研究》,民族出版社2006年版。

159. 全国干部培训教材编审指导委员会编:《公共事件中媒体运用和舆

论应对》,人民出版社2009年版。

160. 吴敬琏:《中国增长模式抉择》,上海远东出版社2009年版。

161. 中国环境与发展国际合作委员会编:《中国环境与发展的战略转型2006》,中国环境科学出版社2006年版。

162. 李世书:《生态马克思主义的自然观研究》,中央编译出版社2010年版。

163. 中国环境与发展国际合作委员编:《机制创新与和谐发展2008》,中国环境科学出版社2008年版。

164. 中国环境与发展国际合作委员会编:《创新与环境友好型社会2007》,中国环境科学出版2007年版。

165. 中国现代化战略研究课题组编:《中国现代化报告2010——世界现代化概览》,北京大学出版社2010年版。

166. 中国节约型社会理论与实践研究课题组编:《中国节约型社会理论与实践研究报告》,中国时代经济出版社2011年版。

167. 胡莹:《福斯特生态学马克思主义思想研究》,黑龙江大学出版社2013年版。

168. 刘希刚:《马克思恩格斯生态文明思想及其中国实践研究》,中国社会科学出版社2014年版。

169. 北京师范大学科学发展观与经济可持续发展研究基地编:《2011中国绿色发展指数报告——区域比较》,北京师范大学出版集团2011年版。

170. 中国环境与发展国际合作委员会编:《区域平衡与绿色发展2012》,中国环境出版社2012年版。

171. 中国环境与发展回顾和展望高层课题组编:《中国环境与发展回顾和展望》,中国环境科学出版社2007年版。

172. 清华大学建筑节能研究中心编:《中国建筑节能年度发展研究报告2011》,中国建筑工业出版社2011年版。

173. 中国测绘宣传中心编:《地理国情普查管理与实践》,测绘出版社2013年版。

174. 国务院第一次全国地理国情普查领导小组办公室编:《地理国情普

查基础知识》,测绘出版社 2013 年版. 。

175. 国务院第一次全国地理国情普查领导小组办公室编:《地理国情普查内容与指标》,测绘出版社 2013 年版。

176. 国务院第一次全国地理国情普查领导小组办公室编:《地理国情普查数据采集技术方法》,测绘出版社 2013 年版。

177. 国务院第一次全国地理国情普查领导小组办公室编:《地理国情普查基本统计》,测绘出版社 2013 年版。

178. 清华大学气候政策研究中心编:《中国低碳发展报告 2013》,社会科学文献出版社 2013 年版。

179. 清华大学气候政策研究中心编:《中国低碳发展报告 2014》,社会科学文献出版社 2014 年版。

180. 北京林业大学生态文明研究中心编:《中国省域生态文明建设评价报告 2011》,社会科学文献出版社 2011 年版。

181. 北京林业大学生态文明研究中心编:《中国省域生态文明建设评价报告 2012》,社会科学文献出版社 2012 年版。

国内论文类

1. 陈学明:《在建设生态文明中如何走出两难境地》,《北京大学学报》(哲学社会科学版)2010 年第 1 期。

2. 陈学明:《"生态马克思主义"对于我们建设生态文明的启示》,《复旦大学学报》(社会科学版)2008 年第 4 期。

3. 陈学明:《我国西方马克思主义研究的新路径》,《人民日报》2010 年 7 月 9 日。

4. 陈学明:《马克思主义与生态文明建设》,《文汇报》2010 年 2 月 22 日。

5. 王雨辰:《以历史唯物主义为基础的生态文明理论何以可能?——从生态学马克思主义的视角看》,《哲学研究》2010 年第 12 期。

6. 王雨辰:《论西方生态学马克思主义的定义域与问题域》,《江汉论坛》2007年第7期。

7. 毛明芳:《生态文明的内涵、特征与地位——生态文明理论研究综述》,《中国浦东干部学院学报》2010年第9期。

8. 文涛:《试论马克思主义的自然生态观》,《西安社会科学》2010年第2期。

9. 谭爱国、冯晓宁:《和谐社会视阈下的马克思主义生态思想》,《重庆科技学院学报》(社会科学版)2010年第2期。

10. 刘宗碧:《生态文明建设是马克思主义中国化的当代科学实践》,《贵州社会科学》2008年第2期。

11. 宋林飞:《生态文明理论与实践》,《南京社会科学》2007年第12期。

12. 刘海霞:《论马克思主义对生态文明建设的指导作用》,《山东省青年管理干部学院学报》2010年第11期。

13. 吴怀友、戴开尧:《"当代生态文明研究与两型社会建设"理论研讨会综述》,《马克思主义研究》2010年第12期。

14. 王为科、孙超:《中国化马克思主义视角下的生态文明思想》,《安徽农业大学学报》(社会科学版)2011年第1期。

15. 张云飞:《马克思主义生态文明理论的学科建构》,《理论学刊》2009年第12期。

16. 刘辉:《试论马克思主义生态观》,《社会主义研究》1998年第2期。

17. 张丽:《马克思主义生态文明理论及其当代创新》,《云南师范大学学报》2004第3期。

18. 申曙光:《生态文明及其理论与现实基础》,《北京大学学报》(哲学社会科学版)1994第3期。

19. 史方倩:《马克思主义生态观及其现代价值》,《理论月刊》2011年第1期。

20. 郭学军、张红梅:《论马克思恩格斯的生态理论与当代生态文明建设》,《马克思主义与现实》2009年第1期。

21. 冯敏:《关于马克思主义生态哲学的思考》,《北方论丛》1998第6期。

22. 马凯:《坚定不移推进生态文明建设》,《求是》2013 年第 9 期。

23. 杨朝飞:《我国环境法律制度和环境保护若干问题》,《中国环境报》2012 年 11 月 5 日。

24. 李校利:《生态文明理论定位与发展策略简述》,《理论月刊》2008 年第 6 期。

25. 吴宏亮:《生态文明理论形成的历史观基础——马恩生态社会发展思想探要》,《河南大学学报》(社会科学版)2008 年第 4 期。

26. 陈食霖:《论西方马克思主义对消费主义价值观的批判》,《江汉论坛》2007 年第 7 期。

27. 刘仁胜:《生态马克思主义的生态价值观》,《江汉论坛》2007 年第 7 期。

28. 王宏斌:《生态文明理论来源历史必然性及其本质特征——从生态社会主义的理论视角谈起》,《当代世界与社会主义》2009 第 1 期。

29. 张青兰:《马克思主义的生态文明观及其现实意义》,《山东社会科学》2010 年第 8 期。

30. 李良美:《生态文明的科学内涵及其理论意义》,《毛泽东邓小平理论研究》2005 年第 2 期。

31. 汪晓莺:《从马克思的生态观透视人与自然和谐关系的构建》,《马克思主义与现实》2006 第 6 期。

32. 赵兵:《当前生态文明建设的新动向和路径选择》,《西南民族大学学报》(人文社会科学版)2010 年第 2 期。

33. 张丽红:《生态文明——马克思主义中国化的最新成果》,《鞍山师范学院学报》2008 年第 2 期。

34. 赵锋泓、韦柳霞:《略论马克思主义生态思想在中国的发展》,《黑河学刊》2010 年第 8 期。

35. 杨卫军:《论江泽民对马克思生态观的新发展》,《前沿》2009 第 4 期。

36. 陆聂海:《从马克思主义生态文明观到社会主义和谐社会——兼论建国六十年马克思主义生态文明中国化的探索过程》,《厦门特区党校学报》

2009年第6期。

37. 蔡收秋:《以生态文明观为指导,实现环境法律的生态化》,《中州学刊》2008年第2期。

38. 贾凤姿:《我国环境问题产生的哲学思想根源》,《社会科学辑刊》2008第1期。

39. 邱耕田:《生态危机与思维方式的革命》,《北京大学学报》(哲学社会科学版)1996年第2期。

40. 余谋昌:《生态文明——人类文明的新形态》,《长白学刊》2007年第2期。

41. 崔艳红:《生态文明与科学发展——从"十七大"提出的生态文明理念解读中国的科学发展道路》,《淮海工学院学报》(社会科学版)2008第3期。

42. 赵建军:《建设生态文明是时代的要求》,《光明日报》2007年8月7日。

43. 张秀华:《华丽转身,拥抱后现代生态文明——第四届生态文明国际论坛综述》,《中国浦东干部学院学报》2010第3期。

44. 潘岳:《以马克思主义生态观为指导,构建环境友好型社会》,《光明日报》2006年7月19日。

45. 俞可平:《科学发展观与生态文明》,《马克思主义与现实》2005年第6期。

46. 胡洪彬:《从毛泽东到胡锦涛——生态环境建设思想60年》,《江西师范大学学报》(哲学社会科学版)2009第6期。

47. 王春梅:《生态学马克思主义对我国生态文明建设的启示》,《经济与社会发展》2009第10期。

48. 许恒、马晓媛:《社会主义生态文明的内涵层次及现实对策》,《社科纵横》2008第10期。

49. 杨卫军:《"生态学马克思主义"及对生态文明建设的启示》,《理论视野》2009第4期。

50. 周光迅、武群堂:《新世纪全球性"生态危机"的加剧与生态文明建设》,《自然辩证法研究》2008 第 9 期。

51. 白华、耿嘉、梅国生:《马克思主义生态文明理论的早期形态和在当代的创新性发展及其实践——省社科界生态文明建设理论研讨会综述》,《云南日报》2010 年 9 月 6 日。

52. 邓坤金、李国兴:《简论马克思主义的生态文明观》,《哲学研究》2010 年第 5 期。

53. 吴慧娟:《浅析马克思主义生态观》,《社科纵横》2006 第 12 期。

54. 王红梅:《论马克思主义的生态文明思想》,《河北青年管理干部学院学报》2007 第 3 期。

55. 王小刚:《马克思主义生态观对当代中国的启示》,《现代经济探讨》2008 第 11 期。

译著、外文著作

1. [英]迈克尔 · S. 斯诺科特:《气候伦理》,左高山、唐艳枚、龙运杰译,社会科学文献出版社 2010 年版。

2. [英]戴维 · 赫尔德、安格斯 · 赫维、玛丽卡 · 西罗斯:《气候变化的治理:科学、经济学、政治学与伦理学》,谢来辉译,社会科学文献出版社 2012 年版。

3. [美]埃里克 · 波斯纳、戴维 · 韦斯巴赫:《气候变化的正义》,李智、张键译,社会科学文献出版社 2009 年版。

4. [美]杰里米 · 里夫金:《第三次工业革命》,张体伟、孙玉宁译,中信出版社 2013 年版。

5. [德]狄特富尔特:《人与自然哲学小语》,周美琪译,三联书店 1995 年版。

6. [美]托马斯 · 弗里德曼:《世界又热又平又挤》,王伟沁译,湖南科学技术出版社 2009 年版。

7. [美]威廉 · 莱斯:《自然的控制》,岳长龄、李建华译,重庆出版社 1993 年版。

8. [美]比尔·伯查德:《守护自然》,中国环境科学出版社2009年版。

9. [日]加藤尚武:《资源危机》,曹逸冰译,石油工业出版社2010年版。

10. [美]理查德·瑞吉斯特:《生态城市:重建与自然平衡的城市》(修订版),王如松、于占杰译,社会科学文献出版社2010年版。

11. [美]亨利·戴维·梭罗:《瓦尔登湖》,李暮译,上海三联书店2009年版。

12. [美]弗·卡特汤姆·戴尔:《表土与人类文明》,庄崚、鱼姗玲译,中国环境科学出版社1987年版。

13. [美]霍尔姆斯·罗尔斯顿:《哲学走向荒野》,刘耳、叶平译,吉林人民出版社2000年版。

14. 世界环境与发展委员会编:《我们共同的未来》,王之佳、柯金良译,吉林人民出版社1997年版。

15. [美]芭芭拉·沃德、勒内·杜博斯:《只有一个地球——第一个小行星的关怀和维护》,国外公害丛书编委会译,吉林人民出版社1997年版。

16. [美]弗雷德·克鲁普、米利亚姆·霍恩:《决战新能源——一场影响国家兴衰的产业革命》,陈茂云等译,东方出版社2010年版。

17. [美]奥尔多·利奥波德:《沙郡年记》,李静滢译,汕头大学出版社2010年版。

18. [法]阿尔贝特·史怀泽:《敬畏生命》,陈泽环译,上海社会科学院出版社1995年版。

19. [日]岩佐茂:《环境的思想》,韩立新、张桂权、刘荣华译,中央编译出版社1997年版。

20. [美]特弗雷·豪瑟、罗布·布拉德利等:《碳博弈——国际竞争力与美国气候政策》,朱光耀、焦小平译,经济科学出版社2009年版。

21. [美]托宾·史密斯:《点绿成金》,刘静译,中国人民大学出版社2010年版。

22. [美]彼得·雷纳、鲍勃·迪恩斯:《深海危机——墨西哥湾漏油事件》,李旸译,人民邮电出版社2009年版。

23. [加]格温·戴尔:《气候战争》,冯斌译,中信出版社2010年版。

24. [意]奥雷利奥·佩西:《未来的一百页——罗马俱乐部总裁的报告》,汪帼君译,中国展望出版社 1984 年版。

25. [美]莱斯特·R. 布朗:《B 模式 3.0》,刘志广、金海、谷丽雅等译,东方出版社 2009 年版。

26. [德]A. 施密特:《马克思的自然概念》,欧力同、吴仲昉译,商务印书馆 1988 年版。

27. [美]约翰·贝拉米·福斯特:《马克思的生态学——唯物主义与自然》,刘仁胜、肖峰译,高等教育出版社 2006 年版。

28. [美]约翰·贝拉米·福斯特:《生态危机与资本主义》,耿建新等译,上海译文出版社 2006 年版。

29. [美]安德鲁·芬伯格:《技术批判理论》,韩连庆等译,北京大学出版社 2005 年版。

30. [韩]全京秀:《环境,人类,亲和》,崔海洋译,贵州人民出版社 2007 年版。

31. [美]戴维·乔治·哈斯凯尔:《看不见的森林——林中自然笔记》,熊姣译,商务印书馆 2001 年版。

32. [美]皮特·N. 斯特恩斯:《全球文明史》上下册,赵轶峰译,中华书局 2006 年版。

33. [英]纳菲兹·摩萨迪克·艾哈迈德:《文明的危机》,谭春霞译,新华出版社 2012 年版。

34. [英]肯·格林等:《产业生态学与创新研究》,鞠美庭等译,化学工业出版社 2010 年版。

35. [美]彭慕兰:《大分流——欧洲、中国及现代世界经济的发展》,史建云译,江苏人民出版社 2010 年版。

36. [美]奇普·雅各布斯、威廉·凯莉:《洛杉矶雾霾启示录》,曹军骥等译,上海科学技术出版社 2014 年版。

37. [美]巴利·C. 菲尔德等:《环境经济学》,原毅军等译,东北财经大学出版社 2010 年版。

38. [美]詹姆斯·奥康纳:《自然的理由——生态学马克思主义研究》,

唐正东等译,南京大学出版社 2003 年版。

39. [美]迈克尔 · 波特:《国家竞争优势》,李明轩等译,华夏出版社 2005 年版。

40. [美]约翰 · 贝拉米 · 福斯特:《态革命——与地球和平相处》,刘仁胜等译,人民出版社 2015 年版。

41. [澳]罗宾 · 艾利克斯:《绿色国家——重思民主与主权》,郇庆治译,山东大学出版社 2012 年版。

42. James O'Connor: *Natural Causes*: *Essays in Ecological Marxism*, The Guilford Press, 1998.

43. J. B. Foster: *The Ecology of Destruction*, in Monthly Review, 2007, 2, Vol, 58, No. 9.

44. Paul Burkett: *Marx and Nature* :*A red and Green Perspective*, Macmillan Press LiD, 1999.

后　记

党的十八大以来，举国上下无论是党的领导干部还是寻常百姓都对生态文明建设给予了越来越强烈的关注。在中央党校的课堂上，生态文明建设方面开设的各种课程也日益增多。我有幸承担了省部班、地厅班、中青班、县委书记班、党校系统骨干教师进修班以及中央党校各分校讲授生态文明建设的理论课程、研讨式教学和案例教学，连续三年担任中央党校进修部地厅级“生态文明建设研究”专题班教学项目组组长。来自全国各地各行各业的学员们对我国生态文明建设满怀期待，在课堂上也提出了很多问题。面对这些问题，我一方面感到压力巨大，因为这其中的很多问题我一时并不能够给出完满答案，这与自己的学识有关，与生态文明体制改革的进程更是密切相关。另一方面我也颇感欣喜，毕竟大家的生态意识觉醒了，对经济发展与环境保护之间关系的认识发生了很大变化。几年来，我把学员视为研究这一领域问题的同事与伙伴，按照他们所关注问题的类别设计成若干个课题组，开设了生态图书馆，为他们提供研究中积累的各类素材，与他们一起研究，一起向专家请教，一起调研……通过“课题学习法”的实践，我们对生态文明建设领域的许多问题在认识上得以深化，对实践中呈现出来的突出矛盾产生的源头在哪里也摸得更为清楚。以课题研究为基础，我们提出了政策建议以供政策咨询。达到了“教学—科研—政策咨询”三位一体的效果。最近两年发表内参 8 篇，其中 4 篇获得国家领导人批示。

本书的出版得益于这样的研究，写作过程中学员为我提供了许多全国各地生态文明实践中鲜活的案例，在此深表感谢。我带的研究生厉磊、钟绍铜、王宝亮、宁悦等做了大量资料梳理，校对等工作，他们的勤奋好学与全力相助,促使这本书得以早日面世。

感谢中央党校为我提供了生态文明建设教学与研究的平台,感谢中央党校马克思主义理论教研部领导和同事们的关心和帮助,感谢家人的理解与支持。

由于时间仓促,对相关引文出处的转引来不及一一详校与标明,感谢同行的同时,敬请批评指正。

2015 年 10 月

李宏伟

于北京市海淀区大有庄 100 号

责任编辑:崔继新
封面设计:汪　莹
版式设计:姚　雪

图书在版编目(CIP)数据

马克思主义生态观与当代中国实践/李宏伟 著. -北京:人民出版社,2015.10
ISBN 978-7-01-015431-2

Ⅰ.①马…　Ⅱ.①李…　Ⅲ.①马克思主义-生态学-研究-中国　Ⅳ.①Q14

中国版本图书馆 CIP 数据核字(2015)第 251945 号

马克思主义生态观与当代中国实践
MAKESIZHUYI SHENGTAIGUAN YU DANGDAI ZHONGGUO SHIJIAN

李宏伟　著

人民出版社 出版发行
(100706　北京市东城区隆福寺街 99 号)

环球印刷(北京)有限公司印刷　新华书店经销

2015 年 10 月第 1 版　2015 年 10 月北京第 1 次印刷
开本:710 毫米×1000 毫米 1/16　印张:21
字数:311 千字

ISBN 978-7-01-015431-2　定价:58.00 元

邮购地址 100706　北京市东城区隆福寺街 99 号
人民东方图书销售中心　电话 (010)65250042　65289539